# 人机共协计算

任向实 付志勇 麻晓娟 王建民 孙华彤 袁晓君 王晨◎著

清華大學出版社
北京

## 内容简介

本书以“人机共协计算”这一理念为轴，以此对人机交互领域的现象予以归纳，对其未来发展提出一些启发。本书主要设置为理论篇和技术篇，共11章：第1～4章是关于人机共协计算框架的理论篇：在回顾人机交互的发展历史中，引出人机共协计算理念的由来，对技术的目的和发展趋势进行讨论，并对人机共协计算框架所涉内容与范畴进行梳理；第5～11章是基于HEC思考的技术篇：将人工智能、数字正念、自动驾驶、信息交互、设计未来、跨文化设计六个方向与人机共协计算思想相结合，提供一系列相关案例及视角。

本书可供青年学生、特别是希望突破现有研究框架去创新的各界科研工作者阅读，从而去思考自身的研究定位和发展方向。



图书在版编目（CIP）数据

人机共协计算 / 任向实等著. —北京：清华大学出版社，2024.6

ISBN 978-7-302-66240-2

Ⅰ. ①人… Ⅱ. ①任… Ⅲ. ①人-机系统－计算机仿真 Ⅳ. ①TP11

中国国家版本馆CIP数据核字（2024）第095623号

责任编辑：张　敏
封面设计：郭二鹏
责任校对：胡伟民
责任印制：宋　林

出版发行：清华大学出版社
网　　址：https://www.tup.com.cn，https://www.wqxuetang.com
地　　址：北京清华大学学研大厦A座　　邮　　编：100084
社 总 机：010-83470000　　邮　　购：010-62786544
投稿与读者服务：010-62776969，c-service@tup.tsinghua.edu.cn
质 量 反 馈：010-62772015，zhiliang@tup.tsinghua.edu.cn
课 件 下 载：https://www.tup.com.cn，010-83470236
印 装 者：北京联兴盛业印刷股份有限公司
经　　销：全国新华书店
开　　本：185mm×230mm　　印　　张：13.5　　字　　数：340千字
版　　次：2024年8月第1版　　印　　次：2024年8月第1次印刷
定　　价：99.00元

产品编号：102435-01

# 推荐序一：从人机交互到人机共协计算

回看过去五十年的研究生涯，我有幸见证了人机交互从萌芽到成为 PC（个人计算机）时代的技术基石，今天其成果影响千家万户，每个人都能够自由自在地使用电子设备和互联网，同时也看到近年来国内学术界和工业界对人机交互的发展与重视。此前阅读了任向实教授的《重新思考人与计算机关系》一文，发现人机共协计算（HEC）是 HCI 领域少有的理论探索。几年过去，欣见《人机共协计算》成书，首先对此表示祝贺，这应是国内乃至世界人机交互界的一件大事，也迫使我深度学习和思考。此书内容丰富，有思想、有理论、有方法、有实践，我希望此书的出版成为一件划时代的事件。我也希望本书不仅仅作为学术的技术专著，而且能够成为高校必修课的教科书。

结合此书，谈一下我对人机交互领域当下发展的几点认识。

第一，本书介绍了从布什到里克莱德，再到恩格尔巴特的思想和成就，给出了增强人类智能的思想发展脉络，这不仅是 HEC 的思考发端，也是人机交互学科的本质。人机交互学科过去 60 年的发展从本质上说是在实现布什的 MEMEX 设想，从而开启了个人计算机时代，后来又加入了互联网，解决了人的知识库问题，但在知识库以外关于人的存在、人和计算机的关系等问题却鲜有涉及。本书著者在增强人类智能这一思想指导下进行了深入的理论研究和工程实践，形成了较完整的理论体系和方法论。

第二，人机交互和人工智能同是把人作为研究对象，应属计算机领域中的两个姊妹学科，可是，在过去的历史中，这两个学科一直竞争资源而分头发展。人工智能最终都需要围绕人做应用、做实验，但人类对大脑的理解还没有超过 20%，所以从根本上讲，无论其在性能上做到类人也好、类脑也好，实际上对贡献人类福祉仍有很大局限，但是从提升人类智能的角度讲，技术条件是具备的，希望两个学科能协调发展。

第三，进入 21 世纪来，人机交互领域发展很繁荣，但在表面繁荣的背面，我越来越注意到其中的问题——缺少思想，缺乏理论。人机交互不是单一的技术或算法，而是关系到整个计算机和技术在人类社会现实中的应用，对整个人类未来发展极为重要，它应该成为信息和通信等诸多领域的灵魂学科，它的应有位置理应得到极大的重视和发展。我也深感国内外人机交互发展尚欠健康，在学术上影响较小，这一点也跟人机交互圈对自身定位存在偏差有关。目前，出版的 HCI 教科书等基本是沿袭过去思考的编著，缺乏理论深度，而本书表现了对人和计算机关系的系统性思考、对人的整体性认识。

第四，读者应该把本书拿到人类文明是否存亡的角度去思考和理解。新技术的应用正在严重影响人类的发展，任何技术对人类影响都有两面性，人机交互是这么一个重要学科，它成为新技术和人类活动的接口，它的健康发展将能充分发挥技术的正面性，避免技术的负面性，让新技术和人类和谐发展。

第五，过去一百年间西方文明主导了科技发展，包括现今的 AI。我认为，西方思维顺应了确定性的时代，而在进入了一个不确定的时代时，东方思维开始凸显其价值。人机共协计算结合东西方思维，阐述了东方文明视角下的整体观、中庸思想（动态变化），而不是西方视角下单纯多个领域技术手段上的协同。本书强调技术应增强人的心智能力，和技术一起“共协或共升”，在思想的方向性和目标上，都和近些年出现的相关以技术指向、沿袭以往工业时代的评价标准的诸多概念不同。东方文明愈加重要，和文明紧密相连的人机交互的重心将转移到中国。

正是意识到历史当下快速发展，被人们所忽视的、潜在的风险凸显，加上任向实教授过去三十多年对人机交互和技术本质的充分认识，人机共协计算成书恰逢其时。我们进入了计算多元化时代，共协计算不是未来唯一的计算范式，但却是最重要最广泛的一种计算范式，它需要在实践中完善，在应用中发展。希望在成书之际学界能有一个高水平的沙龙，对 HEC 的系统性和科学性，深入研究，深度实践，自由讨论，集思广益，探索充分体现其思想的案例，成为人机交互下一个浪潮的技术研发范式。

戴国忠

中国科学院软件研究所研究员

# 推荐序二：心物一如、道器不二

作为自诩计算机盲的职业历史学家，我从未想过自己会如此投入地阅读一本有关人机交互、人机共协的专著。

吸引我的第一个亮点，是著者对于“道”的本源性思考。当我们在一个越来越物化的世界，被技术至上裹挟匆匆前行之时，却迷失了科技发展的方向，无暇思考人类社会适合的生存状态，无暇思考人机关系，无暇思考我们究竟要的是什么，更无暇思考人的本质究竟是什么。而本书著者对此敲响了一个警钟，这个警钟不仅对人机交互这一专业领域，而且对整个科技界和学术界都具有普遍意义。与此同时，著者并不停留在纯哲学的思辨，而是从“百姓日用”的角度积极探索技术的可行性方案，这是在“道”的指导性意义上对于“器”的发展与完善。

吸引我的另一个亮点，是著者对于提升心智的思考。不同于古希腊的心身二元论，著者从中国传统文化中积极汲取养分，并将“东方哲学思想融入传统的以认知、身体为指向的人机交互”之中。著者充分理解东方传统文化的整体观与内省性特征，提出“技术最后回归的一定是去支持人的内向突破，找到人的一种非物质的理想状态”。实际上，人类历史上任何一次心智、意识与思想变革，都将带来重大的社会与科技变革。正如西方的文艺复兴，正如中国的改革开放与思想解放。

本书著者之所以写出这样似乎“另类”的科技专著，一个重要的原因是他们活跃于国际舞台、学术经历贯通中西方，所以可以在现代科技与东方传统之间搭建起一座桥梁。本书的思想产生的另一个背景，应该与主要著者所经历的内证性心身实践有关，我们都从冥想中深受其益，这也加深了我对本书的共鸣。

这是一本既专业又通俗易懂的科技专著，希望有更多的非专业、更年轻的读者阅读和喜欢本书。

廖赤阳（文学博士）<br>日本武藏野美术大学教授

# 推荐序三：计算领域的一部方向引领性的著作

拜读任向实教授等的这部《人机共协计算》著作，耳目一新，深受启迪。该书反映了著者多年来对计算机发展方向的深入思考和长期在人机交互领域耕耘中的领悟、升华和探索。

著者从独特的视角论述人机交互，从人机关系角度切入，介绍人机共协背景、意义、概念和框架，通过回顾人机交互的发展历程和成就，指出了当前人机交互领域面临的问题和窘境，认为现在人机交互范式和技术不能满足未来计算的需要，从而引出人机共协计算的重要性。因早期计算机功能和应用的局限性，计算机只是作为一种专业工具被认识和利用，但是计算机与以往人类发明的重大工具（蒸汽机、电机等）在本质上有所不同，人类心智层面的问题没能在传统 ICT 或人机交互理论考量范围内，这种见解对人机交互乃至人工智能的未来方向有着重要的启发和引领作用。

书中关于正念冥想（交互）部分，引起我特别兴趣，因为几年来我关注冥想和自主神经调控关系的问题，曾和任向实教授多次交流过正念与身心健康、正念计算的话题，并参加了他组织的线上讨论会，这次把正念冥想写入人机共协很有新意。

人机共协计算概念的核心目标是人类和计算机的共协，达到高度共协态，即两者相互促进、共同提升、解决人类外在和内心的各种复杂问题（如心智提升、达到本心）。作为长期从事可穿戴计算的研究工作者，我思考从可穿戴计算的角度来理解人机共协。如果回顾 20 多年前可穿戴计算提出的概念、属性和模式，我们会发现人机共协理念与可穿戴（及可植入计算）理念不谋而合，并且高度一致。可穿戴计算特别强调：“以人为本、人机协同、人机共生、人机合一”的理念，追求人类对智能、感能和体能增强。从这个视角而言，可穿戴计算或许最能体现人机共协计算理念，并实现人机共协的任务。

该书从新的计算生态视角重新审视人机交互、探讨人与计算的关系，还论述了共协 AI，是计算领域的一部方向引领性的著作。

陈东义（工学博士）

电子科技大学教授，移动计算研究中心主任

# 推荐语

作为人机交互领域的著名学者，任向实教授通过长期对该领域深入和系统的研究，创新性地提出了人机共协计算（HEC）理论框架。在这样的计算框架下，共协用户和共协计算机通过共协交互的循环、迭代和演进，达到人与计算机的不断共同发展和平衡。他和合著者所撰写的该书，从人机交互发展的历史到 HEC 的提出，从 HEC 的核心要素、框架设计到未来 HEC 的研究方向，从 HEC 的理论阐述到大量 HEC 的实践案例分析，内容都非常丰富。该书不仅适合人机交互相关领域的研究者和学生研读，也值得所有关注人和计算机及智能技术未来和谐发展的人士阅读与思考。

顾宁（工学博士）

**复旦大学计算机科学技术学院教授，中国计算机学会会士、协同计算专委会荣誉主任**

---

相对于过往人机交互中讨论以（抽象的）人为中心的技术需求，人机共协计算更向前迈出一步去理解关于“什么是人”这一哲学层面的前提，进而希望统合东西方文化、人文社会科学中对于人的理解，从而思考和定位人机交互技术的目标。该书不仅值得在人机交互及其相关领域的研究者研读，而且值得围绕人的技术研发的其他领域的学生、学者研读。特别是在大模型驱动的人工智能新时代，本书可望为如何设计更有目标性和更高视野的交互性技术建立一个新的研究范式。

任福继（工学博士）

**电子科技大学讲座教授，欧盟科学院院士，日本工程院院士、**
**中国人工智能学会名誉副理事长**

---

近几个月以来，以 ChatGPT 和 GPT 为典型代表的人工智能掀起一波又一波的技术革命浪潮并引起广泛的关注。我们进入了人类智能和人工智能高度融合的智能社会，这是一个前所未有的人机并存、相互依赖的社会。人类的进步离不开机器智能，而机器智能更需要人的协同工作，这更需一个前提，即进一步理解人是什么、人要向何处去。在这个历史时刻，我们高兴地看到《人机共协计算》一书的问世。本书由多位专家学者合作撰写，全面和系统地介绍了人机共协计算的发展历程、主要概念、相关理论与方法及其应用，是一本有重要参考价值的学术专著。

**徐迎庆（工学博士）**

**清华大学美术学院教授，未来实验室主任**

有幸有机会在出版之前就能拜读这本由任向实教授领衔和多名活跃在人机交互领域的华人学者共同完成的著作。人机共协计算（HEC）是一个思考、审视和扩展人机交互研究的理论框架，对其他的相关理论有继承也有创新，更强调通过人机共协完成人机超越。这本书通过探讨交互的目的和本质，帮助读者梳理相关理论，并通过实例促进理解与思考。当下 AI 技术飞速发展，这本强调人机交互的平衡和协调的著作更值一读。无论你是想要探索新的理论框架，还是寻找灵感和创新的思路，本书都将为你提供宝贵的指导和启示。

**胡军（工业设计博士，交互设计工程博士）**

**荷兰埃因霍温理工大学副教授**

本书著者所提出的“人机共协计算”具有非常强的理论新颖性和系统性，其工作全面丰富，呈现了广泛的概念、观点和框架，其覆盖面及深刻的讨论值得人机交互和整个计算机领域理解学习。通过这种对人机共协计算前沿的深入探索，以及对设计、技术哲学的关注，本书的主旨是人与计算机的共协，但是它的内容和思想涉及了人类本身与人类所创造的技术之间的关系，为读者提供了充足的思考食粮，为激发研究者自身的创新思路、帮助他们选择有吸引力的研究课题贡献价值。总之，沉浸在此书中使我感到非常兴奋，并非常欣赏此书的调查深度和讨论严谨性。我期待其出版对交互、计算、设计领域的长久影响，并成为研究人员、专业人士、教育工作者和学生的重要指南。

**程子学（工学博士）**

**日本会津大学名誉教授，前副校长**

欣闻任向实教授及同事、弟子的著作《人机共协计算》一书即将出版，谨表示热烈祝贺。这部巨著不仅讨论了人机共协计算（HEC）的具体技术问题，而且更进一步探讨了人类与人类创造物的关系。这一独特角度，既是对当代人类普遍关心的回应，也是这部著作的超越价值所在。

自机器被人类发明后，人类史就进入一个新的篇章。在这个新历史中，人类与机器之间，既存在密切的利用、支配关系，同时人类内心深处，也不断滋长一种对“自我异化”的恐惧。技术在点燃人类内心梦想火炬的同时，也让人类产生对自身能力局限的焦虑及对技术失控的恐惧。今天，我们身处一个技术加速发展的时代。在这个时代，我们倍加感到必须重新省思，构建一种人类与人类创造物之间的合理的共存方式。

今天，人类及其创造物之间存在的普遍紧张乃至对立关系，是我们这个时代技术与社会发展的特征。对此，任教授及其团队，倾向于以东方哲学的思维应对这种矛盾。在此，我谨祝愿任教授及其团队能够通过这种探索，提出某些人类与其创造物合理关系的建议，并发现可适用当下及未来社会的规律。

刘迪（法学博士）
日本杏林大学教授

---

在与任教授进行跨学科思想交流后，让我认知“共协态”真是无所不在，与中医核心整体观更有天然的契合：形神合一与人天合一，本质上也可以说是形神心身共协态和人天生命环境共协态，进而呈现出“致中和”。我所提出的“状态观”（State Perspective）与“低耗散优化状态”（Low Dissipative Optimize），试图描述生命自身的有序化调整和优化进化，这与最小限度的人机“相克”的精神一致，进而激发起我“在共协中创造新的生活”的灵感出现：人在其生活内外环境的共协与创造，也是医学康复中所致力于人的生活回归的本质，深度契合东方文化内涵。生命面对智能机器的重大挑战，未来人类如何进一步促进自身深层意识觉醒和成长，探寻心能激活方式，应作为设计思考的基底，也将会是全球范围内的“道”的觉醒，而非在西方思想下“对抗”或“比较”的“术”中寻找人机关系本质。

余瑾（医学博士）
广州中医药大学教授

---

算力与交互技术的迅猛发展在提高效率、丰富娱乐的同时也绑架了人的注意力，遮蔽了人本性中具足的幸福感与创造力源泉。本书深窥人普遍对计算机的深度依赖、又爱又怕的现象，实质上已经呈现出目前以西方哲学为基础的人机交互研究遇到了瓶颈并严重束缚了人与计算机的关系。一方面，著者创造性地将注重生命体验的东方哲学思考引入人机交互研究，从更深的层面揭示了人类潜能的完整性和人类的根本需求；另一方面，著者系统地梳理了人机交互的发展脉络，使读者像坐上时光机一样重温每一个奠定重要变革的先驱和他们的发明，从中寻回人机交互本应提升人类思维与智慧的初心。本书在此深刻认识的基础上提出了“人机共协计算”的理念，为人与计算机的和谐共处、共同进步提升打开了广阔光明的前景。

程鹏

丹麦心理健康公司 PauseAble 创始人、CEO

# 序言

自第一台电子计算机诞生伊始，关于人与计算机之间关系的讨论就成为了技术发展过程中不可回避的议题。受限于时代，基于图灵机模型的早期计算机纸带交互方式作为主流持续了约 20 年。在这样一种低效却门槛颇高的交互方式下，计算机作为一种专业工具的印象不免先入为主。而随着计算技术的不断发展，从个人计算、普适计算、自然交互等概念的提出，到个人计算机、互联网、移动终端等具体交互形态的实践，交互研究给予了普罗大众对计算这一抽象概念的理解与把握方式，计算机逐渐从专业的、狭窄的实验室设备遍布到生活的各种场景。虽然在此过程中，计算机的专业标签得以稀释，信息与通信技术（Information and Communication Technology，ICT）也无疑深刻改变了我们的生产与生活方式，但对很多人来说，计算机只是作为一种为当代人外在需求提供高效、便捷甚至时尚服务的工具，而很难看到其外在刻板印象下的本质。

从工业时代、电气时代到信息时代，每一轮新技术出现所带来的不仅仅是一系列新工具，更会给社会认知带来冲击，社会认知又会进而影响人类的思考与教育方式。然而，社会对于新技术的认识和理解似乎又经常是被动而后验的，就比如汽车出现后许多年，发明家们才开始认识到其并非无马之马车。幸运的是，一些早期计算机科学家们主动意识到伴随计算而来的不仅是一种狭义的运算技术，更是一种可能发展人类思维方式的手段。20 世纪六七十年代，道格拉斯 • 恩格尔巴特（Douglas Engelbart）在其提升人类智能的思想下，率先设计出一套用以促进用户交流与协作的在线系统，而对如今影响至深的鼠标、超文本、远程协助等想法则作为系统的一部分同时被推出；西摩 • 佩珀特（Seymour Papert）为帮助儿童塑造对于抽象知识的学习与思维方式，借助计算机平台设计出 LOGO 交互式编程语言；在此之后，艾伦 • 凯（Alan Kay）提出的图形用户界面和 Dynabook 等技术概念，也都是为如何能够帮助儿童发展出适应时代的思维方式而提出的，其思想同时影响了乔布斯等后续一批商业实践者。这些先驱在为生产与生活需求而设计的工具层面之外，向我们展示了创造并应用技术的另一种方式，即在如何发展人类智能与思维的深层逻辑后，进一步通过技术改变人类学习与思考的方式。而从某种意义上，许多影响我们当下生活的商业产品与概念，只是其思想体系的副产品。

今天，信息凭借计算机的算力与传播范围不断扩张其所能影响的边界，人机交互（Human-Computer Interaction，HCI）也从狭义上的一对一、多对多，扩展到人类与广义的信息空间（也有人称为“元宇宙”“赛博空间”等）进行交互，我们与计算设备的接触就像空气一样普遍透明，也正在见证人工智能、量子计算等新兴技术概念如何影响人机交互当下的第四次浪潮。但同时，我们也发现关于思想实践的声音似乎越来越弱，道路也越来越模糊；相反，随着领域的扩大及研究的深入，对于技术概念的过度依赖，使得人机交互研究进入了一种方向上的虚无主义，缺少体系思想与方法论，在应用上也进入了瓶颈，相对而来的却是技术对人类心理结构的负面影响开始显现。人对于内容的无限需求和消费，在技术带宽的支持下越发膨胀。人的心智以这些信息为养料生长出不同的模型，可人在关注食品安全的同时却对信息的摄取缺乏意识，而从业者同样不加审视。于是，当我们今天在谈论技术、用户与以人为本时，顺带造就了孕育网络暴力、成瘾等诸多问题的土壤，而这些人类心智层面的问题却并不在传统ICT或人机交互理论考量的范围内。当然，如果我们仍然以惯性的工业标准来评价当下的信息技术产业，我们可以继续选择性地忽略这些问题，然而随着时间的积累，弥补这些关于人的问题的代价必将越来越大。不仅如此，我们是否在无意识中错过了更加重要的东西？正是因为这些问题在当下愈发需要被正视，所以我们有必要去重新认知并理解我们的研究领域，也就是说，我们要在未来设计和研发什么样的计算系统、计算机；我们如何能够在时代背景下进一步延续先驱们的思想；在交互方式背后，未来人与计算机之间应处于一种什么样的关系。

人机共协计算（Human-Engaged Computing，HEC）思想的雏形产生于2013年，最初的公开发表是2016年8月在IEEE计算机学会的旗舰期刊*Computer*上，在《重新思考人和计算机关系》一文中正式提出了人机共协计算（HEC）的框架理念。其背景主要来自两个方面。一是，第一著者2006年在美国硅谷拜访了人机交互先驱道格拉斯•恩格尔巴特，作为其思想与实践的总结，其赠言“Let’s focus our HCI attention on increasing human capabilities to develop, integrate and understand the knowledge required for improving society’s survival probability”（图I）对笔者产生了深刻影响；二是，第一著者在HCI领域近30年的教育和研究生涯里，前半部分专注于以具体技术研发为指向的HCI（如笔式交互界面、点击模型等），后半部分关注于以人和社会群体为指向的HCI，同时在不断反思自身与学术界当下工作的局限，思考和挖掘人类和计算机（广义上讲人造出的任何物体或技术）之间的理想关系。

（a）

Let's focus our HCI attention on increasing Human capabilities to develop, integrate and understand the knowledge required for improving society's ~~ability~~ survival probability.

Doug Engelbart, 25 May 06

Bootstrap Alliance

（b）

图 I　任向实与道格拉斯 • 恩格尔巴特（Douglas Engelbart）（a）及其寄语（2006 年）（b）

作为一种方向性框架，HEC 认为未来的计算技术应致力于如何开发人的心智能力并帮助人探索其完整性，人机交互在未来研究中的定位也不仅仅作为输入输出的手段，而是成为人在能力（特别是内在心智能力）发展过程中的途径或场景。为达成此目标，就要求相关研究不能简单继承当下工业信息时代的思考模型与评价方式，首先需要重新理解人在计算系统中的角色与能力结构，其次针对人的心智发展，思考怎样在交叉领域因素之上建立适应时代发展的计算机模型，通过人与计算机之间的共协交互（详见第 3 章），超越人类或机器自身所能达到的上限，使二者能够不断相互促进提升至新的层次（图 II）。人机交互技术（如现在每个人都在使用的智能手机的操作界面）已经为世界作出了极大贡献，但我们也认为其在人机共协计算的更基础语境下可以获得更多、更广泛的发展空间。

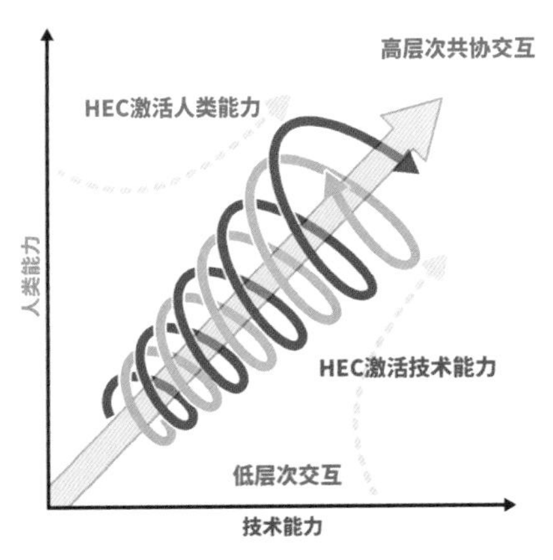


图 II　人机共协计算示意图

总而言之，HCI 和 HEC 的区别在于以下方面。

（1）基本的思想框架不同。HCI 继承了广义上源于古希腊的西方思维下人和技术的关系（不仅仅是 HCI，几乎所有的技术原点都来自西方），希望探索技术或人工物的理想形态，本质在向外求；而 HEC 广义上将基于东方整体观哲学思考下人的内在和外在的关系的思考注入传统西方思维下的技术开发中，提供更宽广的新视角去俯瞰 HCI 乃至 ICT，本质在技术如何首先帮助人类向内求。从这个角度看，其他思想，如“中庸”“动态平衡”“不二”“正念”等都和技术有很大关系，因为对其内在体悟、理解首先会对技术研发者的思想产生影响，而具体设计是思想的延伸。相对而言，西方思想适用于去探索外在的确定性，但当人面对生命中的不确定性时，东方思想能够展现其特有的力量。

（2）要素不同。针对 HCI 的三个基本要素——人（Human）、计算机（Computer）和交互（Interaction），HEC 进一步提出共协用户（Engaged Humans）、共协计算机（Engaging Computers）和共协交互（Synergized Interactions）概念，同时也提出了相克态（Antibiosis）这个概念。

（3）目标不同。HCI 广义上没有明确的目标，绝大多数场合关注技术如何匹配和探索人的身体和认知因素，提升交互过程中的工具效率；而 HEC 关注人的心智能力，强调人类潜力和本心的回归，通过研究“心”的层面，再回看传统人机交互对人“体”和“智”的意义，探索和建构技术，帮助人实现其内向超越和外向超越。

（4）交叉学科的范围不同。HCI 是一个交叉学科，但这种交叉从哲学层面的目标上来讲更多是在创造理性概念，而并不强调人对其自身心智潜力的认识，也拆分了完整的人；HEC 从整体性看人，能自然地融合所有有关人的学科，我们希望所有学科都能在人的本心层面发现其意义，进而探索技术本质。

（5）技术对人的影响不同。传统 HCI 没有严肃考虑技术对人类的心智、观念和身体的（负面）影响，而 HEC 希望技术尽可能思考其对人类产生的影响，通过这种觉察，意识到人之所以为人的根本所在，直面本质，活用 AI 与其他工具，形成可持续发展。

更进一步地，我们如何能在 HEC 框架下重新去理解、兼容并活用过往的交互研究：当我们在谈论用户体验时，如何通过体验设计发展人的感官，从而通过保证一种概念或感受传递的有效性，为人的心智发展产生作用；当思考如自动驾驶等下一代计算技术时，去定位其将在何等范畴产生对于人的何等意义，机器智能对于人应充当什么角色；当重新认知基础交互的价值时，首先去思考如何平衡人在交互中经验与生活之间的连续性，进而理解人类需要怎样的信息检索、交互方法等去构建和学习自身的思维模型或体系，提升对于信息的审美能力。在整合这些问题的基础之上，进一步思考一种适应新阶段发展的计算机模型与交互方式又应怎样呈现。

我们使用“共协”一词作为本框架中最重要的关键词。在过去我们经常听到类似的词语，希望用以描述和构建人与计算机的理想关系，如“协同”“和谐”“共谐”“共生”“共融”“共进”等，去描述二者之间的关系或状态。大多数这些词汇的内涵仍然以传统工业时代的标准去思考和量化，更没有一套理论体系建构；HEC 的着力点不仅希望构建一种人机互相协助，特别是共同成长、共同提升进步的关系和状态，而且建立了一套理论框架。因此，我们创造了“共协”一词以便更全面、更自由地传达 HEC 的想法所在。令我们惊讶的是，在本书成稿征询意见阶段，廖赤阳教授指出古汉语中有“共协”这个词：出自宋代曹勋“共协混元一气。入冲极。觉自己。乾体还归。”此句可谓一语破的，似乎冥冥之中照会了本书内容成为人文、科学、社会等多学科领域共识融合，进而通过技术助人提升心智的一个平台。

计算机先驱艾伦•凯（Alan Kay）说过“等待未来，不如去创造未来”，在某种意义上讲，今天的科技、所有的人工物品都不是自然发生的，而是这些先驱们思想创造的结果；彼得•德鲁克（Peter Drucker）也说过，未来的事情在今天已经出现苗头，我们希望 HEC 的理论框架也能够成长为这样一个苗头。

本书由任向实、王晨负责统筹编辑完成，其中，他们一起撰写了序言、第一部分、第二部分的第 6 章与第 11 章；第二部分的其他章节分别由以下著者完成，他们的贡献均等：麻晓娟（第 5 章）、王建民（第 7 章）、袁晓君（第 8 章）、付志勇（第 9 章）、孙华彤（第 10 章）。

参考文献

# 目录

## 理论篇


第 1 章　人机交互概述 ........ 2

1.1　人机交互问题的发端 ........ 2

1.2　人机交互是什么 ........ 4

1.3　人机交互社群的现状与展望 ........ 5

第 2 章　人机交互发展历史 ........ 9

2.1　广义的人机交互范式变革 ........ 9

2.2　人机交互发展中的重要思考 ........ 13

2.2.1　人机共生 ........ 13

2.2.2　增强人类智能 ........ 14

2.2.3　Ubicomp、社会计算和具身交互 ........ 19

2.2.4　以人为中心的计算、用户体验和积极计算 ........ 20

2.3　人机共协计算的定位 ........ 21

第 3 章　重新思考人与计算机的关系 ........ 24

3.1　人机共协计算思考的由来 ........ 24

3.2　HEC 核心价值观 ........ 26

3.2.1　共协性 ........ 26

3.2.2　平衡性 ........ 27

3.2.3　整体性 ........ 27

3.2.4　改进之改进 ........ 28

3.3 共协态 ......28
3.3.1 共协态相关研究 ......28
3.3.2 浅层共协态和深层共协态 ......30
3.4 框架组件 ......32
3.4.1 共协用户 ......33
3.4.2 共协计算机 ......39
3.4.3 共协交互 ......44
3.5 设计原则 ......50
3.5.1 思考人类能力完整性 ......51
3.5.2 识别人类能力发展过程中的障碍 ......52
3.5.3 探索提升人类能力的方法 ......54
第 4 章 相关领域和研究展望 ......57
4.1 相近研究领域 ......57
4.1.1 人类智慧 ......57
4.1.2 人类增强 ......58
4.1.3 从超级智能到“人·AI 共协（Human-Engaged AI）” ......58
4.1.4 严肃游戏 ......59
4.1.5 产品设计、行为经济学与神经科学 ......60
4.1.6 心流、自我决定理论与积极心理学 ......60
4.1.7 人机交互 ......61
4.2 未来展望 ......61
4.2.1 吸纳其他领域的理论 ......62
4.2.2 探寻理解人类能力与共协态的方法 ......62
4.2.3 开发共协技术 ......63
4.2.4 整合东西方思想 ......64
4.2.5 扩展人机共协框架和设计空间 ......64
4.3 潜在益处 ......65

## 技术篇

第 5 章 人 • AI 共协（Human-Engaged AI）........................ 67
5.1 概述 ........................ 67
5.2 人 • AI 共协案例研究 ........................ 69
5.2.1 案例研究 I：精神健康同行支持机器人（Mental health peer support Bot，MepsBot）........................ 69
5.2.2 案例研究 II：歌词中的爱意（Love in Lyrics，LiLy）........................ 77
5.2.3 案例研究 III：来自过往美食之旅的明信片（A Postcard from your Food Journey in the Past）........................ 84
5.3 总结 ........................ 91
第 6 章 人机共协计算与注意力调节框架：设计自我调节的正念技术 ........................ 93
6.1 背景和研究问题 ........................ 94
6.2 相关工作 ........................ 95
6.2.1 传统正念练习 ........................ 96
6.2.2 技术为媒介的静态冥想方法 ........................ 96
6.2.3 技术为媒介的动态冥想方法 ........................ 97
6.2.4 基于正念的移动应用 ........................ 98
6.2.5 自身经验 ........................ 98
6.3 注意力调节框架 ........................ 99
6.3.1 检测 ........................ 100
6.3.2 反馈 ........................ 100
6.3.3 调节技术 ........................ 102
6.4 应用设计和用户实验结果 ........................ 103
6.4.1 PAUSE——静态冥想应用 ........................ 103
6.4.2 SWAY——动态冥想应用 ........................ 107
6.5 综合讨论 ........................ 113
6.5.1 ARF 的检测机制 ........................ 114
6.5.2 非判断性意识：反馈设计的挑战 ........................ 114
6.5.3 “缓慢且连续”：ARF 的调节技术 ........................ 115
6.5.4 自我调节的效率 ........................ 115

6.5.5 ARF 对比生理性反馈与引导式冥想 ......117
6.5.6 局限性与未来工作 ......117
6.6 设计建议 ......118
6.6.1 技术的角色 ......118
6.6.2 日常生活中的智能手机和正念 ......118
6.6.3 设计启示 ......119
6.7 结论 ......119
第 7 章 智能汽车应用场景中的人、车、环境交互 ......120
7.1 智能汽车概述 ......121
7.1.1 智能汽车发展历史 ......121
7.1.2 智能汽车技术与分级标准 ......123
7.2 智能汽车中的交互 ......125
7.2.1 智能汽车的空间信息 ......126
7.2.2 智能汽车中的交互理念 ......129
7.3 人机共协共驾下的交互设计案例 ......133
7.3.1 场景介绍 ......133
7.3.2 共协共驾下的信息架构 ......134
7.3.3 平视显示器界面设计及迭代 ......136
7.3.4 共协共驾下的交互界面设计建议 ......139
第 8 章 信息交互与人机共协计算 ......141
8.1 信息交互的传统关注范围——以语音检索为例 ......142
8.1.1 问题描述 ......143
8.1.2 调研讨论 ......144
8.1.3 初步结论 ......149
8.2 人机共协计算视角下的信息交互 ......149
8.3 未来发展议程 ......151
8.3.1 理论层面 ......151
8.3.2 原则层面 ......151
8.3.3 实践层面 ......152
8.4 总结 ......153

第 9 章　设计人机社会中的人机共协关系 155
9.1　设计概述 155
9.1.1　设计的概念 155
9.1.2　设计的三个阶段 156
9.1.3　设计范式的转变 157
9.2　设计与人机共协计算 158
9.2.1　人工智能与下一代用户体验 159
9.2.2　移情设计在产品与服务中的价值意义 160
9.2.3　从人际社会到人机社会 162
9.2.4　设计创新与企业家精神 163
9.3　人机共协设计实践 164
9.3.1　设计思维 164
9.3.2　思辨设计与批判性设计 166
9.3.3　设计未来 166
9.3.4　共情共生设计 169
9.4　挑战与展望 170
第 10 章　设计权利话语示能，赋能全球流动性共协态 173
10.1　案例背景：社交通信平台的全球竞争 173
10.2　全球视野设计简述 175
10.2.1　全球化及其特质 176
10.2.2　核心概念：以设计为导向的示能和权利话语示能 176
10.3　设计权利话语示能，打造全球化产品价值主张 179
10.3.1　设计风格比较：简单性与复杂性 179
10.3.2　从权利话语示能到文化可持续的价值主张 180
10.4　全球流动性的共协态：参与和赋能 185
10.5　如何协调差异设计中的文化多样性和文化敏感性 188
第 11 章　结论 191
致谢 194

# 理论篇

# 第1章
# 人机交互概述

人机交互从计算机科学而来，但又因其作为在计算机科学中最关注于人的领域，通过广泛连接的技术、人文和环境视角得到全方位的发展。本章将从人机交互的背景和定义入手，宏观了解人机交互的现状和发展，并为梳理其发展背后的思想脉络做铺垫。

## 1.1 人机交互问题的发端

自20世纪40年代现代计算机诞生之始，科学家们就开始思考如何将计算机进行应用与普及，并探索改善生产效率与社会机制。某种意义上，传统计算机主要研究方向有两个：第一，如何通过对计算机硬件的改善及创新来增强算力，推进“摩尔定律”的延续；第二，如何通过图形学、人工智能等算法或工程理论创新使计算机能够针对复杂任务提供更完善的建模及更高效、更有针对性的结果。在计算机发展的前三四十年中，这些研究为计算机的日后普及奠定了坚实的物理基础，然而由于当时的计算机更多是作为专业/工业级产品，并没有为普通用户所设计，因而缺乏针对人在交互过程中的有效性与多样性的思考和理解，加之成本居高不下，必然难以惠及大众。以打孔纸带为代表的早期交互方式——甚至在1970年命令行输入较为成熟、图形界面概念已初生萌芽之际——无论是在学界还是工业界都仍是主流，人机交互方面的创新长期陷入困顿；而从另一个角度来说，也正因为交互方式的缺乏与思考的惯性，才使得社会没有进一步意识到计算机的潜力。

在当时计算领域的发展与应用过程中，两个重要动力促使人机交互问题得以被关注，并一步步凸显出其重要性。第一，对于实时性的迫切需求：由于早期在军事方面的特殊用途，使得计算机在计算诸如弹道等任务上必须保证其效率与实时性，这就要求必须革新计算机传统的低效输入输出方式，并且同时要建立起更抗物理打击、更具鲁棒性的计算拓扑架构，以便相关人员能够对计算机进行有效控制。第二，编程的出现：编程及软件概念从诞生到一步步成熟的过程中，使得计算机开始从专用机器向通用机器进行转变，编程所赋予的计算机在建模和解决问题上的灵活性与普适性，向研究者们隐约传递出一种信号，计算机可能与过往人类发明的工具相比存在本质上的区别。前者铺垫了后来分时系统和互联网的诞生，后者则是个人计算，乃至整个计算领域普适化发展的基础。

在当时的时代背景下，一些计算机领域的先驱前瞻性地意识这些动力背后，不仅是需求层面上对于具体工具的改进，而且是整体上当人工物（Artifact）发展到这一阶段，对于计算机能力的思考可能无法再套用过去的范式，乃至于需要进一步探讨人与计算机之间的未来关系。约瑟夫•里克莱德（J. C. R. Licklider）、道格拉斯•恩格尔巴特 （Douglas Engelbart）等学界的思想者在 1960 年代初便开始了对于未来计算设备与计算社会的构想，并由此引领创造了如网络、鼠标、超文本、图形界面等影响计算机领域乃至人类社会未来发展方向的概念及工具，确立了人机交互领域的起点。1984 年，以搭载图形界面的苹果麦金托什（Macintosh）计算机为代表的消费电子产品面世。商业化的成功大举激发了人机交互研究人员的信心，并让彼时陷入低谷的人工智能科学家看到了计算与可用性的整合所带来的实际落地成果。越来越多建立在不同计算平台上的人机交互研究为信息科技和消费电子产业创新与革命作出了巨大贡献，人机交互领域开始走向成熟。

今天，人机交互的视线从早期狭义上如何设计对于计算机的操作方式，如设计基于模型的菜单系统、基于直接操作的图形界面、基于设计空间理论的输入设备、基于行为与认知的控制面板等“微观 HCI”（Micro-HCI）研究，扩展到当下的“宏观 HCI”（Macro-HCI）层面：研究人与计算机在交互过程中可能涉及的各方面因子的影响，由此需要而不限于计算机科学、人体工学、设计学、心理学、社会学、人类学、认知科学、语言学、符号学、工程学、数字传媒、传播学及哲学等各领域的关注与参与，越来越成为连接着人、技术和服务的实用性前沿学术领域（Shneiderman, 2011），并进一步引领着更多样化的、智能化的计算形态的创新。也正是由于该领域逐步成熟与开放，当越来越多的技术因素，越来越多的人类因素被识别、建模和应用，计算机本身的角色与边界也在由此不断延伸，它是基础设施，也成为了信息媒介，也很难再用二元论的眼光去清楚辨别计算机各种角色之间的边界与区别，可能必须接受其作为一个大的整体所带来的复杂性。而推进人机交互这个领域发展的动力，则是透过和接纳越来越多不同的视角，带来对于现实和根本问题的批判与理解方式，以及方法论上的多样性，以计算为载体，不断刷新人对于计算机这个概念和世界本身的认识。

## 1.2 人机交互是什么

应怎样定义人机交互？

美国计算机协会（ACM）下属的人机交互专委会（SIGCHI）早在1992年给出过一版定义："人机交互是一门关于为用户使用交互式计算系统的设计、评估和实现，以及研究围绕交互系统周边现象的学科"（Hewett et al., 1992）[①]。类似地，一些学者或机构也不断试图给出关于人机交互的定义，例如，交互设计基金会（Interaction Design Foundation）将人机交互描述为"一个关注于计算机技术的设计，特别是在人（用户）与计算机之间的交互方面的多学科研究领域"[②]。随着人机交互技术及其关注范围的不断扩展，关于人机交互的定义也在不断刷新和扩展，而在研究大框架上则体现出四个人机交互设计的范式迁移（Paradigam Shift）趋势（详细请参阅2.1节）。

简而言之，可以将人机交互理解为达成人的某一需求目标，应如何设计和评估一种交互式计算系统。从研究者的角度继续深入，目前的人机交互相关工作可以大致分为三大类（Oulasvirta & Hornbæk, 2016）。

实证研究（Empirical）：此类研究旨在创建或详细描述与人类使用计算机有关的真实世界现象。从研究人们使用鼠标的细小悬停动作，到人们使用技术中的整体现象与体验，再到众包实验的设计评估方法等，整个HCI领域都充满了需要被实证的研究问题。实证研究面向人机交互中所涉及的人类因素，并与大量学科，如人类学、心理学、社会学与文化研究等相交叉。这些基础研究作为评估人机交互研究和现象最重要的组成部分，同样也显示出如用户研究等具体专业对于商业化的潜在价值。对于研究这些问题，通过定性研究确定影响人类因素，通过定量研究进行速率性能或易用性的显著性评估是经典的实验流程；此外，从人类学、社会学等领域所借鉴的参与式设计、田野调查、民族志等方式亦对人机交互从设计到评价的整体流程发展提供了参考和借鉴。

概念研究（Conceptual）：此类研究试图解释超出传统交互理解的现象，关注于发展创新

① "HCI is a discipline concerned with the design, evaluation and implementation of interactive computing systems for human use and with the study of the major phenomena surrounding them". Hewett et al. (1992), ACM SIGCHI Curricula for HCI.

② "A multidisciplinary field of study focusing on the design of computer technology and, in particular, the interaction between humans (the users) and computers". Interaction Design Foundation. https://www.interaction-design.org/literature/topics/human-computer-interaction

的交互设计范式及对于未来技术的思考与展望。概念研究往往不是经验性的，却涉及最一般意义上的理论发展思路和理解。作为对此类问题的回应，相应研究包括而不限于理论范式、原理、模型、概念、方法等。其中，理论范式作为一种思想根基，着重于提出面向基本且新颖的交互理念，进一步拓展更具体的性质及研究框架，进而是大量的新颖概念、基础研究乃至生态系统。例如，最早在 1970 年提出的用户体验（User Experience）（Edwards & Kasik, 1974; McCarthy & Wright, 2004; Hassenzahl & Tractinsky, 2006），时至今日，俨然已发展成为众多交互设计的研究基础，指导着人机交互研究的相关评价标准，对学术界与工业界都产生了重大的影响。

方案建构（Constructive）：此类研究旨在促进人们对于基于计算机的交互式人工物的设计和理解，这种理解本身投射出的洞察力又上升成为更加泛化的思想或原则，而非仅停留在单一具体的交互方案或工程结构本身。该问题类型涵盖了最具表现力和想象力的 HCI 成果，包括从基础交互，如笔式 / 手势交互、图形界面、多模态（Multimodal）输入方式、无障碍交互等，到空间交互，如虚拟现实、增强现实、体感交互等，再到智能交互，如自然语言交流、动态布局、机器人交互等，几乎涵盖了终端用户与设备接触的整个使用周期。在技术应用的同时，通过与实证和理论研究结合转化，使得创新空间不断向前扩展。

随着问题讨论的深入，对人、计算机和交互方式的理解也在不断发展。因此，在每一阶段所能给出的人机交互定义可能都是对于过去的总结。早期的人机交互研究关注如何设计更便捷高效的用户界面，时下的人机交互进一步讨论人机界面所影响到的个人、社会因素及智能技术带来的冲击，而未来的人机交互又会有何突破？相比于给出新的定义，本书更希望读者能够通过理解人机交互的实质，思考如何去解决框架外的问题。而正因为无法给出一个全面的定义，恰恰显示出这个领域的方兴未艾。本书提倡的“人机共协计算”理论框架正是这一思辨的结果。

## 1.3　人机交互社群的现状与展望[①]

经过 40 年的发展，人机交互逐渐发展成为重要的独立研究领域。1982 年成立的人机交互特别兴趣小组（Special Interest Group on Computer–Human Interaction，SIGCHI）在（国际）计

① 此节内容部分引述自世界华人华侨人机交互协会《2019 人机交互领域发展蓝皮书》，更多请参见 http://www.icachi.org/resource

算机学会（Association for Computing Machinery，ACM）下属的各专委会中，已成为最大最活跃的学术团体之一，SIGCHI 主办的人机交互旗舰会议（ACM Conference on Human Factors in Computing Systems，ACM CHI）每年参会专家达 3000 ～ 5000 人[①]。从 1980 年到 2014 年期间，人机交互领域的论文发表篇数从 74 篇增长到万余篇[②]。同时，人机交互研究也在诸多领先发展的国家与地区成长，并相应成立了有影响力的地区性人机交互协会团体，例如，英国人机交互协会（British HCI）、日本人机界面学会（Human Interface Soceity）、斯堪的纳维亚人机交互协会（NordiCHI）、澳大利亚人机交互会议 OzCHI 等。在日本，有关人机交互的专委会早在 1981 年就在日本计算机和信息领域最大级学会——日本情报处理学会（The Information Processing Society of Japan）下成立[③]。ACM 中国分会（ACM SIGCHI China Chapter）在 2005 年设立；2014 年，中国计算机学会（CCF）成立了人机交互专委会（SIGHCI）。此外，横跨全球的华人华侨人机交互学者于 2012 年在美国奥斯汀正式发起和成立了世界华人华侨人机交互协会（International Chinese Association of Computer Human Interaction，ICACHI），协会的旗舰会议 Chinese CHI 从 2013 年首次在法国举行以来，每年都在世界各地（或线上同步）举行，ICACHI 业已成为人机交互领域中连接海内外、东西方的重要桥梁纽带。

人机交互领域研究在政策层面上也越来越具影响力。1999 年美国总统顾问委员会报告[④]中将“人机界面和交互”列为 21 世纪信息技术基础研究的四个主要方向之一；2007 年美国国家科学基金会（National Science Foundation，NSF）在其信息和智能系统分支（Information and Intelligent Systems，IIS）中把以人为本的计算（Human-Centered Computing，HCC）列为和信息集成与信息学（Information Integration and Informatics，III）、鲁棒性智能（Robust Intelligence，RI）三个核心技术领域之一，其具体主题包含多媒体和多通道界面、智能界面和用户建模、信息可视化，以及高效的以计算机为媒介的人人交互模型等；同年，欧盟第七框架研究计划（The Seventh Framework Programme）中也包含了自然人机交互的内容；从 2012 年开始，ACM 在计算机领域分类系统中把人机交互列为重要分支领域，标志着其在计算机大类中确定占据重要位置[⑤]。

伴随当前人工智能的发展趋势，人工智能的研究视野也开始从单纯的技术层面上升到聚焦

① https://sigchi.org/conferences/conference-history/chi/

② https://medium.com/@benbendc/a-tire-tracks-diagram-for-e75be51b9bda

③ https://www.ipsj.or.jp/kenkyukai/sig-keii.html

④ PITAC Review of the Information Technology for the Twenty-First Century Initiative.

⑤ http://www.acm.org/about/class/2012

人机交互的层面：2018 年 3 月 17 日，欧洲政治战略中心发表了题为《人工智能时代：确立以人为本的欧洲战略（Human-Centric Machines）》的报告；2019 年初，斯坦福大学正式成立以人为本人工智能研究院（Institute for Human-Centered Artificial Intelligence），标志着学界已经开始重点关注如何发展人与技术的未来，并致力于新一代兼备思想与技术的人才培养。美国大学排名前 100 的院校均不同程度地设有人机交互的专门学院、方向，或课程，例如，2020 年卡耐基梅隆大学（Carnegie Mellon University，CMU）设立了 HCI 本科课程，这些大学也积极参与 HCI 相关的学术会议和政府产业政策制定，例如，第一著者 2021 年 5 月受邀参加由美国 NSF 赞助的研讨会（“Seamless/Seamful HTI Workshop”），探讨人机交互和人工智能中的新兴研究领域。在学术领域之外，各大软件、互联网公司（如 Apple、Google、Microsoft、IBM 等）均专设用户体验设计部门及用户体验研究院，为产品设计提供理论与技术支持，并积极参与上述学术会议，制定用户设计产业标准（如 Google Material Design、IBM Design Thinking）等。中国近年来人机交互研究势头同样发展迅猛，2009 年发布的《中国至 2050 年信息科技发展路线图》将人机交互作为重点发展项目；2016 年中国国家自然科学基金委员会在《国家自然科学基金“十三五”发展规划》中把人机交互列为重点支持的课题。

随着交互研究与相关产业的快速发展，人们正感受着越来越多的交互技术成果为生活带来的新的体验与便利，但与此同时也伴随着诸多挑战。其中一方面自然来自为开发新的交互方式所面临的技术难题，另一方面则是接下来如何协调技术与人类之间的关系，尤其是近些年来，技术的发展快速放大了人类社会与心智层面上的传统问题，如信息上瘾、网络暴力等。尽管这些暗面本身也是技术发展规律的一部分，但实际上反映的却是一种视角上的难题：既然人类已拥有计算这样强大的工具，就要思考怎样在发展新技术的同时能避免对人的损害。当交互研究带来对计算更有效的使用和更大的视野的同时，如何能够进一步在纷繁之下认识到技术的局限，将技术与想象力相统一聚焦在真正的问题和目标上。时代的发展将证明，人机交互的目标应该并非只限于为获取信息的工具性作用，而应该是如何帮助人类本身促成进步，或换句话说，应怎样在未来语境下重新理解和定义工具。

如人机交互专家杰弗里·巴泽尔（Jeffrey Bardzell）在《人文人机交互（Humanistic HCI）》中所言：“20 世纪 90 年代初，美国计算机科学家乔纳森·格鲁丁（Jonathan Grudin）认为计算机已经开始从狭窄的技术专家领域过渡成为我们周围无处不在的事物（Grudin, 1990）。而当我们身处人机交互领域，不应该只是被动等待计算机的到来，而应该致力于推动计算机的进一步发展”（Bardzell & Bardzell, 2015）[①]。所以，开始讨论设计怎样的交互、怎样的计算机前，首先就需要跳出传统的计算机（科学）框架来看待人机交互问题。当过去为计算机设计的可用性解决方案不足以解决未来愈加复杂的社会与个人难题，该如何利用其他领域的视角，改善在某些涉及人类本质的理解方式上的误解，对于这些问题的思考方式，也正是人机交互在未来所能做的最大贡献之一。

第 2 章将对更具体的人机交互发展历史进行介绍：首先从大的角度出发，回顾截至目前的 4 次人机交互设计范式迁移的各自关注点；而后引出人机交互发展过程中重要的一条线索，来尝试分析那些具有远见的研究者们如何引领计算机的发展；最后将对人机共协计算思考的源头、关注点和贡献进行定位。

① 原文：Jonathan Grudin describes this movement of the computer from a narrow technical specialist domain to something ubiquitously around us as “the computer reaching out”....But we in HCI are not just passively “being reached” by the computer. It is our profession that, along with others’, pushes the computer out.

# 第 2 章
# 人机交互发展历史

在讨论人机共协计算前，首先从人机交互的宏观范式变革和一些启发性的设计思想入手概述人机交互的发展历史，明确 HEC 所要填补的思路空白，即通过建立起“共协用户”（Engaged Humans）和“共协计算机”（Engaging Computers）之间的“共协交互”（Synergized Interactions 或 Synergism），设计通向单人或单机情况下所不具有的高级智慧。

## 2.1 广义的人机交互范式变革

针对看待某领域问题解决方法的一般性视角，范式[①]的概念可以被理解为由其研究社群共享的关于普适信念、价值观、技术构架等的一系列共识，其共同组成为一种通用模型或框架以解决科学难题（Kuhn, 1970）。范式代表了学界对于某一问题解决思路的主流看法，而人机交互的范式变革大体可以分为四次（Harrison et al., 2007; Ren et al., 2019）（图 2.1）。

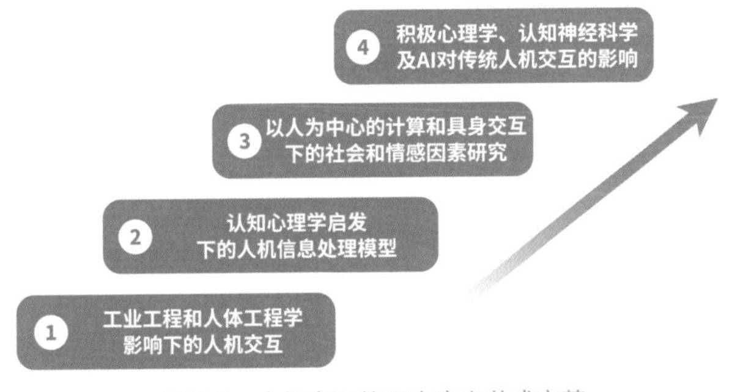


图 2.1 人机交互的四次广义范式变革

① “...the entire constellation of beliefs, values, techniques, and so on shared by the members of a given community... employed as models... for the solution of the remaining puzzles of normal science.” -- Kuhn (1970). The structure of scientific revolutions.

人机交互的第一次范式变革聚焦于固定场景下的人因工程（Bødker, 2006; Harrison et. al., 2007）。对于计算机的理解和设计继承了对于汽车与飞机等大型工业品在工业工程和人体工学设计方面的经验，人机交互聚焦于优化人类和机器之间的身体性配合，人的因素（Human Factors）开始被引入到计算机相关设计的讨论范围。

1980 年，受斯图尔特·卡德（Stuart Card）等人著作《人机交互心理学》（Card et al., 1983）的影响，人机交互的第二次范式变革开始重点关注认知心理学（记忆、感知和运动控制等）对于计算机设计的影响。随着图形界面等创新交互方式与个人电脑的兴起，此浪潮开始强调人与机器之间信息处理的相似性，从“行为主义”迈向“认知主义”，开始追问人机交互设计本质及潜在影响的问题。

人机交互的第三次范式变革以罗布·克林（Rob Kling）和苏珊·利·斯塔尔（Susan Leigh Star）在 1998 年提出的以人为中心的计算（Human-Centered Computing, HCC）为代表。实际上，人本主义心理学早在 20 世纪 50 年代就兴起于美国（如马斯洛“需求理论”），以人为中心的设计理念等也相继提出，此时人机交互才正式将人本主义观点纳入设计思考范畴。此外，史蒂夫·哈里森（Steve Harrison）认为人机交互的第三次浪潮是由社会学和现象学视角下的具身交互所带动的（Harrison et al., 2007; Merleau-Ponty, 1996; Dourish, 2001），人机交互过程中的所有现象都纳入研究和设计观察之内，其本身也体现出一种以人为本的关怀。此二者从思想根源到对于人机交互的具体影响之所以开始发酵，一方面是计算机的发展日渐成熟，客观上支持构建更加复杂更有个性化的计算系统，而另一方面则是思想发生作用的周期逐步被人所理解和接受，同时出现了能够体现思想思路的相应应用。随着第三次范式的逐渐发展和观点之间的融合，人机交互的关注范围不断扩展，例如，关注人机交互如何帮助解决社会性问题，以此也带动了如计算机支持协同工作（Computer Supported Cooperative Work，CSCW）等分支的发展；同时关注人机交互如何满足人的情感需求等，以此带动了如用户体验概念（Rogers, 2012）的流行等。

当下，人机交互研究的第四次范式由两个方向主导：一是积极心理学对于寻求人类福祉的意义已然超越了单纯人类需求这一范围。鉴于近年来日益火热的互联网和移动化消费电子浪潮对用户生活所造成的广泛影响，研究者呼吁更多“以人为中心的视角”（Bannon, 2011），考虑人的身心健康、创造力、人类价值观（Borning, 2012）、道德观（Rogers, 2012）、人类福祉（Calvo & Peters, 2014）和自我实现等因素，也包括从认知神经科学视角理解人类认知和更多高级体验的原理等。二是人工智能（AI）对于传统人机交互的深刻影响。随着基于深度学习的人工智能算法架构、生成式大模型、硬件算力等突破所带来的新的变革，为传统关注于人类行为、认知、情感等的人机交互方法与模型带来挑战。尽管智能交互在人机交互中发展已久，人机交互此刻仍亟需认识到自身对于人工智能的本质贡献何在，在引导人与 AI 日渐失衡的关系上得出更加深刻的认识。

鉴于此，从第四次范式回溯一下人机交互与人工智能的历史关系（图 2.2）。自计算机诞生以来，人类一直希望探索电脑能否模拟人脑的问题。从图灵和达特茅斯会议对于计算机模拟人类的可行性分析和畅想，以及对应组织信息处理技术办公室（IPTO）的建立，再到英国莱特希尔（James Lighthill）对于 AI 不可行性的报告，和日本第五代计算机计划的发起和失败，然后又峰回路转到 20 世纪 10 年代后深度学习和 2023 年初大模型的成功展示，人工智能的发展经历了数次波折达到了当下的峰值，然而前方的挑战何如，接下来的问题来自于性能还是对人性伦理的挑战，尚未可知。然而，在每一次人工智能发展的低谷期，人机交互却能从另一方面打开人类对于计算机发展的可能性。从 20 世纪 60 年代初伊凡 • 苏泽兰（Ivan Sutherland）对于“画板”（Sketchpad）的提出，开创了光笔交互和计算机图形学的研究，再到道格拉斯 • 恩格尔巴特（Douglas Engelbart）的“演示之母”、艾伦 • 凯（Alan Kay）的图形界面、个人计算机原型的搭建和马克 • 维瑟（Mark Weiser）的普适计算理念，再到近年来互联网、智能设备和物联网的全球性普及，人机交互在与人工智能不断共同发展的过程中，也为拓展计算应用的更大可能性提供了另一种想象。而在面对当下乃至未来人机交互和人工智能的关系时，应思考两者如何能共同为人所用，本书人机共协计算的理念和写作动机亦来自于此。

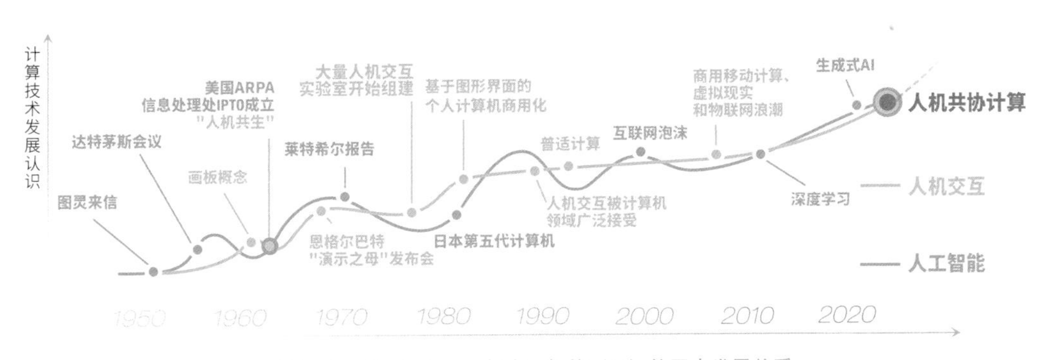


图 2.2　人机交互（HCI）与人工智能（AI）的历史发展关系

伴随着理论范式的发展，人机交互的形态在技术应用上也经历了从一元到多元的过程。在计算机被发明的初期，由于技术及理解上的限制，计算机沿用了传统设备的使用逻辑，以流程化的批处理作为输入方式让用户等待计算结果，整体操作困难且低效。到 20 世纪 50 年代，随着终端显示的接入，计算机的输入方式发展为相对友好并高效的命令行模式，这种交互方式至今仍在专业群体中受到欢迎，然而高门槛的命令方式却让普通用户望而却步。

20 世纪 60 年代末，道格拉斯·恩格尔巴特将他的在线系统（oNLine System）展示在世人面前，该系统将鼠标、窗口、超文本等概念及实现进行了集成，人与人、与计算机的任务合作流程达成了前所未有的默契，铺垫了以当下桌面隐喻为主流的操作环境；而其中，以鼠标等硬件设备为代表的人体工学成果巧妙地利用了人特有的手眼协调系统，改变了计算机在交互细节上复杂低效的操作方式，使未来计算机的产业化发展和普及成为了可能。与此同时，基于超链接等概念的互联网开始逐渐覆盖，革命性地改变了人们的信息获取与通信方式，个人计算机时代逐渐向互联网时代过渡。随着近年来移动网络等基础设施及设备小型化的发展，在普适计算、自然交互等理念的引导下，包括虚拟现实（VR）、增强现实（AR）、无人驾驶等概念在内的人机交互技术应用越来越丰富，人类生活生产与计算机之间的关系越来越密不可分，当下人机交互社群也正为完善人类的需求与体验而努力。

当下的交互发展早已不受限于基于 WIMP（窗口、图标、菜单、指点设备）的键盘鼠标等。20 多年前，安德里斯·范达姆（Andries van Dam, 2000）在 21 世纪第一期 *IEEE Computer Graphics & Applications* 文章中预见到："后 WIMP 界面[①]不仅充分利用着我们更多的感官，而且越来越多地在考虑我们与环境，以及他人自然互动的方式"。如今，计算设备及相关信息通信技术已经成为了支撑现代社会最重要的基础设施之一。在探讨具体技术应用的同时，研究人员也要明确计算设备如何塑造了当下生活，发现并反思这种塑造给人类社会带来的心理、认知及伦理等方面的影响，结合机器智能化的趋势，不断扩展未来人机交互的讨论范围（Rahwan et al., 2019）。

从发展的角度来讲，每一次范式迁移并非彻底取代前一个范式，而是扩展了人们对于人机交互本身的理解范围，不断地将之前范式中的细节归类在下一范式更高层的思想中。然而，即便是最新的范式也并不完美。面向未来，我们同意约瑟夫·雅沃尔斯基（Joseph Jaworski, 2012）的看法："我认真思考了西方的科学唯物主义世界观，即我们在西方盛行了 200 多年的基本信仰体系。我认为，这种信仰体系已不足以解决我们社会面临的问题。历史性的变革正在发生，一个更加全面的世界观正在出现"。近年来，人们对于探讨人类整体性、福祉、正念、东方思想中比较与对立等概念的研究大幅提升，其中也不乏诸如苹果公司（Apple）、脸书公司（Facebook）和谷歌公司（Google）等科技巨头的参与，包括 Wisdom 2.0[②] 这样的国际会议也开始兴起。

① WIMP（Window, Icon, Menu, Pointer）界面是现今 Window、iOS、安卓等操作系统都在使用的设计范式。

② https://www.wisdom2summit.com/

## 2.2 人机交互发展中的重要思考

人机交互的范式迁移呈现了学术与工业界对于宏观计算机领域与交互发展的理解方式。本节将从一些人机交互领域的先驱者及其理念中探寻其对于人机交互的思考基础和研究动机，及这些思考有怎样的指导意义，并简要说明其与人机共协计算理念之间的关系。

### 2.2.1 人机共生

20 世纪 60 年代，计算机技术的主流交互方式还处于“批处理”阶段，大量的输入输出操作都需要通过打孔卡或纸带完成，不仅耗时极长，而且只要出现任何小错误，都可能前功尽弃。而在当时的冷战背景下，这种低效操作无疑会对实时判断造成极大影响。针对这个问题，心理学家、计算机科学家约瑟夫·里克莱德（J.C.R. Licklider）首先采用了分时系统设计允许多终端与同一主机相连接，多个用户能够直接输入指令，通过利用处理器与输入输出（IO）设备的处理时间差，用户能够无等待感得到结果。分时系统为用户提供了高效的可用性与流畅体验，使计算机在大众普及上得到了进一步发展。

以分时系统为代表的交互实践为基础，里克莱德构建了以“人机共生”（Man-Computer Symbiosis）概念为核心的理论（Licklider, 1960），希望人和计算机根据各自的优势、属性并考虑人类的主体地位来共同工作。“计算机处理问题的方式可以帮助促进人的形式化思维，人与计算机能够在决策和控制复杂情况方面进行合作，而又不会僵化地依赖于预先确定的流程”，里克莱德认为：“……人的角色在于制定目标、拟定假设、确定标准并进行评估，而计算机则是执行例行工作，为技术和科学思考中的洞见与决策做必要的准备……”[①]。里克莱德并没有期望“人机共生”的实现是一项短期任务，从今天的视角看，他预测人机关系的发展将分为三个阶段（Grudin, 2017）：第一阶段是人机交互（Human-computer interaction），第二阶段是人机共生（Human-computer symbiosis），第三阶段是超智能机器（Ultra-intelligent machines）。而他对第二阶段的开发和使用给出了 5—500 年的范围。在后来的工作中，里克莱德领导的部门又从分时系统中衍生出了互联网的雏形阿帕网（Arpanet），贯彻了“人机共生”理念的交互式计算机、直观界面和网络连接让人与计算机在一种协作关系中共事成为可能。

---

① In the anticipated symbiotic partnership, men will set the goals, formulate the hypothesis, determine the criteria, and perform the evaluations. Computing machines will do the routinized work that must be done to prepare the way for insights and decisions in technical and scientific thinking. Preliminary analyses indicate that the symbiotic partnership will perform intellectual operations much more effectively than man alone can perform them.

实际上，关于智能和“人机共生”的洞察可追溯至诺伯特·维纳（Norbert Wiener）。作为控制论（Cybernetics）的提出者，维纳认为人应该参与到整个控制系统中：“许多人认为（机器）是智能的替代品，便减少了对原始思想的渴求……，但情况并非如此……”。里克莱德赞同维纳建立在人机密切合作基础上的控制论理念，而非像马文·明斯基（MarVin Minsky）和约翰·麦卡锡（John McCarthy）那样积极寻找人工智能，以求其能够学习并模仿人类的认知机制。

“人机共生”的概念在人机交互领域始终是里程碑式的思考。即使今天，仍然有许多新的理念以“共生”为基础对人与计算机的关系进行思考，其中一个例子是“人机统合”（Human-Computer Integration）（Farooq & Grudin, 2016）。人机统合认为传统的交互可以被描述为刺激与响应之间的关系，而人与计算机的统合则意味着相互依存的伙伴关系（Partnership），合作伙伴可以围绕彼此的存在活动提供帮助。从交互到统合的发展是一个连续的过程，也就是说，人机统合可以扩展人机交互，但不能代替交互。设计师、开发人员、研究人员、产品经理、企业家或用户，可以通过理解进一步的人机统合语境来设计或改善人机交互。

无论是术语“共生”还是“统合”，都与提倡“人和计算机 / 数字设备之间的‘共协’或‘共生’交互”的人机共协计算密切相关，即人和计算机需要根据各自的优势、属性、意义，并以人类为主体共同工作。但对比“人机共生”“人机统合”等概念，人机共协计算引入了东方哲学里的中庸思考，强调人和计算机之间的有机平衡，更突出两者应进一步互相提升，纠正了过去“共生”表达中潜在的对削弱人类能力和损害人类意义的忽视。传统人机交互思维中的共生如“阴”与“阳”彼此联系却分隔，而在更加平衡的系统中，对于“共生”的理解不仅应适当考虑人机关系的积极潜力，还要考虑其交互中的消极影响。鉴于此，人机共协计算引入“相克”（Antibiosis）概念作为人机交互发展、研究、评估和设计的重要考量因素。通过将“相克”纳入人和计算机关系的研究领域，研究与开发人员的意识范围将从传统人机交互的二元关系扩展到更加实际的人类社会视角。

### 2.2.2 增强人类智能

1945 年，万内瓦尔·布什（Vannevar Bush）在《大西洋月刊》（*Atlantic*）上发表了《诚如所思》（*As We May Think*）一文。作为“曼哈顿计划”的组织者及日后美国自然科学基金会的创立者，他发现随着科学研究的不断扩大与深入，自然的知识交流方式已经无法让科学家成为跨领域的通才，大规模的科研合作不可避免；但面对科学家背景之间的差异，如何促进其合作成为问题的关键。这一切表明，生产力的发展不再是仅依靠有形的资源，而更重要的是如何管理科研与知识这些无形资产。在世界上第一台真正意义的计算机 ENIAC 诞生前几个月，他在这篇文章中提出了“记忆拓展机”（Memex）的概念。

Memex 以办公室桌面为原型，设想了一整套有关于输入、存储、处理和输出知识的流程，并期待这台机器能够集中存储全人类的知识成果，同时也支持为个人建立数据库，存储其所有的私人材料和通信记录，并提供高速而灵活的检索方式，故名“记忆拓展机”（Bush, 1945）。由于时代局限，布什所设想的技术细节更倾向于当时成熟技术的组合。例如，通过微缩照相机来对资料拍摄存储，以小份的胶片拷贝进行流通。尽管后来的计算机发展方向并不如此，甚至大幅超越了布什的想象，但 Memex 的构想对于后来的许多计算机科学家都产生了深刻影响，其动机与架构都成为了现代计算机的原型起点之一，如桌面隐喻（Desktop Metaphor）。Memex 将知识的管理方式映射到机器上，而这本身已超越了传统范式下的机器概念，它传递了一种理解方式，更体现了一个新的时代的到来。

道格拉斯・恩格尔巴特正是 Memex 的关注者之一，他意识到处理信息的本质在于如何支持人类更好地合作处理复杂问题。立志于此，恩格尔巴特将一个初始但系统的想法写在了他的论文《提升人类智能：一个概念性框架》（*Augmenting Human Intellect: A Conceptual Framework*）中，并一直进行后续实践。恩格尔巴特表明其不会寻求以人工智能取代人类思维，而是通过将人类的直觉思维与计算机的抽象和处理能力结合起来，形成一个统一的场使人与计算机共存。他在文章中列举了许多案例来说明提升人类智能的潜在应用，例如，设计师如何通过计算机辅助构思建筑设计，或专业人士如何灵活撰写图文并茂的报告等（Engelbart, 1962; Isaacson, 2014）。

恩格尔巴特的工作获得了里克莱德所领导部门的认可和资助。随后在 1968 年，恩格尔巴特发布了他的在线系统（oNLine System），这场发布会日后被称为“所有演示之母”（The mother of all demos）。在这场发布中，恩格尔巴特与同事展示了包括鼠标、远程控制、版本控制、超文本等在内的一系列概念。相对于人工智能（Artificial intelligence, AI），其揭示了计算机的另一条发展道路：智能增强（Intelligence Augmentation, IA）。如今，我们可以在任何一台计算机上看到恩格尔巴特理念的影子，虽然他的理念全貌仍难以窥见。例如，恩格尔巴特希望充分开发人的能力，为鼠标设计尽可能多的按键从而调动人的所有手指，同时希望促进尽可能多的合作来作为增强人类智能的关键，包括而不限于人类之间的合作、感官之间的合作、人机之间的合作；在恩格尔巴特的远程控制中存在两个鼠标指针，允许双方可以同时对计算机进行控制。至今仍有研究团队在继续着恩格尔巴特的理想，Dynamicland 项目[1]便是其中之一，其

① https://dynamicland.org

创始人布雷特·维克多（Bret Victor）曾评价：“恩格尔巴特的愿景，从一开始便是合作。他憧憬人们能够在共享的智能空间中一起工作，他的整个系统正是围绕此而设计”[①]。

演示之母发布会深刻影响了当时还是学生的艾伦·凯（Alan Kay）。若干年后，凯就职于 Xerox Prac 研究中心，开始真正意义上设计他理想中的个人平板电脑 Dynabook，就此发表了一篇题为《一款适合各年龄儿童的个人电脑》（*A personal computer for children of all ages*）的宣言性文章（Kay, 1972）。凯认为相比于为某种任务而生的工具，计算机这种可编程的“媒介”更应作为增强个人创造力和验证经验的工具。基于教育学家西摩·佩珀特（Seymour Papert, LOGO 编程语言的设计者[②]）对他的影响，凯意识到通过个人电脑改变儿童思考方式的巨大潜力。其所预想的 Dynabook 在硬件形态层面为触屏平板电脑；而理想的图形界面作为软件操作系统层面的人机接口，实际上包括了一整套包括视觉图形展示——窗口、图标、菜单、指针（WIMP）——的桌面隐喻（Desktop Metaphor）[③]、“所见即所得”且支持“面向对象编程”（OOP）的直观交互在内的理念，归结在一起成为了后来的 HCI 里程碑之作“图形用户界面”（Graphical User Interface, GUI），以另一种方式实现了布什所设想的 MEMEX 原型，为个人计算的兴起做了铺垫。

而在谈论这些具体的成就之外，可能有 4 个方面的思想来源影响了凯。第一是认知理论的发展[④]，从皮亚杰的认知发展理论的提出、布鲁纳的学习理论、麦克卢汉的媒介理论到上述提到佩珀特的 LOGO 原型的实现等，凯理解到了人类得以进步的认知和教育基础，以及使其具象化的可能方向；第二是恩格尔巴特所演示的在线系统（其思想又延自人机共生和记忆拓展机），向凯展示了计算机作为一种人类智能提升工具的强大潜力，以及图形界面的早期设计思路；第三是来自于其导师伊凡·苏泽兰（Ivan Sutherland）的“Sketchpad”，此设计不仅提出了光笔交互对于图形的操作方式，更通过图形学理论层面不同基础形状的继承关系体现了面向对象的思想萌芽；第四是凯本科的生物学背景，例如，细胞之间的递质通信可能促成了编程交互的机制设计（凯所设计的 Smalltalk 的本质在于面向消息而非面向对象[⑤]）。以上思想脉络交织在一起很可能塑造了凯对于个人计算、面向对象编程等具体实现的设计思考，甚至可以说这些

① “Engelbart’s vision, from the beginning, was collaborative. His vision was people working together in a shared intellectual space. His entire system was designed around that intent.”

② 参见 Papert S. Mindstorms: Computers, children, and powerful ideas[M]. NY: Basic Books, 1980, 255.

③ 参见 Hiltzik M. Dealers in Lightning: Xerox PARC and the Dawning of the Computer Age[M]. 1999.

④ https://amturing.acm.org/award_winners/kay_3972189.cfm

⑤ https://wiki.c2.com/?AlanKayOnMessaging

成果是同一思想基础下的不同体现，也展示了——至少作为一名人机交互研究者——思想指导实践的力量所在。

此外，艾伦 • 凯的思想并非只是关于技术的，而是更多关于人和人类进步的。艾伦 • 凯曾分享过他对于所谓“人类普遍性”（Human Universal）的理解①：是所有人类文明都可以自然进化出的能力，如语言、讲故事或制造基本工具等能力，而“非普遍性”（Non Universal）却并非如此，如写作、推理或基于模型的科学建构等能力②。作为评估一项设计是否代表进步的标准，一种工具应有助于提升人类的“非普遍性”能力。凯举例说明了他对于电报为何优于电话的看法。他认为电话的发明只是延续了人类通用的口语能力，而电报却促进了“非普遍性”的人类写作技术。另一个例子是关于印刷术在用来传播知识之前，主要被用作印制《圣经》，而本质则是如何转换思考方式来看待工具的存在。这种观点实际上并没有忽略新工具诞生的意义，而是更多地关注一种新视角的产生可能会更大程度地帮助人类自身。50 年前的 Dynabook 作为艾伦 • 凯的主要思想，意在成为一种支持“边做边学”“所见即所得”的思想工具，同时帮助儿童在编程实践的过程中验证真相，成为能够识别优质信息的“媒介游击队员”，而不仅仅是发明另一台物理上的新计算机。时至今日，凯也仍然在宣传他对于未来的理念（Kay, 2019）。

从布什到恩格尔巴特，再到凯，他们为我们展示了一条人类智能增强之路，即机器对于人不仅是一种简单的工具性使用（Instrumental Use），更可以作为提升人类能力的媒介。他们的思想、模型、应用具有很强的传承性，这种传承性不仅体现在时代的推动上，更是他们工作中的关键词，如对“智能”的发展和理解，以及其对人类进步评价标准的把握。如今，他们所构想的许多概念已成现实，但对于计算系统的设计，推出一种新的硬件设备、抑或一种新的使用体验、满足一方需求等，可能都不能直接算作“进步”的评价标准；而是当造物本身承载作为一种思想工具、为世界提供一种看待视角，作为整体的结果才可能会促进计算机的进一步发展。当然，作为一个整体，那段历史时期背后可能存在的思想和文化浪潮也对上述先驱的思想和实践产生了影响。另外，计算机之所以能成为先驱一致选择提升人类智能的工具，相比于传统机器，从人机交互的角度看，可以归结为三个基本特性。

（1）可积分性：计算机允许构建一个平行世界的各种可能性，不管是图形界面在每一个像素点上的渲染，还是关于元宇宙的种种畅想，实则是基于计算 / 计算机运作机制（如比特）的

① https://www.fastcompany.com/40435064/what-alan-kay-thinks-about-the-iPhone-and-technology-now

② http://worrydream.com/oatmeal/universals.pdf

这一前提。

（2）可编程性：编程的出现允许计算作为通用机器取代了传统的专用机器，而硬件上无论是个人计算机还是触屏的出现都支持了计算的这一特性，这同样也是计算机无限潜力的一部分。

（3）可编码性：如果说计算理论支撑了上述两个特性，那么信息论下的可编码性则支持了信息之间的转译与流通。编码不仅促进了联机层面上信息的流转，更打破了人类语言和机器语言的壁垒，使二者互相理解，而无论是文字、图形界面还是手势交互都是编码这一特性的延伸。

增强人类智能的整体思想放在今天依然有很强的指导意义，可以从其思想脉络中看到机会。人类当前的主流操作系统图形界面设计范式（如 iOS、Windows、macOS，甚至空间操作系统）可以说都基于凯和同事所贡献的桌面隐喻，尽管这一设计又已经发展了数十年，但桌面隐喻之所以作为范式的成功本质体现在三个方面：①桌面隐喻建模贴近生活经验，足够简单、直观、易学；②桌面隐喻作为底层抽象，拥有足够的符号接纳能力，作为操作系统级别的基础，能够兼容顶层复杂应用的表现；③桌面隐喻之后（或在整个 HCI 历史上），几乎没有更强大的范式竞争者。

然而，桌面隐喻也存在三个方面的问题：①其将世界抽象局限于二维平面，表达能力可以说仍然有限。一方面，世界并不只是桌面，对此马克・维瑟（Mark Weiser）提出了 Ubicomp 进行反驳，将在 2.2.3 节展开解释；另一方面，人也不是桌面，当将人对世界的感受完全抽象在二维的图形概念上时，人的异化便潜移默化开始了。②其深入的理论意义有限。桌面隐喻背后的思想基础，一方面来自恩格尔巴特所展示的在线系统，另一方面则来自认知、教育及心理学相关理论。然而这些理论背景并没有呈现一个更加系统的哲学性质的人类语境，提升人类智能可以作为目标，但没有触及人的本质和真正问题。③由于桌面隐喻作为系统级设计“人工物”的极大成功，导致研发者很难意识到对于概念的不断向外探索对人会产生的微妙影响与问题，从而无法突破范式本身。这些问题会在第 3 章继续探讨。

设计软件系统，尤其是用户界面，实际上反映了理解人与世界的一种方式。单从技术的角度看，人机交互作为输入输出方式的研究并未有什么特殊之处；技术的功能面及信息架构的背后传递的思考方式才是最重要的。随着时代发展，需要重新理解人和智能分别是什么，提升人类智能的方式是怎样的，是否有比智能更重要、更根本的东西。相比于人类智能增强的概念，人机共协计算将人的心智，而非智能作为最为更本质的层面进行讨论，因为对于长期任务来说，人的心智发展才是支撑其外部表现的基础。

### 2.2.3 Ubicomp、社会计算和具身交互

20 世纪 90 年代初，Xerox PARC 研究院的马克·维瑟（Mark Weiser）认为基于传统桌面隐喻的交互系统已不足以支撑计算机的发展，未来的计算形式不应局限于具体的外在形式，计算机也不同于单一功能的工具，计算应无处不在。维瑟写道①：“未来计算机应当如何？是智能代理吗？多媒体还是虚拟现实？……我认为“以上皆非”，因为这些概念有一个共同缺陷：它们让计算机变得可见”（Weiser, 1994）。Ubiquitous Computing（Ubicomp）的概念应运而生。Ubicomp 的中文翻译更多见为“普适计算”，但维瑟更想强调的是隐形计算（Invisible Computing），希望将计算机嵌入任何对象和设备中，从而最低限度地减少技术对于人的注意力的分散，使人真正聚焦在任务上。今天，各种用途的移动计算设备、物联网和传感器等无处不在，这些都离不开业界对于 Ubicomp 概念的理解和发展。Ubicomp 的概念也影响了后续一批人机交互理念的产生、发展和融合，如移动计算（Mobile Computing）等。

相比桌面隐喻作为一种设计范式，Ubicomp 所展示出的形态隐喻可以说并无固定形态，而今天所看到的移动互联网实际上也仍延续着桌面隐喻的设计思想，但 Ubicomp 之所以成功，其原因在于：①补充了个人计算机的定位缺失部分，如作为传感器、附件和基础设施等；②硬件形态和功能体量不受约束，因此有更大的自由空间。然而，它的局限性也因此产生：因其需求而异的表现形式，这意味着 Ubicomp 很难向更有深度的系统级设计理念推进。这种深度不在于支持多少功能，而在于如何体现出一种面向人类本性和人类能力的思想表达，这种表达可能暂时仍无法离开以系统级软件为核心的用户界面参与。换句话说，Ubicomp 的核心理念更强调不分散人的注意力的计算设备和基础设施，而非人。桌面隐喻和 Ubicomp 需要找到统一点，并共同寻求以更深层次的人类本质作为其建构基础。

Ubicomp 之外，如 2.1 节所述，第二次 HCI 范式变革始于认知心理学对其产生影响，但人机交互在壮大过程中也逐步吸引了社会学家的加入，并引入了大量社会学和人类学方法。在这些因素的共同作用下，社会计算（Social Computing）概念应运而生。正因为用户使用计算机

① What is the metaphor for the computer of the future? The intelligent agent? The television (multimedia)? The 3-D graphics world (virtual reality)? The StarTrek ubiquitous voice computer? The GUI desktop, honed and refined? The machine that magically grants our wishes? I think the right answer is “none of the above”, because I think all of these concepts share a basic flaw: they make the computer visible.”

的方式不仅源自自身，同样受到所在关系网络与环境因素的影响，社会计算试图将社会学和人类学中的技巧和设定引入到系统设计和现象分析中，例如通过民族志、田野调查等方式确定系统设计和特定群体的必要需求和特点等。在社会计算中，最有影响力的分支是计算机支持协同工作（Computer-Supported Cooperative Work, CSCW）。相对于针对个体的研究，CSCW 更倾向于研究计算技术如何支持团体、组织和社区，自然而然地，转向对社会学方法中的协作和组织行为研究的兴趣（Grudin & Poltrock, 2012）。

20 世纪 90 年代末，保罗•道里什（Paul Dourish, 2001）认为包括 Ubicomp 在内的可触控计算理念所展示出的人类身心协调性对直观交互的启示，以及社会计算理念所透露出的交互行为及其社会意义等，这些线索需要一个更大的框架进行概括。受到知觉现象学研究方法的启发，他进而在 2000 年初提出了具身交互（Embodied Interaction）框架，着眼于一种“身心合一”的交互感知与意义之间的连接及延伸出的现象整体性。具身交互主张技术、实践和环境是不可分的，这些作为现象的一部分共同延伸和发展，并将其中所有涉及因素看作一个整体。而在这个框架下，自然交互、示能（Affordance）、用户体验等人机交互概念的理论基础得到了进一步完善。

总体看来，这些观点旨在帮助研究者拓展对于人机交互的进一步理解，并试图通过大场景下获取人与社会对于计算机的需求与使用习惯，将计算融入生活中的每一处细节。这些观点，尤其是具身交互和人机共协计算有相似之处，但其并未明确表示对于人的能力，尤其是心智能力的理解和发展。

### 2.2.4 以人为中心的计算、用户体验和积极计算

如 2.1 节所述，第三次和第四次人机交互浪潮主要推动了以人为中心的核心设计理念，并衍生出多个类似概念。

在以人为中心的计算（Human-Centered Computing）视角的相关研究中，存在许多概念性主题。例如，罗布•克林（Rob Kling）和苏珊•利•斯塔尔（Susan Leigh Star）所倡导的人本系统（Human-Centered Systems），其关注于开发更好的支持用户活动的技术，引领了人机交互思考的第三次范式迁移；阿伦•博宁（Alan Borning）的价值敏感设计（Value Sensitive Design），其重点是通过了解用户价值来开发改进技术等。而近些年来，关注构建以人为中心的人工智能也逐渐进入了人机交互视野（Xu, 2019; Shneiderman, 2023），尽管学者对于该主题的理解不尽相同，但以人为中心的理念用于 AI 上，普遍关注三个主题：AI 的潜在用处、负责任的监管、不可替代人类的伦理问题。

另一个重要概念是用户体验。用户体验概念在 Technology as Experience 一书中被系统性地提出（McCarthy & Wright, 2004），其理论根源之一来自于美国哲学家杜威在 Art as Experience 中对于体验（或经验）的理解。他认为随着人对于某一日常活动在身体或认识层面的不断积累，其所对应形成的体验在充分融入当下活动时达到顶峰，从而最终形成人对于美的认识，也被称为一种完满体验。而此书则倡导技术也可以通过完善其用户体验成为这样一种载体和环境。作为人机交互第三次和第四次范式变革中的重要组成部分，用户体验旨在帮助用户在交互过程中，满足其可用性、情感和满意度等整体体验方面的需求（Hassenzahl & Tractinsky, 2006），同时也成为了当下工业界最为流行的评价体系之一。

此外，以积极心理学为理论基础，拉斐尔·卡尔沃（Rafael Calvo）和多里安·彼得斯（Dorian Peters）提倡的积极计算（Positive Computing）旨在开发技术以提升人类福祉和发展人类潜力（Calvo & Peters, 2014）。在这一点上，积极计算和人机共协计算有着相似的观点。

以上三个概念都是在当下浪潮中以人的角度出发思考技术设计，但回溯这些概念的思想根源，仍需要对人有更进一步的理解：①当谈论以人为中心时，就不得不提到马斯洛的需求层次理论——生理需求、安全需求、社会需求、尊重需求和自我实现需求，然而尤其是最后一层，关于自我实现或超越的去向何如，仍需更明确的理论和方法论来应用至人机交互；②积极心理学和积极计算讲求通过建构“意义”来使人获得幸福，然而这可以作为一种手段，但对外在意义的不断追求很可能会让人越来越找不到其根本，简而言之，意义重要，但并非一切，也容易进入误区；③用户体验的本质实际上很难用语言表达，有时在实践中容易被扭曲（例如，被窄化理解为情绪），进而导致用户成瘾或不合理的欲望越来越大。需要强调的是，这些设计理念的初衷有其先前的时代背景，然而面对一个越来越“产能过剩”的年代和越来越饱和的市场，概念中对人的理解需要进一步说明或规范，否则就存在被滥用的风险。

## 2.3　人机共协计算的定位

人机交互的发展有两部分主要推力：一是客观上以计算理论、电子工程、物理材料为基础的算法、工程和算力发展；二是哲学意识和人文科学的发展带来对人的理解。其中哲学意识代表了如存在主义、现象学、技术哲学等思考方式为研发者所带来的有意识或无意识地看待问题的底色，而心理学、社会学等人文科学所提供的则是关于人的更加具体的理论、视角和方法。这些共同构成了社群及个人看待和设计人机交互的方式。换句话说，不光是某一技术，所有学科都有助于建构人机交互的思想大厦；但如何统合这些思想，找到一个目标是当下人机交互领域的重要问题。

随着计算与交互技术的发展，交互所提供的形式、能覆盖的功能范围在不断扩大。交互过去被用在如何更有效、更高效地使用计算机，今天被用于如何改善生活体验，越来越奇妙的交互形式会不断出现。然而现在需要回归到更基础的问题，即交互技术到底为人类自身带来了哪些本质上的改变，如果仅是为了让人能够去使用计算机，那么这种动机无疑过于单调。当对于人机交互本身的认识不断扩展，当过去看似广义的问题逐渐被解决，成为了狭义问题，面对未知的进步，需要新的理解。

实际上，对于人机交互的本质，以及什么可以构成“好”的人机交互研究的问题，各种观点和评论已经在人机交互社群内部展开（Bødker, 2006; Harrison, 2007; Kostakos, 2015; Kuutti & Bannon, 2014; Rogers, 2012）。但是，人机交互社群里很少有研究涉及人机交互哲学基础的需求和发展，期待这种哲学基础能够为 HCI 发展构建一条合理、连贯且适应性强的前进道路。尽管有研究框架，例如，具身交互曾试图把人机交互中来自不同领域的各种要素统合起来（Dourish, 2001），为人机交互建立一个完善的模型，但这些工作始终缺乏一种共识。罗杰斯（Rogers, 2012）也曾表示：“人机交互不再有一套连贯的目标……似乎什么都行，任何人都可以加入”。也有学者认为，目前人机交互领域内缺乏主流的话题和学派（Kostakos, 2015）。由于有些讨论已然超出传统人机交互社群范畴，以至于有人怀疑人机交互是否可以成为“一门学科”（Blackwell, 2015），甚至有人质疑人机交互领域是否有存在的必要（van der Veer, 2013），也有来自其他学科的学者批评人机交互是否仅仅是“调味品”。

总而言之，这些讨论都是因为基于一个事实，即目前人机交互领域缺乏深层次的哲学思考基础。正如本·施奈德曼（Shneiderman, 1990）所说：“一个健全的哲学基础能够帮助我们处理特定的问题”。一个创新的哲学框架能够帮助人机交互从业人员超越自己的领域进行推断、评价、批判自己的假设，通过更广泛、更自然的合作来整合他们的想法，并超越不确定性和假设。此外，要在未来保持人机交互与人类自身的关联和发展动力，也需要一个扎实的理论基础。当人机交互有意识地以开放、接纳和适应的态度以存在的观点为基础，并适时地反思其发展历史，每位研究者就能更清晰地了解在特定的时间与环境中能够做什么和需要做什么。

对于人机交互哲学框架的发展，其指导原则应始终先考虑人而非计算机。在过去的几十年里，如任务自动化等技术已被广泛应用去实现更高的效率和生产力，但这并没有从本质上改善人类的内在境遇。过去，人机交互领域的先驱们在关于人与机器的交互问题上无意取代或忽视人的潜力、责任、动机或指导，无论是里克莱德在人机共生中的论述，还是恩格尔巴特所持有的观点："你必须与整个系统的双方，即人与机器同时打交道，去找到双方得以共同进化的方式"（Doug Engelbart Institute, 2013），都证明着其对人机关系中人的意义的肯定。本・施奈德曼（Ben Shneiderman）曾表示，未来的技术应促进"信任，同理心和责任感"（Shneiderman, 1990）；斯蒂芬・霍金（Stephen Hawking）、比尔・盖茨（Bill Gates）和埃隆・马斯克（Elon Musk）都对超级 AI 的负面影响表示担忧。人机交互的发展方向应该通过对人性的深刻理解和更具包容性的观点来引导。这并非是一种与自然对立的人类中心主义（anthropocentrism），而是因为人性具有独特且非凡的能力，能够提升或损害其所涉及的一切物质或道德本性，且我们需要对此有所敬畏。

需要重新思考当前的人机交互范式，转而发展人类与技术之间更加紧密、共同提升的交互关系。人机共协计算与当下第四次范式中的"积极"观念持有类似的看法，并提倡更全面地考虑人类活动和人类情境；而选择"共协"一词，是因为更恰当的设计，将使人与计算机这两个"组成部分"之间的紧密结合所产生的影响远大于两者单独影响的和。HEC 旨在建立起"共协用户"（Engaged Humans）和"共协计算机"（Engaging Computers）之间的"共协交互"（Synergized Interactions 或 Synergism），以获得单人或单机情况下所不具有的高级智慧。HEC 将"共协态"（Engagement）引入人机交互设计的评价标准中，明确发展人的能力及其应用，进而增强人类的生存概率及超越生存层面的人类潜能。此外，人机共协计算引入了来自东方哲学和世界观的洞见，如人类完整性、中庸（或理解为一种最佳平衡）和"相克态"（即考虑人与计算机之间不平衡带来的不利影响）等。人机交互研究者可以通过 HEC 视角跳出传统人机交互的视野，并反思和评估自身，使其扩展到更高的人文思考层次；期待人机共协计算能够成为人文和技术融合、东西方文化融合的一个平台。接下来，将对 HEC 框架进行更具体的阐释。

# 第3章
# 重新思考人与计算机的关系

本章将对人机共协计算（HEC）的思想的由来、HEC语境下的四个核心价值观、框架组件，以及延伸出的设计原则等进行解释。将HEC中最重要的关键词“Engagement”（Engaged）翻译为“共协态”（共协），以表达我们对人在交互中最佳状态的理解；同样为表达我们对“Synergized Interaction”的理解，我们将其翻译为“共协交互”，而非通常的“协同交互”。我们虽然指出了当下人机交互发展存在的问题，但更希望人机共协计算的意义首先在于提供一种哲学思考基础，进而去定位传统人机交互的贡献所在，而非直接解答技术性问题。

## 3.1 人机共协计算思考的由来

人机共协计算既是本书第一著者过去30年来在HCI领域的教育、研究和实践，也是对HCI、人类和技术未来关系理想状态的思考。特别是，第一著者2006年在美国硅谷拜访恩格尔巴特时，恩格尔巴特写给他的赠言：“让我们将人机交互的注意力着眼于提升人类能力上，去开发、整合及理解为提高社会生存概率所需的知识”[①]，此言驱动着本书著者去思考人与计算机（广义上：任何人工物、ICT、AI等）的理想关系和未来目标。

通过第1章和第2章回顾了HCI的研究范围和历史走向，希望当读者理解当下的HCI研究时，通过一种历史视角，看到我们周遭如同空气与水一般的计算设备并非自然存在，而作为现象的HCI成果（同样包括没有实现的构想）往往都是一系列思想脉络的体现。这种思想往往寄托了思想者对于人的“Being”“Doing”等理想状态的理解。但在这个过程中，仍然存在着大量未经推敲的前提值得被发掘，例如，计算概念本身所体现的思想与过去人工物的异同是怎样的，现代人又有哪些观念被计算所无意识地塑造等。然而，对于很多HCI研究者而

---

① 原文：“Let’s focus our HCI attention on increasing human capabilities to develop, integrate and understand the knowledge required for improving society's survival probability.”

言，这个庞大而又年轻的交叉领域似乎又未形成一套有助于“知识考古”的谱系学理论系统（Bardzell & Bardzell, 2016），从而导致某一思想的窗口期一过，后续的研究者所看到的更多是交互现象，而非在当时特定场景下的思想本身，进而造就了大量的无意识，模糊掉 HCI 贡献的本质。可能对于任何领域来讲，“追本溯源”都有助于澄清本来的思想、生活和世界的本质，然而这些形而上的部分往往被研究和界面设计的惯例所忽视。

研究和技术确实在发展，但我们往往高估了所谓研究的新颖性（Novelty）和技术创新（Innovation）所带来的价值：一方面，浩如烟海的研究并没有呈现那么理想的现实效果，进一步地去支持和经营一个生态；另一方面，往往爆发性的新技术革命似乎又没有解决人类真正的问题。计算技术的快速发展促进了人与人之间的联系，提高了社会的效率，但对于“新”的执着模糊了 HCI 真正需要思考的发展目标，甚至在追求技术的过程中造成了诸多有关于人的问题，例如，过度的分心、成瘾、能力下降和人类意义感的丧失等。HCI 的研究者和设计者有责任去反思对人类本性和相应设计的“无意识”，思考人类真正的需求是什么，而真正的创新可能在这些反思的形式化中找到出口。在渐渐清楚什么是“人 / 我”的本质的过程中，HCI 或技术发展的目标可能自然浮现。

有鉴于此，我们为人机交互提出了一个新的概念框架——人机共协计算（Human-Engaged Computing, HEC）（Ren, 2016）。人机共协计算框架旨在描述并促进对于共协用户（Engaged Humans, EH）和共协计算机（Engaging Computers, EC）之间共协交互（Synergized Interactions）的实现，从而获得更高水平的智慧去提高人类的生存可能性，并释放我们作为人类的全部潜能（图 3.1）。而为发展理想意义上的共协交互，重中之重在于应如何理解并把握什么可称之为人机之间的良好平衡。此理念之所以被提出，正是由于意识到在当下技术发展过程中日渐凸显出的人与计算机之间过度的不平衡，这种不平衡状态在过于关注计算机能力的同时，或显性、或隐性地正以人类能力和福祉的短期或长期萎缩为代价。

总而言之，HEC 致力于通过提高研究者和设计者对“人”的理解来增强人机交互的价值。为此，HEC 有意识地将人机交互具体技术开发的前置问题上升到诸如“生而为人意味着什么？”或“技术在彰显人类意义感方面有何作用？”等议题上。然而需要注意的是，HEC 并不试图建立某种有关于人的确定性意义，一方面，我们希望自身的理念及日后的具体技术能被不同的群体辨识、理解并引起共鸣；另一方面，探寻意义并再逐渐解构意义可能只是面向答案的中间过程。由此，人机交互和数字技术领域的发展才能更直觉地、更自然地尊重人类的各种存在方式，并至少在现象上减少明显的技术专制倾向。希望自身工作能够帮助人机交互的相关人员意识到更加深层次的价值，使其对其他有关于人的研究和理解有所启发，共同构筑趋向于稳定的价值判断体系。

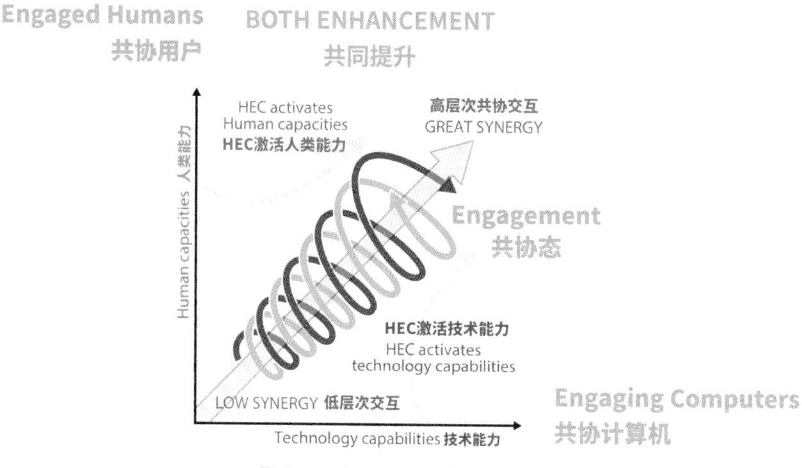


图 3.1 人机共协计算示意图[①]

## 3.2 HEC 核心价值观

首先阐述有关于 HEC 的四个高层次核心价值观，这些价值将有助于定位接下来的 HEC 讨论，即：共协性（Synergy）、平衡性（Balance）、整体性（Wholeness）和改进之改进（Improvement of Improvement）。

### 3.2.1 共协性

HEC 认为人与技术之间理想的共协交互可以产生不可估量的成果。技术源自人类社会文化，恩格斯指出使用工具的能力将人与其他动物区分开来——此处使用工具就是最早的技术设计。所以对于技术的讨论必然牵连到人类语境，如果缺乏微妙的人为因素，技术就无法独自解决人的个体与社会问题，同时也很难进一步彰显明确的意义。

哲学家斯蒂格勒（Stiegler, 1998）认为，正是由于人可以使用技术中介，使自己的记忆外

① 共协用户与共协计算机所达成的共协交互。横轴表示技术能力的发展，而纵轴表示人类能力的发展。当人类能力和技术能力共同被激活和逐步增强时，将趋近于达成一种高层次共协交互的效果，而忽视、偏离或削弱任何一方的能力都可能导致共协交互的衰退甚至湮灭。在一个逐渐识别、批判、理解和利用人类能力和技术能力的过程中，HEC 的实现将呈现螺旋上升形态。

化，才可以将经验积累起来，超越时间和空间，产生人类社会和文明。技术和工具之所以作为人类能力的延展，是因为人类同样无法独自有效解决纷繁的现实问题，也缺乏必要的效率。同时，受限于拓展更高层次的智慧，人类自身的思维方式也需要工具的必要支持。通过将拥有强大能力和潜力的人类及其本性与擅长于效率、可扩展性和人类知识与经验之外化的技术协同配合，共协交互随之浮现。

需要指出的是，这种共协性存在浅层和深层的理解，我们将在3.3.2小节尝试解释。

### 3.2.2　平衡性

HEC认为在共协过程中寻求人类能力和技术能力之间恰到好处的匹配非常重要。在当前的技术思想中，仍然存在着更多潜移默化地关注设备、技术、工程、开发而非人类能力的倾向，其结果造成了人和技术间交互权重的失衡，进而阻碍了旨在促进人与技术两者全面发展的共协交互的实现。HEC所提及的平衡概念并不新颖，因为其想法本就源自中国传统文化的“中庸”所表述的平衡价值（Fung, 2017），且许多著作对平衡的重要性也有相似的看法（Haidt, 2006）。

对于平衡的关注不仅体现在技术能力在与人类情感、行为和认知能力交互层面上的微妙影响，更在于计算与信息对人的底层观念和智慧意识方面的建构。然而在现实中，技术的宏观发展很大可能会经历如黑格尔辩证法所述“正”“负”“和”的循环往复，而在此过程中，对用户来说，能否把握工具而不被其掌控思维或滥用；对研发者来说，能否活用工具对人的潜在塑造，都要求人自身也留有“中”的意识。而此间所描述的工具，从人自身的思维以降，一把锤子、一台计算机、强大的AI算法，实际上都是在追问人与物，尤其是人与物之间的平衡，考验人是否能够维持自身存在的问题。

### 3.2.3　整体性

HEC认为在技术开发中秉持对人类和自然的整体性视角是很重要的。从人的角度来说，整体性方法应包括对其身体、思维、精神和本性的理解，人类在事物发展本质中的位置和作用是什么，以及如何理解人在内在非物质方面的与外在物质方面的需求。在传统人机交互领域里，常常谈论关于交互效率和流程建构的话题，但对于更加抽象的人类能力（如正念、同理心、美等）却讨论得很少，而这些人类能力的培养与提升在对理解人类本性和潜能，进而开发相应技术的结果同等重要。

从自然的角度讲，理解外物（包括自然之物、人工物、技术、概念等）的整体性思考理应包括对其自身本性的理解及对人类所显示的意义，进而作为如可持续发展等理念，乃至更加具体的技术设计和评价尺度的基础。鉴于未来技术在逐步建构过程中的复杂性及对不同人群所显示的意义，技术（或人类的创造活动）将成为多方学科或领域共同合作的结果，了解跨学科的视角与实践将成为构建整体性的必要环节。

然而，研究者应意识到真正的整体性方法意味着有机地统一知识与感受，即不能将人类、人性或生存等实在简单视为技术的属性、结构或示能（Affordance）的组合。因为抽象本身的意义在于建构工具和提供探索人类本性的线索，而非执着于此且其也不能完整还原人。HEC试图在尽可能广泛的人类语境与存在意义下探究技术的背景与解构方法，同时理解并尊重人类的多元表达这一事实，从而探索真正和谐的发展成果。具体到技术本身，整体性地把握不仅是针对于单个案例、应用所涉及的生命周期，而且要在人与物所涉及的整体环境都产生意识，尤其对于设计者来说，共协性和平衡性也都依赖于此认识。

### 3.2.4 改进之改进

HEC 认为仅靠技术的改进与增量是不够的，更准确地说，HEC 试图理解和探索如何维持长期改进与创新的方法——即如何改进“改进”的方法，这也是建立在恩格尔巴特所提出的概念之上的（Engelbart, 1962）。

基于此理念，HEC 的重要目标不只着重于具体界面、技术和工具的开发，更重要的是激发研究者和设计者对于人类本性的意识，进而带动一个向上螺旋。为支持这种价值观，首先，HEC 同意并兼容过往 HCI 理念中有关于可持续发展、积极心理学等层面的论述，并以此为理论基础的一部分。其次，要认识到这些理念以及过往人类智慧中所欲表达的普世价值，即人的本性也拥有面向“至善”改进的内在动力。

HEC 接受“改进”可能很难“完成”，人类改善、创新和取得进步的方式总是可以做得更好，从而更接近人类的存在本质，认识到人类的潜力。

## 3.3 共协态

### 3.3.1 共协态相关研究

共协态（Engagement）是人机共协计算理论中的核心概念之一，代表了人在交互过程中乃至自身存在层面的一种理想状态，类似于人能够全神贯注于任务中，从而进入心流，可以被理解为一种共协交互中乃至交互后所持续的高层次的体验。在这种状态下，人们可以有意识地、并以极低的疲劳感发挥其当下的最大潜能，如高度的觉察力、创造力或问题解决的能力等。

“Engagement”一词的中文经常被翻译为“参与”或“参与度”。但这并不能明确表达 HEC 的意涵。作为一个暂定方案，在之后的行文中将“Engagement”译为“共协态”，并适当给予对应语境下的解释。然而，我们希望读者不局限于概念和翻译，而能够从本质上体会到为什么要将“Engagement”作为 HEC 关键词的本意，或者换句话说，类似“Engagement”的词也是无法完全通过语言“讲述”的。

Engagement 在传统语境下主要用于描述人类在某项活动中的投入程度（Jennett et al., 2008）与投入过程（O’Brien & Toms, 2008），这一概念近年来逐渐被教育（Huizenga et al., 2009）、游戏（Brockmyer et al., 2009）、商业（Brodie et al., 2011）、人机交互（Doherty & Doherty, 2018）等各领域重视并应用。

特别是在 HCI 领域，User Engagement 作为重要指标描述了用户与应用或服务交互过程中的人和任务的交互程度，如用户的点击次数（Harden, 2009）、用户黏性（Chapman, 1997）、积极影响（O’Brien & Toms, 2008）、任务依存（Laurel, 1993）、花费时间和情感状态等（Goethe et al., 2019），从而进一步作为如用户活跃程度、广告投放有效性等相关报告的依据。

但由于各领域的目标和背景不同，Engagement 在其指代逐渐丰富的同时，研究者也难以在其定义和范围上达成共识。一些研究者试图通过解构 Engagement 概念进行理解。例如，布莱恩和汤玛斯（O’Brien & Toms, 2008）提出，Engagement 有着包括注意力（Attention）、新颖性（Novelty）、兴趣（Interest）、控制（Control）、反馈（Feedback）和挑战（Challenge）在内的各种指标；弗雷德里克等（Fredricks et al., 2004）将学生在校的 Engagement 划分为行为、情感和认知三个维度，这一划分方法在后续的各领域研究中被广泛使用。但由于这些研究仅关注 Engagement 本身或其指标，而忽略了其交互过程中的状态。多尔蒂等（Doherty & Doherty, 2018）呼吁 Engagement 应由状态、用户和交互组成，并需要基于系统的各自目标和背景进行解释，这种观点与我们称之为“共协态”的原因相似。

也有一些研究者关注 Engagement 的理论基础，包括涉及动机的需求满足理论（Needs Satisfaction Theory）（Deci & Ryan, 2000）、情绪理论（Emotion Theory）（Lazzaro, 2004）和心

流理论（Flow Theory）（Csikszentmihalyi, 1990）等均被认为在一定程度上解释了如何促进Engagement状态的产生（Silpasuwanchai et al., 2016）。但是，这些理论却没有进一步指出Engagement这一概念相较于其他相似概念的特异性。

为区分Engagement与其他相似概念，如心流（Flow）、沉浸感（Immersion）和临场感（Presence）等，研究者进行了大量的比较研究。例如，布朗等（Brown & Cairns, 2004）认为Engagement是沉浸感的一个最初阶段；贝尔图兹等（Bianchi-Berthouze et al., 2007）则认为心流、沉浸感和临场感均能促进Engagement，并发现身体运动也对Engagement有促进作用。一个在游戏中广泛使用的相关量表——Game Engagement Questionnaire，其问题涵盖了对心流、沉浸感和临场感等概念的探知（Brockmyer et al., 2009）；普罗奇（Procci, 2015）将Engagement视为一个更大的语境，其中沉浸感作为低水平的Engagement，而将心流和临场感作为高水平的Engagement。总体而言，以上几个概念由于缺乏相对特异性而难以进行完全区分，Engagement的范围也因此同样陷于模糊状态。

一些实证研究试图确认不同因素对Engagement的影响，进而寻找促进Engagement的方法（Chanel et al., 2008; Sanghvi et al., 2011; van Rheden & Hengeveld, 2016; Fanfarelli, 2020）。也有研究者试图辨析Engagement和成瘾（Addition）的关系，并指出需要避免Engagement可能带来的成瘾问题（Goethe et al., 2019）；诺曼等（Norman & Kirakowski, 2017）提到，在上瘾之前个体通常会经历一段高度Engagement的非病态时期；哈立德等（Khalid & Iida, 2021）认为，成瘾是人在心流或Engagement状态下，其动机和注意力获得保持，但控制力丧失造成的。因此，有必要考虑Engagement可能带来的负面问题，而这也是对“共协态”概念的考量之一。

综上所述，Engagement的概念与心流、沉浸感等概念仍存在着重叠和边界的模糊，有必要进一步进行概念的区分和澄清。Engagement概念集中于人在某项活动上的投入程度和投入过程，这一投入程度可能表现在认知、情感、行为等方面，并存在从Engagement到Disengagement（对人的负面影响）的变化过程。

### 3.3.2 浅层共协态和深层共协态

借鉴以上研究所表达的意涵，在HEC的语境下，我们尝试将共协态（Engagement）分为浅层和深层进行解释。

浅层共协态可理解为人在与计算机进行交互任务时的高度投入状态，接近于心流等概念，但在结果上强调人的能力的提升。此状态包含了四个子指标的共协态（Silpasuwanchai et al., 2016）。

- 注意力层面（Attentional Engagement）：即人的注意力作为一种资源在当前任务上的调动、分布和调整；与之对应的是计算机的多任务调度（Multi-tasking）等能力。
- 行为层面（Behavioral Engagement）：即人在身体行为上的参与和反应能力，与之对应的是计算机的输入输出效能（I/O Performance）等。
- 认知层面（Cognitive Engagement）：即人的认知能力，如记忆、思考、决策等，在当前任务上的投入；与之对应的是计算机在算法和应用流程方面的构建和算力等。
- 情感层面（Emotional Engagement）：即人对于任务的情感倾注和情绪反应等，与之对应的是计算机的用户体验设计（UX Design）等。

在这个层次上，若人与计算机都进入了对应的能力共协态，我们即认为两者达到了（浅层次的）共协交互（Synergized Interaction），如图 3.2（a）所示；但当交互停止时，能力提升的积极影响可能有所延续，但人会逐步从这种投入状态中退出。

深层共协态可理解为人在任务与交互之外所能长期保持的深度觉知状态。在这个过程中，人在极度专注时的内心状态，而非任何外在给予的条件，首先就成为了人获得满足感的源泉；同时，其对自身充分的潜力产生意识，在具体任务的认知和执行能力上开始获得解放。人能够觉察但不沉溺于概念或任务所产生的积极或消极的判断，正如同东方认知中非常普遍的正念冥想以及“无心”（No-mind）理念。理想中这种长期保持的共协态将不依赖具体外在的任务和交互所存在，不涉及结束共协态（Disengagement）（O’Brien & Toms, 2008）到再次进入共协态（Re-engagement）（Cairns, 2016）的整个过程。

真正深层的用户共协态并不是一种单纯的心流状态，因为心流状态往往是无意识地融入某一项任务中，而 HEC 的共协态所代表的，抑或所希望的则是一种高度投入的觉知状态，这种状态更多在于使人从一种无意识的时间性动物中抽离出来，进而察觉工具及任务的存在与意义而不被其支配，人能够专注、主动地使用其进行创造，获得潜能的激发和能力的提升，如图 3.2（b）所示，又是否能独立于任务而持续存在。此外，人可能在某个瞬间也会经历这种深层次的共协态，但维持长期的共协态却是达到这种理想状态的必要条件。

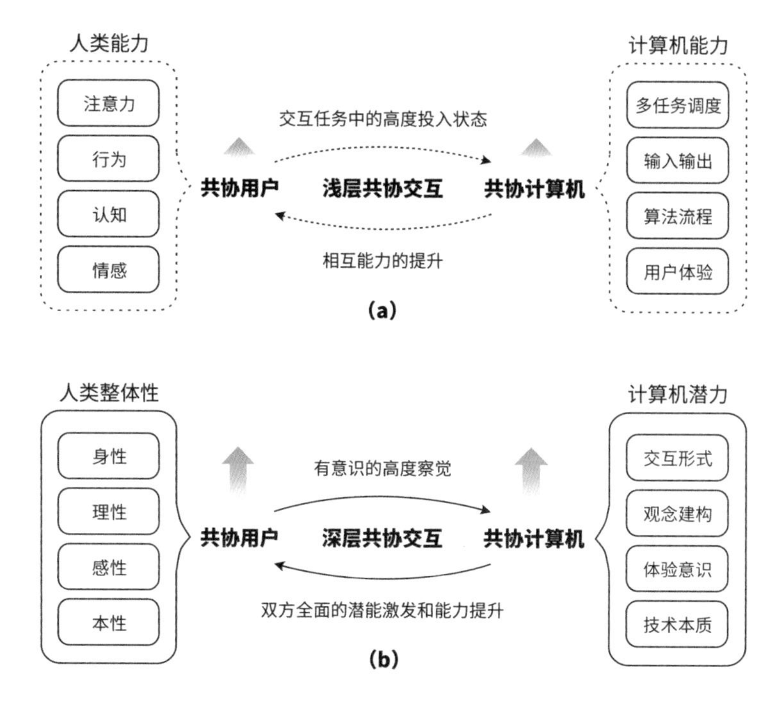


图 3.2　浅层共协交互与深层共协交互示意图①

## 3.4　框架组件

无论是浅层共协态还是深层共协态，HEC 都由三个部分组成：①共协用户（Engaged Humans），指在交互过程中能够深度融入所处情境或任务，同时其各层次能力不断得到激活并进一步提升的人，其经历一个从浅层共协态过渡到深层共协态的过程；②共协计算机（Engaging Computers），即能够激活和最终增强人类的高层次心智能力而针对性设计的计算机，使人回归到自身的完整性，并进一步成就其面向社会和未来的使命；③共协交互（Synergized Interaction），即共协用户和共协计算机所产生的交互。接下来，我们将通过对共

① 图 3.2（a）浅层共协交互：意味着人机交互之间的浅层共协态，人与工具之间的配合在任务进行过程中非常默契，人因而进入了一种高度投入的状态；当交互停止时，能力提升的积极影响可能有所延续，但人逐步从这种投入状态中退出，进一步解释请结合 3.4.3.2 小节。图 3.2（b）深层共协交互：意味着人机交互之间的深层共协态，人通过工具的支持得以自我实现并能够常驻于一种高度察觉的状态，图中朝上的箭头表示能力提升，摆脱对于工具的依赖却能解放自身的能力和潜力所在，进一步解释请结合 3.4.3.3 小节。

协用户和共协计算机的进一步阐述，理解共协态和共协交互的真正意义。

### 3.4.1　共协用户

在传统哲学的讨论范围中，“什么是人”“人从哪来”“人到哪去”始终是三个不可回避的话题。为什么我们也要讨论这些？因为本节所强调的共协用户或整个 HEC，实际上就是希望从人机共协的视角去切入讨论有关于人的这些前提，然后进一步将其理解形式化到计算或其他人工物上。

首先，什么是人？从传统人机交互的视角看去，人的形象更多是以用户的身份或符号进行指代（最基础如软件工程中的 UML 等），进一步又引申至人的认知心理、人口学因素、文化背景、个性等特征或差异，从而考虑计算技术在人所需功能和体验层面的适用性。作为贡献，人机交互领域研究者通过理解人对于技术使用的过程给予相应设计者以潜在建议，进而去挖掘人的需求所在。然而，这种理解方式的惯性（如人机交互中的行为主义实证传统（Card et al., 1983; MacDonald & Atwood, 2013））往往将人切割成种种现象，抽象出的人的形象又被再一次符号化。尤其对于研发者来说，对于结论的不完整理解及对人的完整性的无意识将对其真正的设计实践产生相当的偏颇影响。而如果这些观念进一步发展成为产品，则可能带来潜在的社会影响。

对于人的理解也是诸多人文社科的基础，尽管其中涉及大量人的共性，但不同视角下的学科，如哲学、心理学、社会学、经济学、人类学，甚至神经科学等仍然会针对人不同的面向给出不同的理解方式。其中，对 HEC 的理论中人的部分具备较大影响的看法来自经济学家阿马蒂亚 • 森（Amartya Sen）从人的能力发展视角来理解人（Robeyns, 2009）。森的能力方法（Sen’s Capability Approach）对人的能力表述包含两个部分：机能和自由（Functions and Freedom）。机能指一个人能做什么或能成为什么（Doing/Being）的潜质，例如，寻求或行使快乐、道德、创造、工作等。而自由则指人类在实践各方面机能时所匹配的自由来支持或选择其行动。简言之，森概括了个人和群体为实现其福祉所需的实际能力，而不光是其拥有的权利或自由。从中国传统角度来总结这种人的能力发展，即所谓“授之以鱼不如授之以渔”。

然而，森的视角来自于经济学，其所描述的人类能力更倾向于基于“理性经济人（Homo economicus ）”假设的观念及技能建构，进而讨论福利型社会所应具备的宏观能力要求。对此，一方面，通过能力去建构人的形象是一个值得推敲的途径，但无法完全确认森的机能描述就是人类的全部能力和状态，似乎也非所谓人类智慧所指；另一方面，既然人应拥有这样的观念和能力，我们就有必要尝试理解第二个有关于“人”的问题：作为现代人和传统 HCI 研究对象的我们——自身的能力及所面对的问题——如何发展而来。

在西方世界观中，人的“现代性”不可避免地来自于宗教祛魅与工业革命的来临。随着宗教传统的消退和社会生产力的提升，人在脱离传统神学观念束缚后逐步发展出“个人”概念，然而这种基于理性的自由主义在越走越远的同时却逐步被滥用，在当下所表现出的激进主义和保守主义的现象似乎都来自对于理性的过于执着；而在东方社会，在传统以人为本的观念与科学实用主义话语的碰撞中，人在如何协调东方与西方思想的关系中表现出纠结。对于大多数普通人来讲，无论在哪种背景下，其都更多被动承受着一种文化和社会认知的惯性，进而被充斥着现代气息的观念标签——“消费”“娱乐”“需求”等所裹挟，而能够超越这种惯性的个体存在则需要一种机缘和自身巨大的能量。尽管其间浪漫主义或解构主义等思潮志在消解一些现代性的禁锢，且其理念确实或多或少地融入在当下生活中，然而后现代的反思和表达方式却并没有撼动现代性依然作为社会的支柱角色，反而因其不够系统化和平民化而成为了某种亚文化，这些思潮同样也反映在 HCI 当下的发展中（如近年来对于少数族群的大量关注等）。

信息计算科技的发展红利在为人类生活创造价值的同时，也加剧了对人类存在主体性的挑战。这种挑战不仅来自于不断进步的计算机、AI 算法及社会化计算形式对人传统观念上生产力和认识论的冲击，也来自于人对于自身的怀疑与生活的冲突。这不是一个新的话题。当人的内在模型无法解释所经验的世界并趋于失控，期间种种不自洽便成为了诸如焦虑、成瘾、戾气等内在障碍的导火索。而当越发信息化和自动化的技术方式将关于世界的广阔图景呈现于人前时，人终于意识到其对世界的了解从未如此狭窄与混沌，对自身与世界的关系从未如此困惑，从而进一步加剧了主体内部的困扰。当科学试图帮助人从各方面认识到这种困扰的更具体成因，例如，生理层面对于神经结构或递质的关注、心理层面关于个人孤独与自由间的矛盾、社会层面关于社会结构和现代性的讨论、经济层面关于价值和需求的追问……然而，这些在理论上离散的、长线的且抽象的认识却都不能对人该如何生活给出具体的答案。

基于以上对现代人的粗浅理解，无论在日常语境下，还是 HCI、技术开发中所谈及的人实际上都是基于一种现代性的底色，这种底色中包含了大量现代的、默认的，但却模糊的概念，进而无论是个人还是社会都深陷在这样一张不断延伸的意义之网上；但正是这张意义之网限制了人超越的可能性，而技术让人意识到这张网的同时又加固了这张网，人的内外困境因此而来。我们由此发问，现代性和技术有没有帮助我们解决问题？人真正的困境在哪里，作为 HCI 的研究者又当如何为此作出贡献？

由此，HEC 试图尝试回答“人到哪去”的问题，并在此将我们所理解的“人的模型”——共协用户——加以解释。同样，希望读者更加开放地理解共协用户的本意。

结合人机交互的语境，从 HEC 的角度提出对于人类（共协用户）能力的认识，大致分为四层。

（1）身性。其主要基于传统 HCI 对人的理解，如自我调节机制（Self-regulation）（Strauman & Eddington, 2017）等，分为行为（Behaviour）、认知（Cognition）和情绪（Emotion）三个方面。其中，行为包含了诸如运动控制（Motor Control）、身体反射等方面的人体机能；认知包含了诸如对于外界信号的感知、处理、记忆等机能，请注意在此，尽管认知也包含进一步的思考、知识理解、决策等方面，但其主体仍是作为人对于信息处理的一种普适机能；情绪则是人对于外界刺激或思维的情感性身体反应等。身性是人实在化的基础，其各器官、肢体及神经通路等都承受着环境、社会、思维等刺激之下对其改造的生物演化过程，但请注意，这种演化并不意味着进化；而从具身的视角来看，行为、认知和情绪三方面不仅彼此联系，而且也与下述各层能力彼此联系。如若没有其他各层能力的介入，单纯的身体行为可能可以完美实践“Just Do It”，然而我们不可能否认人的其他能力层次的存在对其造成的影响，于是身性对于人来说，既是强大的工具，也是异化与动物欲望的开始，进入了弗洛伊德所描述的“力比多”状态。需要再次强调的是，本书所讨论的身性更倾向于浅层次的身体机能，因为身体作为人的实在，在此述说的所有能力都需要依托以身体为基础；或者换句话说，本书所谈及的人类能力也是对于身体产生意识的程度。

（2）理性。其主要代指现代人建立在认知等身体机能之上的、具备一定规律的思维能力，其中包括知识系统的搭建、概念理解、思考流程、逻辑建构等。在心理学上，也将抽象出的思维模型称为晶体智力，不断扩充的新知作为流体智力。本书将理性作为本层能力的概括，一方面其代表了现代人类社会最具代表性的人类特性，另一方面也是人类整体在历史发展阶段上一次重要的超越（Transcendence）。作为强有力的工具，理性催生出了现代社会以人为中心的倾向，通过科学进一步把握和改造了自然和自我，建构出了稳定的各个社会部门及运行机制。

理性的意义不必再过多赘述，但有必要进一步理解一下理性的局限，这种局限表现为当人无法把握理性作为一种强大工具后，对其自身人性的反噬。社会学家马克思·韦伯（Max Weber）在一个世纪前就指出，作为生活宗旨的理性随着时间和主体敬畏感的推移，人的工具理性与价值理性会逐渐混淆，而进一步将工具理性运用到极端，例如，在 HCI 中，以人为中心的思考有时狭隘到一种人类中心主义（anthropocentrism）、坚持科学和实证演变成排外的科学主义，进而走入人类集体的“囚徒困境”中。此外，尽管人推崇理性，但由于没有办法穷尽关于事物的完整信息，因此，这种理性则必然是一种有限理性。在这个过程中，当作为有限理性的外在隐喻，无论是语言、概念、思考，还是引申出的判断、分类、意义等成为了主体，而由此无论是对于某个概念的滥用还是成瘾，实际上都是人成为了被支配的工具的表现。当人在被概念建构并支配至极致的同时，其本质的完整性同时也被这套抽象的概念系统切得支离破碎。而进一步的问题在于，无论人多么地依赖外部概念，人毕竟不是外部概念，对概念的过度依赖将引人走向虚无，因为任何人无法通过“知道”任何概念而找到终极意义。对此，需要强调的是，尽管理性及依赖于此的各种人类的实际能力（机能或技能）有助于应对现实中的具体问题，但对其的合适把握却有着相当高的门槛，真正关于人的幸福与否的状态和生命存在的本质无法从其中获取答案，而这种把握要求人类具有建立在理性之上的能力。

（3）感性。其主要指代一种超脱于人类理性思考之外有意识的直觉与感受力。本书所划定的这种感性并非身性所反射的情绪，也并非来自于“眼、耳、鼻、舌、身”的直接感知，因为脱离了高层次感性的内在方向，单纯来自于感官、情绪，甚至思考的人类活动极易被表象所迷惑。在本书的框架下，其包括冥想（Meditation）、审美（Aesthetics）、同理心（Empathy）等，例如，冥想在东方人的意识中非常普及，在东方哲学的背景下，冥想的意义并不完全意味着全神贯注的专注，而是通过练习根本上“放空自己”，进而达成一种整体存在和意识，产生对包括本能反应和内在技能在内的对当下环境极度敏锐的一种状态；“审美”代表了对于内在愉悦感不加判断的感知；而“同理心”则代表某一境况下人与人、物、世界不加阻隔的连接。本书所强调的感性是从“小我”通向“大我”的有力工具，发生在前语言层面进而减小概念、思维、判断所带来的干扰。感性也是作为语言与概念合理性与正当性的来源，是人能够在每一细节之处意识到知识背后的本质。然而，相比一种现象学视角更多关注外物的直观本质，HEC 所期待的还原至感性是一种对于自身意识的意识。而 HEC 所理解的人在这个过程则开始进入到一种深层共协态，通过一种感性之“大我”还原触及人的完整性。

（4）本性。人的本性是人类智慧对人的最高理解，也可以将其称之为“自性”、“心”或“Oneself”，在这个层面上，其实际上已不能被称为一种能力，而是一种通透本源，这种通透的表现之一来自于将上述三种人类能力作为工具的自然取舍，而非人被感性的体验、理性的思考、身性的无意识占据并支配，因而人获得真正的自由。这种本性是人对于自身完整性和无限性的意识，以及人与自然理想关系的基础。从古至今的东西方哲人所强调的理想社会与内心环境无不建立或回归于此；而日常经验的局限和蒙蔽使得人意识到自身行为和能力的潜意识，进一步发现自身本性的可能性被限制。例如，无论从东方文化中的“礼”“明德”“道心与人心”“禅”“不二”“得一”的传统，或是进一步到心学中“格物、致知、诚意、正心”的精神，还是西方心理学家荣格的“自性”（Self）、哲学家海德格尔的“存在”、马克思的“人作为一种目的”、马斯洛的“自我实现”“自由的心”（The Unfettered Mind，Soho, 2012），甚至理性的源头——柏拉图的“理型”（Idea），到当下影响西方冥想观念的“非二元论”（Non-duality）等，本质上都有将人的根本存在映射到了人的本心之上的理解。而在这些智慧中所描述的人类潜力则代表了所有人都拥有的完整本质及回归本质的本性，以及外在实现其天赋的能力。本性是人所拥有的稳定性的来源，专注和意志也都是从人类本性流淌而来的能量。在把握或意识到人的本性的状态下，人能够自然察觉其感性、理性及身性，从而作为强大的工具合理加以使用。相对于认识人类的物理身体机能、理性建构与把握自然的外向超越，对于自身本性的探索则表现为内向超越，而感性则是探寻从身体和理性的外向超越通向本性的内向超越的桥梁。人能长期稳定在自身本性上，从 HEC 的角度来说，是达成的深层共协态的标志。

上述能力的合集构成了我们对人机交互中人的理想模型“共协用户”的理解。从本性作为人完整性与无限性的根源，进而到一种感性之大我，将世界抽象为概念工具的理性之我，以及最终体现在身体层面的具体交互行为，共协用户是指在交互过程中能够深度融入所处情境或任务，同时其各层次能力不断得到激活、共协，并进一步提升的人，是一个从浅层共协态过渡到深层共协态的过程。此外，我们将理性及其以上的能力（理性、感性、本性）统称为心智能力，而心智能力的整体提升可以帮助改善人在理性思维层面对事物的理解视角，以及生理感知层面的行动方式，其作为人的内在能力支撑着智力与生理等外在层面的长期表现，换言之，其支撑了宏观层面上人的机能和自由。此外，在发掘心智能力的同时，更多未知的能力也将被激活并随时间最大化，这部分能力我们称之为人类潜力。在技术研发和应用中，必须对定义和评估这些人类能力、意识和经验层面的因素给予认真考量，这些因素也正是塑造了个体与群体文化价值观的依托，忽视这些也等于忽视了未来的发展空间。需要提醒的是，我们对人类能力的分层并非基于一种简单的身心二元论，也认识到这些能力间的具身性。请读者以自身更加开放的感性和本性来理解共协用户及其翻译，因为这种状态的本质已超脱于语言的形式化表达。

综上，关于“人到哪去”的问题，HEC 所提倡的是人如何能够提升其能力，发掘其潜力，在实现完整性的过程中，本性作为一种最终的语境，进而完成一种从外向超越到内向超越。而人所面临的困境，例如，对于当下广泛存在的精神问题，我们并不认为完全是一种“生理障碍”或“现代的富贵病”，而是人在试图探索其本性过程中，面对当下的环境所产生的、人在开启意识，但未达到突破的临界点的一种表象。而这些问题才可能是人最真实、最急迫的一种需求；而我们也相信如马克思、尼采所言，创造是人本性层面的基本性质，这也是我们重新思考计算作为一种工具，其如何能够帮助人通过创造突破，进而自我实现的必要一步。这或许也反映出另一个现状：技术当然帮助人增强了理解和改造自然的能力，但技术有意识地帮助人探索自身本性的旅程才刚刚开始。

所以，我们不问技术对人类社会有多大影响？

而问：我们希望造出什么样的技术为人类造福？提升人类生存概率？

不问技术将我们带向何方？

而问：我们希望人类走向何方？

对于以上提出的人类能力，需要注意的是，我们也并非原创者，而只是尽量传达人类能力与智慧在人机交互视角下能否被更加清晰地理解和活用。尤其是对于人类本性的讨论，不仅广泛存在于东西方文化讨论中，更是整体人类智慧对人产生的理解，尽管这些理解对于大多数人来说是困难且超验的，但却是有迹可循的。

回归到更加具体的 HEC/HCI 语境，我们认为，共协用户能够专注在任务实践上以最高效率运作。反之，分心或仅部分进入共协态的用户在任务效率、质量和持续时间方面都有所降低，在个人能量释放中存在浪费。如果一个人在交互过程中满足于放弃自身的各层次能力发展，我们也不认为此人达成了共协用户状态。

此外，共协用户的理念也需要在集体层面上考虑。集体共协态是诸多用户间的共享状态，可以在如团队或全球合作中发挥效力，而共享过程中的团队通过基于“本性”的沟通和诸如理解、信任、共同意识、直觉、自发响应和对问题解决的渴望等能力的相互配合，将整体任务的流程效率和完成度发挥到极致。

共协用户对最终理想的共协交互状态的影响包括三个方面。第一，如果没有用户共协态的出现，人的能力就谈不上在交互过程中被充分激活；第二，没有用户共协态的设计考量，技术就仍停留在浅层的以技术为导向层面，所开发的技术谈不上真正强大，更无法帮助挖掘人的全部潜力；第三，如果没有人类能力和潜力的充分开发，就不可能实现人与技术紧密的“融合”“同步”“共升”等高度协同的状态。综上，在设计中如果没有用户共协态的理念，尽管可能有先进的技术与天资聪颖的用户，但双方之间的摩擦或隔阂将导致无法发挥各自的潜力与全部能力，也就缺少了从用户提升至共协用户的必要条件。虽然共协用户的概念可能被认为与使用设备或界面的人有关系，但 HEC 认为共协用户的理念对于那些想象、设计和构建新设备和界面的研究者、设计师与工程师来说更加重要。也就是说，共协态本身就应是生活的一项基本属性与需要，对于共协态的把握应成为专业人员的一种直觉。

### 3.4.2 共协计算机

HEC 中所谈及的“计算”（Computing）是指在高度重视人的能力与共协态思考下的技术开发思想，而“共协计算机”（Engaging Computers）则是这一思想下的技术形态，包括而不限于对于软硬件交互界面及其背后 AI 算法和工程架构等的思考，这一思想也有助于其他人工物（Artifact）的设计。

共协计算机的目标从任务层面上来说，在于其能与人达成一种高度的共协交互，其评价指标包括而不限于高效能性、高相关性、高度可持续性、高收益结果及相应深远影响在内的综合考虑；而从深层次共协态层面来说，共协计算机能够激活、共协和最终增强人类的高层次心智能力，使人回归到自身内向超越的完整性，进一步实现面向社会和未来的外向超越。设计共协计算机的基础在于如何立足于人的本性语境，理解各层次人类能力所对应的外在理念是什么，从而为其带来新的理解和创新；换句话说，共协计算机在外在任务指标上的高成就并非意味着对某类参数的追求，而是由于人在交互过程中达到高度的共协态后自然而然的结果。在这一节中，与其说是对于共协计算机的具体工程设计，不如说我们想与各位研究者、设计者、读者一起理解和探讨设计共协计算机所需的意识，我们将从人的本性角度提供一些思路。

（1）对应于人的本性，从总体上说，无论从计算机的外在形态设计、操作系统级界面的逻辑架构设计，还是具体输入输出过程中的交互行为，都应该为人的各层次能力留有对应的形式化空间，尤其是对于系统级别的交互来说，对于所解决问题的关注不应仅停留于对于某一具体功能的认识，尽管这一语境常常被无意识地忽略，但任何问题都是在人的生命和本性层面发生的。这些有关于人类本质的问题建立在哲学讨论的范畴中，虽然不能被科学所证，但却是人类思想和意识的建设性基础。尽管很多人机交互研究都是从认知心理学的角度出发来讨论人的行为和对应的设计等，但由于其探讨范围并没有触及人的本质，所以也就很难说在功能之外为人类真正创造内在幸福。进一步说，尽管对于同一个概念，如幸福，不同哲学信仰的人可能产生完全不同的理解，但理解大部分是建立在后述理性层面的概念上，而在本性层面，这是人的共性而非个性，也是技术的本质问题。

在 3.1 节中引述了技术哲学家斯蒂格勒对于技术是将人的记忆外化和经验积累的重要超越性事件的看法，然而，技术的不断建构却并没有将人探索本性中的感悟和理解继承下来，或者可以说，传统技术继承的更多是改造世界的知识而不是探索本性的智慧，而这必将导致人对于知识和概念的一次次滥用、对于回归人类本性的漠视，进而导致初衷与结果的背离。也就是说，任何技术缺失了这个人类本性的语境，工具只是在传递一种逻辑现象和表面体验，而没有继承真正的理解和本质体验。例如，基于人的本性去探讨设计，不可能脱离“有无”这对人本性之上的建构（感、理性和身性）至关重要的基本关系。“无”并非虚无，“有”也并非占满，而是鉴于无用之用和有用之用对人本性空间的保留和侵蚀，在这方面，东方哲学中“空性”“道”，乃至西方哲学中对于“存在”的思辨都传递了类似的线索。所以可能从人类本性的角度讲，当试图去预见未来时，考虑任何有形的技术形态并不是最重要的，而是人（或其他生命）作为任何技术的使用者或受众，首先是作为技术研发者的人对于人最终要去向哪里的意识问题。

尽管基本上所有的人机交互或计算设备都最终以形式化实在，然而这种实在只是反映了研发者从对人的本性、感性、理性，再到身性的具体活动的意识程度的镜子，而研发者的意识会通过交互传递给其用户，进一步限制用户对问题根源的感受和理解。然而，基于人的本性进行设计如此抽象，那么其究竟可不可行？首先，从人机交互的视角看，未来的计算形态并不执着于具体的硬件、软件或其他，因为无论是哪种方式，其所实在建构的方式实际上就是研发者意识的一体两面，甚至于强大的生成式 AI，其所表现出的语言层面的理性推理和视觉表现的感性演绎，但似乎其在探索人的本性问题上仍待突破，退而求其次，这种强大的技术跟人的关系是什么。当社会对于先进技术出现的第一反应是一种是否要替代人的焦虑，那么也可以说，自 200 多年前工业革命以来，技术并未增强人对其本性的理解。其次，本性的具体表现仍然要靠感性的体验、理性的结构和身性的具体交互来搭建，但要意识到，这些外在的表象和方法的目的在于指引人的本性，而非将某一功能做得太满从而占据人的全部意识。

（2）对应于人的感性能力，HEC 主张计算机应该帮助人产生通向人类本性与智慧层面的意识，通过对于具体的人类感性能力（如正念、同理心、审美等）的提升，从根本上塑造和改变人的思考和存在方式。从这个角度上，无论是现象学所提倡对事物本质的直观感知，还是人机交互中对于用户“体验”，或是“感性”工学、交互艺术或示能（Affordance）的理解的本质，都不仅是在功用之外愉悦人的情绪，而是尽力去恢复人被蒙蔽的完整感性，进而作为连接人类本质和具体流程框架的基础。

除了对于人类能力的理解和设计，共协计算机对于感性的恢复还在于对人的日常观念的概念解构和真实体验的重建。例如，钟表和日历的设计帮助我们确认时间、电子地图的设计帮助我们理解自身方位，然而人对于时间、空间的经验感受本质上并不是符号系统，而是“此时、此地、此身”，对于过去和未来的表现方式并不是能把握的。以此时空为基础，实际上很多的“增强现实”交互在提供某种预测性或向“我”展示关系和位置的同时，实际上却是在为感性无意识的用户传递与真实世界相悖的错觉。在理性思考上所建构出对于可视化、待办等应用程序的理解并非有问题，而在当用户没有对应的感性能力时，对于这些软件的使用往往是无意识的（例如，以为时间可以把握，实际上人所经验的时间只有当下）；类似地，我们也希望研发者可以意识到，自身对于方法的使用需要本性和感性的微妙理解，从而不要轻易比较、不要轻易分类、不要轻易量化，去激发用户的分别心。

另外一个例子可参见第 6 章对于人类正念能力提升的尝试案例“Pause 和 Sway”。当下交互很大程度上基于人的直觉、肌肉记忆、设计的有效性和效率等，用户无需将注意力放在“交互旅程”（Interaction Journey）上，而使得其注意力几乎完全迷失在“念”中。结合回归人的能力，交互设计可能考虑总结的一个方向是帮助用户“不住念”，而“Pause 和 Sway”的案例可能在这个方向上起到一定的示范作用，相比于传统的多模态交互提供信息的多维度输入输出方式，本案例更试图探索多模态背后的感性语境而非技术本身。一种可能是，只要帮用户从“住念”中觉察出来，其一部分本心就会自然呈现出来。

（3）对应于人的理性能力，当下计算设备和应用对于人的理解主要来源于理性建构。宏观上看，计算、信息化和自动化就是典型理性精神——精准、逻辑、稳定——的一种实体化表现，而当下 AI 所具备的强推理性和知识范畴则是所谓理性能力的集大成；微观上看，例如，讨论一台电子设备所应具备的功能与形态、电商的购物逻辑、人与人或 AI 之间的对话流程、音乐应用的设计及社交性扩展等也是依此方法。然而，无论是相应概念如何被重新理解和建构，还是具体的用户是否有此需求，这些讨论往往发生于理性的思维范畴而缺省了人类本性与感性的底色，甚至进一步地，成为限制用户对于某一流程理解方式的“意识形态”。

2.2.2 小节讨论了恩格尔巴特和艾伦 • 凯在增强人类智能方面的工作，可以称之为是人机交互历史上一次重要突破。相对于当时传统的围绕人体行为的工学设计，其认识到人能够进一步发挥内在理性能力的重要性，进而定义和发明了一系列新的计算和应用形态，完成了一次计算机在历史发展上的范式超越。然而，其理论基础来自于对于人的认知和学习能力的理解，进而将其理解投影到桌面隐喻（具体的表达是图形用户界面）上，尤其在凯的阶段。对于人类能力的不完全揭示，使得计算机在后续的发展中，业界过度使用理性建构，在满足或创造需求之余，也使计算成为了塑造用户想法的权力工具，使人困于小我之中。对于许多当下现代人来说，因计算所建构的许多概念和观念已经成为了其语言系统的一部分，而某一应用所投射出的信息架构和跳转逻辑就对应着人的一部分思维结构。从这个层面上说，技术对于人的观念支配乃至价值判断是隐形、微妙且值得深思的。而从问题解决的角度说，缺失了对于人类能力完整性的思考，理性的建构很多时候无异于“头疼医头，脚疼医脚”，而无法在一环套一环的概念之中找到人的问题。

共协计算机对于人类理性范畴下概念、功能和意义的建构需要基于人的感性和本性基础。简而言之，任何概念的表达在人的感性层面应具备合理性和基本价值，又进一步在本性层面反映出理性作为工具的自律，避免概念建构所催生出的意义系统对人的碾压。对应于具体的设计，有几点意见提供参考。

第一，理性方法的必要性和底线。由于每个个体对自身能力的察觉和使用不同，作为人类最“通用”、最“有效”的一种能力，最终还是要使用理性方法去建构概念，解决问题，进而去激发和提升用户的能力和完整性；然而这些概念既要体现建构的过程，也要体现解构的过程，从而体现有限的价值和自身的意义，而不是将用户困在某个关于“需求”的建构中，从而传递以消费主义为核心的单一价值等。这种理解方式可能与传统的商业逻辑相悖，例如传统对于“Engagement”的评价方式就是希望用户在应用上停留越久越好，但用户本自存在的感性和本性能力将会感知到方法对于人的尊重与否。

第二，系统命名与人类意识的呼应。不论是宏观上广泛的外在物质，还是微观下所构成人机交互界面的每个元素，可能都是其内在少量概念或原则支撑下所表现出的隐喻。随着对于人类感性能力和本性的不断意识，计算系统所表现出的理性功能与概念应继承于人的直观感知，例如，用严格的“命名”来激活用户的思维，以反映和界定功能。

- 悬置（Suspension）：作为一个现象学概念，意为暂时搁置对世界的任何直觉和先入之见，不做任何主观的判断和解释；而此概念可以被建构或命名于信息交互的创作流程或上下文管理上，从而使用户有意识地处理其信息中潜在的立场或观念。
- 存在（Being）：为系统功能构建一定的生命周期，使人意识到其存在与时间的关系并非传统计算机上的无限使用。
- 观点（Perspective）：指一个人思考某事的特定态度或方式。将每个用户视为一个独特的视角（取代“主屏”或“窗口”的概念），其与系统、他人、规则的交互本质上是各种视角（用户自身、设计者、他人、学科）之间的碰撞，而传统的界面（Interface）在人类语境下缺乏更进一步的意义。

通过这种意识，希望能够解构和合并一批内在相似的概念，从而减少理性对人的完整性的切割。

第三，对于普通用户的能力提升。HEC 特别致力于提升人的心智能力：心的能力对应于感性能力；而智则是此处的理性。提升人的理性能力首先在于提升其对于理性的意识，进而是具体的方法和概念理解的传递。而之所以倡导人机交互对于普通用户能力提升的意义，大多数人都没有首先以有意识的现代人的知识体系首先理解现代环境、社会、物质、自我的构成。这一方面是由于广泛的教育与时代、应用脱节的表现，另一方面则是人类充分的知识信息网络并没有调动人的主动性，而共协计算机能做的是，结合第二点，将人类知识体系的框架反映在操作系统级别的基本信息架构中，例如，从应用的布局中反映一种分类学理论。

（4）对应于身性，传统计算机与人之间的交互倾向基于人机交互中基础人的因素（Human Factor）的研究，其表现为，例如，匹配人的运动控制系统或感知规律到相关交互设计中、狭义的自然人机交互等，在评价方面以生产力、可用性、带宽、效率、速度、准确性、易用性等经典方式为主；此外，人机交互也塑造了一些新的人类行为或认知，例如，鼠标的出现塑造了人的高频点击行为，而这一行为在人类以往生活中极少出现。对于人类身性行为、认知和情绪的理论基础广泛来自于控制论、人体工学与认知心理学。然而，缺少了人类其他能力作为语境（尽管具身交互强调“身心一体”），单纯的身体属性在传统人机交互中往往被当作信息的输入输出工具的一部分作为理解，人与计算机也常常无意识地被拿来比较。

从共协计算机的角度看，人脑与计算机比较也往往是研发者被异化的开始，而又进一步将异化的观念传递给了用户。而其中的问题不仅是在评价指标上的比较，而且是方法层面的比较。结合理性来看，在计算机算法中，分类和奖惩继承了人们应对日常事务的基本方法，然而这种观念在被应用到计算机系统的设计时被持续放大，乃至在交互层面成为了支配用户认识某一事物的惯性，用户对其只是一种“方法”无意识，而许许多多这样的方法则又成为了切割人类完整性、激发分别心、阻碍人意识其本性的问题所在。简而言之，适用于机器和理解自然的方法可能并不适用于人，同理，当认知心理学强调人在信息处理上与机器流程的相似性的时候，这是一种平行关系，还就只是偶然的一个交叉点，我们需要留一个问号。

关于人和媒介技术的关系，马歇尔·麦克卢汉（Marshall McLuhan）曾阐述过“媒介是人的延伸”，包括视觉、听觉等感官的延伸，更复杂者则是人的神经系统的延伸，进而改变人的思维方式。但是这种论述更多也是停留在人的身性或者更进一步停留在理性层面。可以说，媒介的作用方式从技术层面上增强（或削弱）了人类的身体感官，乃至知识观念，但这终归是一种外向超越，如果无限延伸外在的技术增强，人最终只是成为单纯技术的消费者，而存在被异化的极大风险。

共协计算机针对于身性的基础交互，应当被理解为是提升人类能力从而激发人类意识的第一步，在此基础上，我们再讨论传统指标的意义所在，进而帮助人在各层次能力上超越，这也是“共协”的意义所在。从这个角度说，共协计算机的理念对于当下的技术来说应当是兼容的，但无论是对于概念的建构还是具体交互的设计，都需要在人的能力和完整性下去理解其意义，而对于次要激励（如绩效等）的过分关注反而会破坏任务的共协态与设计计算机 / 应用的真正意义，削弱用户在任务融入及自我认知方面的主动性，这也是为什么在过去一些未被正确理解的“游戏化”概念未产生效果的原因之一。

综上，开发对应于人的能力提升（特别是心智能力）的计算技术，乃至任何交互式人工物我们统称之为共协计算机，其使命在于激发用户觉悟、调动其主动性、提升其对于自身能力的洞察，从而回归本性，并进一步在外在世界中自我实现。需要再强调一下，之所以要（暂且）做这样一个分类，不仅反映了我们作为个体对人在理解、经验和实践上由浅入深的递进性，而且也从人机交互整个领域对人的认识中看到了线索。此外，对于人的能力发展来说，我们之所以认为人机交互能够作为里程碑式的角色，不仅是其在领域属性上结合了来自于哲学和科学、人文和技术上多重认识的交叉，而且也是由于用户界面是平权且普世的，每一个人都有机会从其设备 / 界面所传递出的观念和经验得以提升自身，回归完整性。

总而言之，技术的价值最终应取决于是否能够真正为人类存在及全方位的能力提升作出贡献。在交互过程中，人的能力应该得到增强而非缩减或取代。尽管这一观点并不难理解，但往往在实践过程中体现得非常微妙，容易因为一些具体和短期的需求而被忽视。

### 3.4.3 共协交互

3.3 讨论共协态，3.4.1 小节和 3.4.2 小节分别讨论共协用户和共协计算机能力，接下来将对 HEC 所理解的共协交互进行描述。在这里，交互并不仅仅是一个单纯的行为，也不仅是具身视角下整体现象中必然存在的一个成分，而是为人和计算机的有机统一寻求一种最合适的平衡关系。所以，相对于“Synergized”的传统理解“协同”，我们更希望其贴近“Engaged”的意涵，而翻译为“共协交互”。共协交互作为 HEC 视角下人机间的理想关系，尤其是对于研发者来说，自然也需要以一种高于单纯人机的视角去看；当这种平衡对应匹配在人和计算机的不同能力层次上时，共协交互同样也需要被分为浅层和深层来进行理解。

#### 3.4.3.1 浅层共协交互

从浅层上讲，术语“共协交互”（Synergized Interaction）是指共协用户和共协计算机在根据各自的特性充分开发中所达成的有效协同，并得以成就双方的共同提升，如图 3.2（a）所示。通过促进人的能力和技术能力之间的无缝融合[①]，共协交互得以实现结果的最优化。整体观下的

① 第一著者受邀参加的美国 NSF workshop 讨论的主题就是“Seamless/Seamful Human Technology Interaction”。

共协交互不仅需要考虑人类的提升，而且要考虑对于人类所在环境与生态圈的综合影响。

图 3.3 展示了当前的人机交互范式和共协交互范式间的区别。在当前的交互范式中，研发者倾向于首先思考技术应用的惯性仍占据了较大比例，而对于人类本身存在的考量仍然相对较小且不发达，如图 3.3（a）所示。其原因在于，尽管业界对于以人为中心的设计已强调了数十年，但何为“以人为中心”却广泛偏离了对“人”这个概念的内向感受。例如，“共情”作为设计思维的第一步实际上有着大量的解读空间，却没有一个更清晰的模型来支持对于人的内向理解，对于人的思考最后窄化到技术需求和内在欲望的替代，从而逐步造成了人机之间的不平衡，对此，将在 3.4.3.3 小节的相克态中继续讨论。而共协交互旨在通过更全面地考虑人的能力发展、进而对技术特点的深入理解以恢复人机关系的平衡，探索人和技术之间的最适匹配，如图 3.3（b）所示。更进一步来说：①计算机不应削弱人所拥有及行动的有效性和重要性；②应将人和计算机各自的能力加以融合和利用，在维持和提升人的完整性的同时，在特定任务中实现结果的最优化；③计算技术不仅应满足人类需求，同时应积极提升人的能力，即超越人类需求，进入到实现人类潜能与人类可能性的范畴。

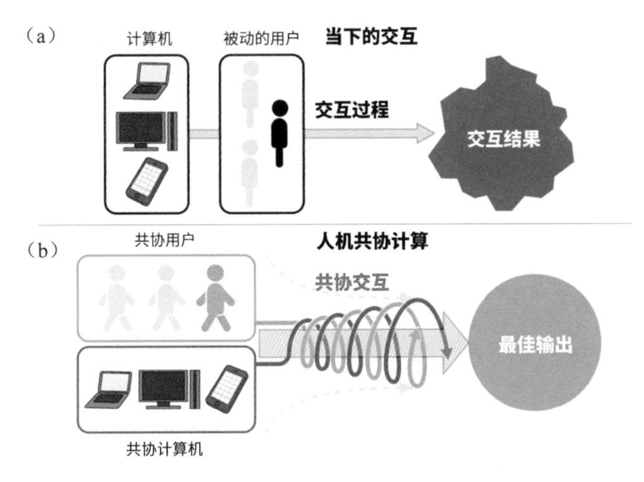


图 3.3　当下的人机交互范式与共协交互范式区别

对于 HEC 来说，追求最优解和恰当分配各方的长处也是（浅层的）共协交互重要的一部分。然而，（浅层的）共协交互也要求人机双方得以共同提升：从人的能力上讲——能够进入一种共协态——其技能或思维在一种“心流”中得以提升；而从计算机的能力上讲，其性能与其对于外在功能理解的建构方式得以改善。通过二者能力的相互匹配，共协交互将不仅有助于提升任务的效率和扩展性，而且有助于促进、增强和激励但不取代人的能力。例如，科学家通常很难在基因序列中描述最终蛋白质的外观，而通过严肃游戏（Serious Games）的形式，研发者让参与者利用其探索和创造能力来排列分子，而计算机帮助处理所有的复杂计算问题（Cooper, 2011）。通过这种协同工作，非专业人员与计算机之间的配合能够超过单纯的人工智能。

在此，需要对 HEC 视角下的“共协交互”和近些年出现的一些概念的区别再做一些说明。例如，“人机统合”（Human Computer Integration）（Farooq & Grudin, 2016）、“人智协同”（Human-AI Collaboration）（Wang et al., 2020）等。这些概念所倾向的协同关系将人机之间的配合视为一种伙伴关系，在生活中计算机可以恰到好处地为人匹配并处理信息，在任务中能够恰当分配更适合于人或机器的流程，从而达成一种最优结果。从具体交互的身性层面来说，其评价标准可能包括“可用性”“易用性”“高效”“准确”等；而从理性层面，其评价标准可能包括人机合作过程中的参与度、任务解决程度等。例如，人智协同的目的是“提升协同工作结果的质量和效率”[①]。这些都和“共协交互”的目标不同，这也是为何需要将“Synergized Interaction”翻译为“共协交互”的原因。

要注意到，无论是广泛提及的“协同”，还是浅层的共协交互，人机之间优势互补、无缝连接的这种协同仍还是局限在协助人的理性（例如，对于信息和知识的需求和交互、针对问题解决的思路等）和计算机呼应人的理性的形式化（自动化、数字化、代理化等）。这种协同固然重要，但其并非人的完整能力，而缺失了这种完整性语境的建构很可能最终与人的真实需求南辕北辙。实际上，无论是对于“平衡”或“共协”的理解，共协交互的浅层和深层含义实际上是一脉相承的，把握住人的能力完整性（而非仅停留在人的理性层面），浅层理解自然而然就过渡到了深层。

#### 3.4.3.2　深层共协交互

从深层上讲，完整的共协交互是由共协用户和共协计算机共同完成的。而在通向完整共协交互的过程中，人能够逐步通过意识到其潜力的完整性，通过其能力的提升和层次的超越，最终回归本性，以心智能力的使用成就外部世界的具体事物如图 3.2（b）所示。而共协计算机的设计目标则是不仅使人类能在其努力中能获得更大的产出与更高的质量，并且能协助其心智成长提升到一个更高的层次，完成一种兼具外向和内向的超越，回归技术本质。

实际上，共协交互的核心反映了 HEC 关于人类本质、人性和存在的东方洞见，例如，借用易经中对阴阳互补而非对立的理解，以及中庸理论的“黄金平衡”（Fung, 1997）。一方面，

① https://zhuanlan.zhihu.com/p/537181894

如果将人类视为“阳”，而计算机视为“阴”，则它们将以共协交互的相辅相成形式结合在一起，而两者将进一步被视为一个整体，其共生效果将大于部分之和。另一方面，HEC 中所强调的平衡所代表的“恰到好处”（just right）或“中庸之道”，并非指共协关系的双方在时间、费用、投资、意义和重要性上均等，而是要根据双方的能力性质进行动态调整。而这个过程的磨合必然要经过一段时期的尝试，从而从总体上体现出螺旋上升的姿态。从整体意识上讲，交互的最终落脚点仍然在人。而作为影响世界上大多数人口的一种基本洞察和文化情感，如果在交互概念、研发创新与应用中忽略这些内容，人机交互将缺失一种深刻的视角，从而无法更进一步体悟何谓交互。

从深层次的共协交互又必然引申出人机间各层次能力之间的共协。首先，完整的共协交互必然需要研发者认识到完整的人类能力层级，而计算机的角色则是为人的能力在当前层级内得以提升、层次之间得以超越而设计的。从这个角度说，对于计算机的整体评价标准可能会完全改变，对于性能的量化、方法的比较等可能都不再适用于人，而是交互如何能够激发人对于本性的意识，调动其对于接近本性的能动性，提升其对于内在和外在的整体洞察力作为要求。简言之，深层的共协也是计算机能力与人类能力在外向超越与内向超越间的共协。从 HEC 角度看来，这种对于技术目的的理解是探寻关于技术本质的基本前提，而当这种技术目的缺失了关于人的完整性讨论，对于具体问题的解决方案或价值判断很难说得以成立。

在此也须确认“提升”与“超越”的伦理问题。HEC 所提倡的是使人自身意识到其能力和潜力，这需要通过一些具体的技术路线实现；但对使用者本人来讲，技术更重要的意义是使其得以觉察，从而在意识到自身能力后自主进行选择，而不是技术的过度干预，强行塑造或误导其意识。

第 6 章将介绍一款正念训练应用程序 PAUSE（Cheng, 2016; Niksirat et al., 2017; Niksirat et al., 2019），其良好实践了共协交互的理念（尽管仍不能说其完整实践）。PAUSE 的交互设计模型基于中国传统的“太极”理念。通过追踪用户在屏幕上手指滑动的轨迹，PAUSE 同时提供声音和图像的节奏配合，在检测到用户的注意力丢失时，能为用户提供一种柔和的冥想效果反馈。实验证明该程序是有效的，它可以很好地鼓励、锻炼和提高人们的注意力，是 HEC 实践的一个重要案例。

此外，我们简单讨论一下共协交互如何得以延续。在心流理论中，注意力被理解成将人的能量聚焦在某事物上，包括意志在内等人类特殊能力也应归于能量一类。结合东方思想，我们相信人能够在深层次的共协态中以极低的能量保持高度的觉察意识，但在人未完全意识到自身潜力的情况下，注意力作为意识的聚焦，仍会被对能力或外物的分心所损耗。交互作为引导人的注意力的关键所在，研发者需要意识到提升人的能力不应以能量的透支为代价，或许从这个角度可以再解读自然交互对人所产生的意义。

#### 3.4.3.3 相克态

在现实的人机交互中，实践共协之道任重道远。为了使人们充分意识到伴随计算时代与信息技术发展放大了的人类能力减退、注意力涣散、网络暴力、假消息等问题，HEC 引入了“相克态”（Antibiosis）这一重要概念。特别是在人工智能火热的今天，这样的概念导入尤为重要。

“相克态”是指当两个实体之间存在一种关联时，如果其中一方受到不利影响，共协效果将受到损害。图 3.4（a）（b）给出了相克态的两种形式。结合 3.4.1 小节论述，我们认为在技术的建构中，对于概念的外向理解和对人生命体验的内向理解之间应存在重要的对应关系，而非仅探索技术本身，因为这可能导致技术与人真正的生命需求之间的南辕北辙；另外，因为人与机器不同，尽管在技术的建构过程中对人的目的是好的，但人的观念在其中却因易受到影响而又造成一种偏差。我们之所以希望将人类的本性作为人能力发展过程中的一个“目的”，正是因为其可能相对而言更加稳定，从而为技术的开发寻找到一个最终语境的锚点。然而，当技术最终并没有体现人的生命需求，反而更倾向甚至扭曲一些浅层次的能力语境需求时，例如，过于强调技术的功能性而不问其对人与社会的长远影响，相克态就开始发生了。这种人机间的相克可能也并不直接作用在当前任务或特定的应用程序上，如被狭隘理解的游戏化，依赖于次级激励的设计方式可能会使用户完成一项任务，但却同时削弱了用户的主动能力，这可能会减少用户意识其本性的机会。

以上，从结果层面讲，我们总结了浅层相克态和深层相克态。

（1）技术对人的短期损害，如图 3.4（a）所示。相对于共协交互追求提升任务效率、节约人的心灵能量并增强其幸福感，处于相克态的技术，例如，可能倾向选择在达成短期或表面目标上为人“添加诱惑”，使人分心在与任务无关的事情上，并潜在造成成瘾等负面风险，而其根源之一在于研发者对于人及其需求、设计或商业目标的狭隘理解和缺乏敬畏。这些短期的设计或技术手段也许可以帮助实现某些收益，但会因其对用户的注意力、行为、情绪、认知等能力造成的即时负面干扰，而终将被用户所意识并摒弃；而从研发的角度说，只要人类用户被看待得过度符号化和抽象化，共协交互就不可能完全实现。

（2）技术对人的长期负面塑造，如图 3.4（b）所示。不管某些技术是否在具体的设计方式上对人造成了短期损害，但因技术对人的意义的长期无意识从而导致的整体性无目标（并非某个具体的商业目标），使技术很难发现人真正的问题和诉求，而是更多追求将人的注意力从一个概念转移到另一个概念上，其中所产生的结果（如需求、经济行为等）是否真正解决了任何关于人的本质问题仍旧存疑，甚至可以实际上将这种相克态作为一个向下螺旋的开始。例如，Ironies of Automation（《自动化的讽刺》）（Bainbridge, 1983）一书指出，虽然自动化似乎让员工的工作效率更高，但却让人失去了使用技术的动力，逐渐弱化了自身技能并倾向于逃避责任；埃森哲调查（Accenture, 2016）从反面印证了相克态的存在：人过度沉迷于技术设备的后果之一是对设备的当前版本感到厌倦，随之而来的是需要更多新奇功能所带来的刺激；近年已经有大量学术期刊和出版物阐述了过度沉迷于手机对身心健康所带来的危害（Enez et al., 2016），计算机的广泛、高效和智能却使许多用户在一些社交、智力的具体技能方面正变得越来越差。重要的是，以上对人的长期负面影响不光是行为上的（身性）、也是观念上的（理性），而在技术潜移默化地对人自身、对集体的潜意识规训过程中，人的感性和本性被逐渐蒙蔽，人在滥用技术或被技术支配的情况下对“什么是生活”本身失去感知，技术无法判断什么是好的发展方向，技术和人彼此纠缠却走不出各自认知瓶颈所导致的损害。

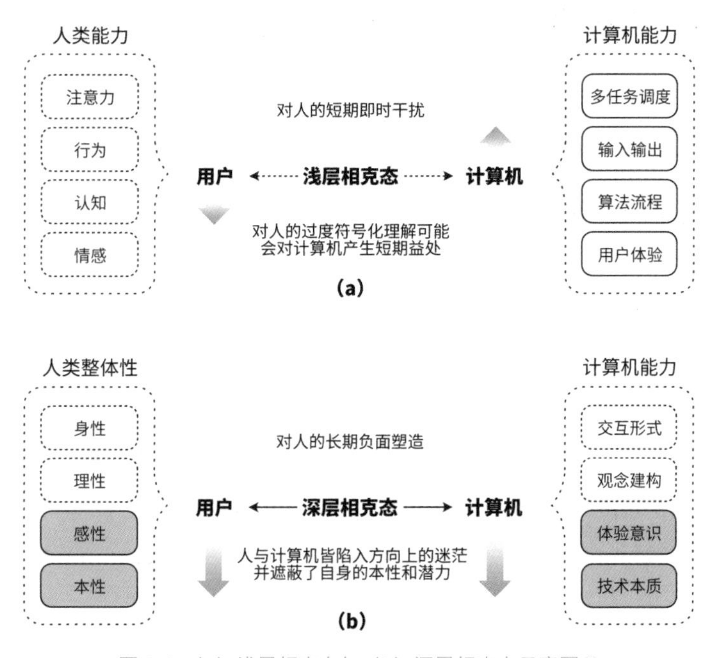


图 3.4 （a）浅层相克态与（b）深层相克态示意图[①]

① 图 3.4（a）浅层相克态：人的行为等能力在技术使用过程中所受的短期负面影响，计算机得到浅层的技术性提升（箭头向上）。图 3.4（b）深层相克态：人的身性、理性等能力受到技术的长期负面塑造，进而导致其本性和潜力的蒙蔽整体性能力，计算机也因此难以找到发展方向，长期来看造成两者的深层能力下降（箭头向下）。

上述两种情况的统一点在于由于研发者自身未能意识到更高层次的人类能力，用户也因此被困在了某一具体的技术所建构的“小世界”之内，进一步探索自身能力几乎被限制，而最终无法突破纠缠于理性念头和身性欲望的瓶颈。而突破相克态的关键在于研发者是否能在对于更高层级的人类能力体悟之中探寻到一种关于平衡的感受：技术作为一种重要的人的外向超越方式，不应试图反过来异化人（无论是人对于工具的滥用或是人被工具取代，都是人被异化的表现）；而人在内向超越的过程中，不应以虚无的态度否定技术在理解和应对自然方面的贡献，对工具的存在产生轻视和抵触。我们提出共协交互的意义，不可能不考虑独特的时代背景，即人类不可能完全回到那种卢梭或马克思描述的“人的原初状态”去寻找一种无意识的人类本性，而且当下社会也有着相应的生产力水平，我们需要在这个越来越复杂、充满异化的世界中去意识到人的完整能力所在，通过感性去发现理性支配下的种种不合理，人能够通过一种更为简单的视角去应对在生活中的种种复杂性，以及人如何作为一种目的存在的可能性。

作为共协交互的结语，最后从 HEC 视角讨论对于当下议论纷纷的 AI 的理解。

（1）AI 是人类目前理性化外向突破的集大成作品。

（2）AI 不能取代人类。这里的取代并不是说某种具体的生产岗位，如果在单纯互助的交互层面上讨论，我们可以对人和机器的优势和劣势进行分析比较，从而完善技术的形态；然而即便如此，AI 与人在本性层面上是不可比的，人要面对的是自身的生活，要意识到当我们开始认同“比较”这一看似理性的方法时，人（包括评价者本身）的异化就已经开始，这也是相克态向下螺旋的开端。

（3）如何达成人机之间的共协态是研发者必须要考虑的。面对愈加强大的工具，需要人有回归自身强大本性的能力，也需要研发者对于外向技术与内向人心共性的认识。然而现实并非如此，以技术之名，更多的人必然会被技术潜移默化地支配，其观念被技术话语所蒙蔽。而打破这一现状的关键在于，如果人类在每一个当下能够把握自身的本性，做到首先不被外界的种种现象所支配，AI 自然也会成为人类思维的良好延伸，以此类推，面对一切“工具”的冲击，人类不仅要拿得起放得下，也会充分地用好它。

## 3.5 设计原则

为实现人类能力和技术能力间的共协交互这一目标，致力于帮助传统 HCI 建立对人的能力发展的重视，HEC 为当下的 HCI 研发提供了三条设计原则：①思考人类能力完整性；②识别人类能力发展过程中的障碍；③探索提升人类能力的方法。

### 3.5.1　思考人类能力完整性

前文中反复提到共协交互的目的在于帮助人回归完整性的意义。希望研发者首先能意识到人的多层次能力的完整性，进而通过设计传递至用户。用户在使用技术的时候能潜移默化地感受到自身的完整性，进而主动追求各层次能力上的提升和进一步超越，当这些能力能够进一步真正内化于人，加之强大工具的辅助，就存在为自身寻找到真正的自由和使命的可能；而在这个过程中，以技术为媒介相互反馈，研发者与用户的完整性实际上是互相成全的。在这样一个良性的向上螺旋中，一个外部更大的完整性，例如，用户具身的良好发展、外在的正向评价、所处生态、文化、社会的可持续发展等将自然而然地形成。

对应到设计上，这种完整性需要被如何形式化地建构出来？对于研发者来讲，首先需要以自身体验为方法和现象去感知对应到各层次能力，尤其是突破当下理性为主导的思考框架去接受世界。具体到交互领域，对于某一设计、某一现象的理解和形式化往往仅是自身“思考”的投影，而这些理解中又隐含了我们所在文化背景中的整体哲学性的思维范式。不管最终是否有意识，人类在思考方式上最终都可以追溯到东西方的思想根源。但无论是东方哲学对人性和命运的对内向超越的洞察（Law et al., 2015），还是西方哲学倾向于逻辑分析的对外向超越的宗教和理性信仰，实际上都反映了各自对归于人类完整性的渴望，然而这并非仅是思维的，更是基于人类完整能力的——从身体、理性、感性，再到自身本性的体悟，并在追求自身完整性的过程中体悟到各层级能力、个人与社会、内在与外物、当下与历史等之间的一种普遍联系。人不会单纯从更多更好的概念或技术中获取自身的意义，因为大多数被人经验的外物更多是某一层级能力的需求，而不是关于“完整性”或“本性”的真正需求。3.5.3 小节中将继续探讨一些可能的形式化方法。

对于人类能力完整性的思考也是尊重用户和跨文化设计的最基本前提之一。从理性范畴讲，尽管某些观点认为特定人类族群间显示出不同的文化差别，然而，对于“人”的全面认识更是这种跨文化设计的发展基础，因为这首先是一种人类共性而非个性。

对于人的完整性思考，我们并非断言精神对人的决定性作用，或者说，回归人的本性并非是精神性的，而是在尽可能将所有不自觉的身体性的行为、理性的思考和直观感知剥离之后，我们是否能够意识到人真实存在的状态和自由，而非一个被生物遗传、自我和社会建构出的人。在此之上，我们能否更加灵活并合适地使用或放下任何能力或工具，意识到自身和工具各自的意义和局限。最后要强调，我们同样无法断言 HEC 所描述的共协用户能力和共协计算机能力是否就代表了这样一种完整性，但仍可以为各位研发者提供一种参考，在无法找到进一步的整体性时作为“次优解”。

### 3.5.2 识别人类能力发展过程中的障碍

信息技术飞速发展的一种结果，有相当一部分的人类工作会在某种程度上被技术进步所取代（Carr, 2011; Goleman, 2013; Hawks, 2010），这似乎是无可避免的；然而，技术同时对于人类能力的侵蚀也是事实。无论是人类注意力的普遍缩短（Carr, 2011）、使用电子设备带来的记忆力减退与脑质量变化（Hawks, 2010）、人内在能动性的退化（Bernard et al., 2005），还是社交网络对人际交往和沟通能力的削弱、自动化生产对人的意识的异化、片面的游戏化使儿童在内在发展上逐渐丧失自我激励、规划思考或专注等，都是传统视角下追求“效率”和“创新”中对人的无意识，如同早期工业发展对生态环境破坏的无意识。为此，我们在 3.4.3.3 阐述了相克态的概念。

由于时间和空间的跨度，人类能力缩减的因果联系往往很难被发觉，因为技术的存在往往让人类在当下看起来更“聪明”，然而实际上，人类的能力却在与设备无意识的交互中被削弱。而这种情况的持续，不仅将导致人类在影响宏观生活意义的能力、解决真正困难问题的能力、无设备时执行任务所必需的能力等方面的自然能力或技能的下降，并且将越来越遮蔽人对自身完整性和本性的发觉，导致朝向于相克交互方向的发展（图 3.5），而并非旨在朝向人和计算机两个方面的共协交互（图 3.6）。

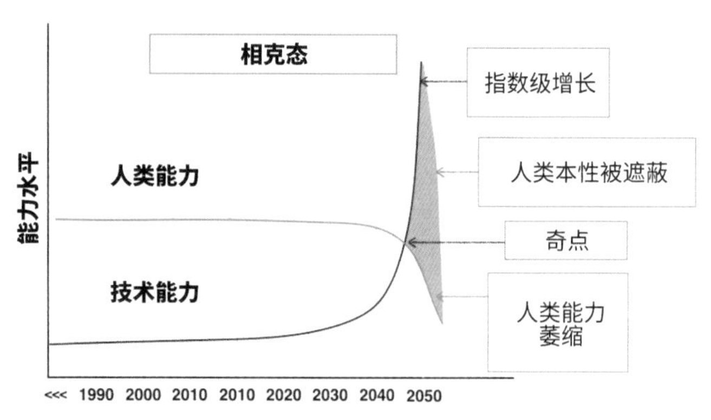


图 3.5 技术与人类之间的不平衡会产生最坏的情况[①]

① 图 3.5：在这种场景下，人的能力必然会逐渐萎缩，与此同时，根据摩尔定律，计算能力必将呈指数增长。这种不平衡将逐步阻碍人类和计算机之间的共协交互的可能性。

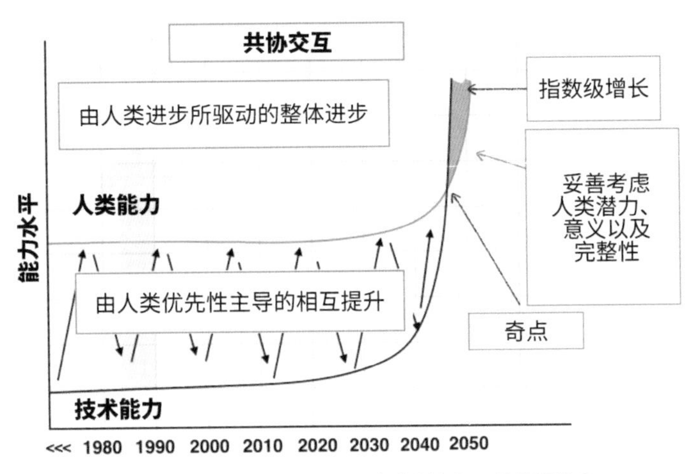


图 3.6　技术与人类共同发展达成共协交互理想情况[①]

人类的一些能力已经明显下降，除非那些也注意到 HEC 所探讨问题本质的观点得到重视并开始行动，否则这一趋势预计会一直持续。这些退化对社会有着巨大的影响。尤其当考虑到人类的社会性时，即每个个体的退化都会导致人类整体能力的退化，而进一步降低未来实现共协交互的可能，而共协交互的提出正是对诸如防治污染、维持可持续性，甚至维护和平等许多现存问题的一种解决方式。

以上这些问题都可被理解为人类能力发展过程中的“障碍”。可能在传统观念中，对于“技术创新的每一步都或多或少需要付出人的某项代价”这一判断已成为惯式。但 HEC 认为可以并非如此，重要的是是否对其保有意识。或者说，在某些不可避免的情况下，设计者和用户都应意识到并进一步权衡技术能力与自身能力发展间应如何折中，从而做出负责任的决策。然而这又进一步反映出来更深层次的问题：技术的研发者和使用者实际上都是人，技术所造成问题的本质实则是人之间的相互影响，看似不同的技术只是作为一种媒介和隐喻，而根源的“障碍”在于以下三点。

（1）对于理性的过分推崇。研发者和无数的商业团体都将“创造美好的世界”作为使命，希望成就优秀的产品，通过尽可能完善的需求分析建构一个问题对于用户的重要意义。这同时也是一个发现人类因素的过程。然而在现实的开发中，工具理性却不断使过程推向目的的反方向，创造了无数看似合理的意义和需求，利用“知”去破坏人的完整性，例如，建立成瘾模型等去控制用户的人性弱点；而在过度的理性面前，由于其对于设计主动权的掌控，技术伦理仅

① 图 3.6：通过回归对人的能力的正确认识，将实现更大的共协交互成果以及新的创新领域。

仅是一种无力的共识，技术被道德活动的各种实体（个人或组织）作为一种手段进行应用，道德的人可以利用技术为善，而贪婪的人也可以此为恶，因为总可以找到进一步的理由佐证当下选择的合理性。对于这种现象，人机交互学者巴泽尔（Bardzell, 2009）评价道："如果只是设计一种简单工具，那么其与道德几乎无关，所谓道德完全取决于人本身；但是，如果设计能够说服人们或重塑人们的日常生活，则需要从有限的意义上考量其伦理尺度"。

（2）需求对于身性的异化。不恰当的理性建构和内容导向可以极大地干扰人的情绪，放大其欲望，许多人为干扰和与肤浅的激励措施会妨碍人的专注力。此外，而当新颖性和易用性成为一种普世的观念，研发者和用户对其的痴迷也将极大限制对于技术思考和应用的深度，技术反而成了枷锁。

（3）感性的狭义化。这体现在两个方面：一是由于感性在本质上的不可描述，使得通过语言传递对于感性的理解，终究会扭曲和窄化其本意，例如，"用户体验"最终狭窄化到对于情绪的设计等；感性的意义不仅在于理解人的直观感受和现象，更在于帮助人对于相应能力的提升，设计师对此应是有意识的。

从上述对于"障碍"的分析中可以看到，许多数字时代的问题都能从上述人类能力被无意识地滥用和支配中找到影子，例如，人被概念所支配、困住而导致的上瘾、网络暴力和消费主义等；这些人为的问题既伤害了用户，又对研发者自身进一步理解人机交互设计、HEC 设置了障碍。尽管在现代社会里，对于结构、分工等基于理性的规划和设计无可避免（而这些都会反映在界面设计上），但是不能简单承认这些概念的唯一性和对于人的切割的必然性，至少我们要传递给用户一个观念："你"所正在进行的操作、浏览、消费等交互行为，以及进而产生的情感、体验等，这些实际上都不是"你"，人的无限性无法被正在进行的窗口和任务所困住。

### 3.5.3 探索提升人类能力的方法

希望能在认清阻碍人类能力发展的原因后进一步探索更具体的方法。人类实际拥有强大的能力和内在潜力，而传统的交互却忽视了这些能力的意义，宁愿将其取代而非加以利用。传统交互将人类能力局限于感知、认知和运动控制等符号化惯性（Card et al., 1983），而这显然低估了人机交互所应关注的范畴，也是人很少在过去的技术设计中感受到用户共协态存在的原因。此外，要提升人类能力，正如恩格尔巴特（Engelbart, 1962）所提出的那样，有必要理解增强是如何发生的。这个原则指导我们不应只关注通常会缩小问题范围的特定问题，而是要从扩大视角考虑更广泛的背景和更深刻的前提来实现突破。

基于此，我们提供三点潜在的方法（另请参考 3.4.2 小节共协计算机）。

（1）以自身实践为方法。如前所述，尽管不能断言精神决定论，但本书认为人的各层次能力应该是相互联系的，这一点在过往的许多论述中都有提及（如《大学》中的“心、意、知、身”，现象学中的具身认知等）；在 HEC 或任何设计中，对于人的能力理解不仅是关于目标用户的，更是研发者需要以自身实践为方法，去感知各层次能力之间的相互作用对于生活本身的影响，从而突破日常中的无意识去理解人在摆脱外在的精神和物质依赖后所呈现的真实生活状态，理解“人工物”作为人的向外延伸，其根本逻辑与人的本性的差异。

（2）对于技术建构的理解。当我们发现人工物与人在根本运转方式层面的差异后，秉持一种共协理念，可能要对组成技术的基本元素或前提进行再理解。例如，虚拟现实希望通过创造虚拟世界给人以更丰富的感官体验，从传统的交互平面（Surface）升维到一种交互空间（Space），然而，当我们将所构建出的氛围传递给“体验”——这一人最为基本的一种感性能力，其可能无意识地延续了人感受时间和空间的问题，即“这种升维的体验真的是出自人的本性需要吗？而如果人感受时间和空间的方式实际上只有当下，尝试从“面”到“线”到“点”的降维会给予人什么样的体验方式呢？而以这个方式再去思考菜单或是按钮的设计呢？”当然，升维或降维各有其意义，但这种构成设计基本层面的对冲思考可能会带来新的设计空间、找到通向共协交互之路。

（3）心智能力与人类生理的相互作用。结合神经科学的理论发现，仅凭智力并不能准确预测一个人是否优秀（Ariely, 2010; Goleman, 2013; Kahneman, 2011），而更重要的基石来自于高层次心智能力的培养，例如，专注、正念、自我控制、自我激励、灵感、直觉、同理心、信任、性格、意图和良好的人际关系等（Goleman, 2013; Jaworski, 2012）。这些微妙而深刻的人类能力至关重要，因为它们决定了个人或社会所存在状态的结果质量。此外，神经科学的成果也展示了人类大脑的延展性和可塑性，即大脑能够不断改变它的回路以应对各种各样的外界体验（Chaney, 2006）。这种神经可塑性进一步表明，通过适当的使用、训练和干预，人类能力也有可能得到增强，但这也意味着不当地或缺乏使用会阻碍能力发展的可能性。

可以预见，未来人类在获取信息方面存在瓶颈的可能性很小，问题在于人如何进一步处理和面对这些信息，加之急剧变化的诸如全球变暖和巨额财政赤字等外部挑战，这些压力会使人进一步反思其生活和存在方式。人机之间，乃至世界未来的可持续性、有效性以及各种积极的可能性取决于当代人是否有意愿确保在所能意识到的思维框架内全面思考技术的积极和消极影响。人类要避免对于智能人工物的过度依赖，同时为自身寻找内向超越的方式，并且通过工具建构自身，以免在“断电”状态下不知所措的尴尬处境。本节探讨的不仅是关于技术设计的原则，更是 HCI 与其他交叉领域共同探究的未来议程。

重申 HEC 的实质：HEC 所描述的人机能力和共协交互并非抽象的，而是希望通过学习东西方智慧对于人与世界的体悟，从人机交互的视角给出自己的理解，也希望与各位读者一起实践。技术要帮助人做的是从有限工具性回归人的本性，而不是仅以提供某个功能就完成了工具的使命；也不是为用户设计一个又一个精妙的笼子，从而试图控制用户，而是通过尽可能理解人，给予用户最大的尊重，促进人与技术双方的提升，这也是研发者超越其专业理解的开始。

# 第 4 章
# 相关领域和研究展望

## 4.1 相近研究领域

前文提供了有关于 HEC 的概念、框架组件及衍生的设计原则。本章简要介绍一些与 HEC 目标类似或相同的、来自于其他领域的相关研究工作（图 4.1）。这些工作可以说也都是直接或间接地以增强人类能力为主要目标和驱动力。

图 4.1 人机共协计算的相近研究领域

### 4.1.1 人类智慧

业界对探索人类智慧与发展的领域兴趣日益浓厚，例如，智慧 2.0（Wisdom 2.0[①]）等一系

① https://www.wisdom2summit.com/together

列专题会议越来越受到关注等。相对于一些研究认为人类的未来可能由数学模型所主导，一些未来学家更多地关注对于发展人类意识、进步及意义的可能性（Houle, 2012; Randers, 2012）。与之相似地，麻省理工学院曾主导过有关于集体智力（Collective Intelligence）的提案（MIT, 2015），它旨在为促进人类如何合作，进而为发挥群体智力提供一种思路。然而如前文所述，理性或智力（Intelligence）只是人类所拥有能力中的一小部分——例如，收集和整理信息的能力——但这不一定等同于智慧（Wisdom）。

### 4.1.2 人类增强

人类增强（Human Augmentation）（Daily et al., 2017; Alicea, 2018; Raisamo et al., 2019）是指发展增强人类外部能力的技术。人类增强通常依托于生物、纳米技术等方式，例如，植入耳蜗以增强听力，或开发肢体装置以增强肌肉能力等。此外，人类增强也可泛指任何扩展人类具体能力的技术，包括生理数据分析、脑机接口、增强现实（AR）/ 虚拟现实（VR）等。

从 HEC 视角出发，人类能力可以通过人机之间的共协交互而增强，而这种增强能够潜在改善人类的身心状况和生活方式。人如果缺乏足够的表层能力，从个体层面出发，“人类增强”的观点是值得肯定的。

然而，HEC 本身更倾向采取一种长期的、以人为本的慎重方法。HEC 秉持的观点是，任何面向人类能力的增强都需审慎以理由，而任何有损于人类能力或其他变相目的增强都应受到质疑。例如，我们可以试问：“这种增强会取代或削弱人的潜能吗？”或“在我们应用这些增强技术之前，是否有其他方法可以让结果更好并更有可持续性？” HEC 旨在指引技术发展朝着有利于人类福祉和意义、回归人类完整性的方向前进，而不仅仅限于外在的生产力或效率。

### 4.1.3 从超级智能到“人 · AI 共协（Human-Engaged AI）”

近年来的一个重要趋势是业界对于实现超级智能（Super-AI）的热忱，及对于“奇点临近”（The Singularity is Near）等类似观点的表述（Kurzweil, 2006）。虽然一些人对这种“奇点”的前景感到非常兴奋，但也有很多前沿学者和产业界人士（如霍金、盖茨、马斯克、沃兹尼亚克等）对超级人工智能之于人类安全和意义的影响深表关切。HEC 认为，只有当充分考虑人类意义和技术示能的不断提升，且人类福祉和安全保证在共协关系中被清晰地理解和显现时，超级人工智能才能与人类互不相克，最大程度被利用进入共协交互层面。此外，基于 HEC 框架并通过进一步思考 AI 的应用场景，麻晓娟教授提出了“Human-Engaged AI（人 • AI 共协）”的概念（Ma, 2018，详见第 5 章）。

自 2017 年以来，很多国际会议都举办过人与计算机或人工智能之间关系的各种讨论。例如，第一著者参加的国际人机交互大会 ACM CHI 2017 圆桌论坛“人机统合相对强大工具”（Human Computer Integration versus Powerful Tools）（Farooq et al., 2017），ACM CHI 2021 圆桌论坛“设计与人合作或以人为本的人工智能？”（Designing AI to Work WITH or for People?）（Wang et al., 2021）。而随着 2023 年初人工智能大模型的兴起，明确人机交互与人工智能对于人的角色和意义将愈加重要。

### 4.1.4　严肃游戏

研究者将专门制作并用于实验、教育以及医疗等非单纯娱乐用途的数字化游戏称为严肃游戏（Laamarti et al., 2014）。之所以利用数字化游戏为载体，因其有趣的情感体验能够激发用户参与动机、深度营造用户沉浸感，从而有可能带来娱乐以外的效用。其中，“Game Engagement”作为数字化游戏的关键概念之一被广泛研究（Silpasuwanchai & Ren, 2018），其相关因素包括，乐趣（Hunicke, 2004；Lazzaro, 2004）、沉浸感和存在感（Calleja, 2007；Ermi & Maïyra, 2005; Jennett et al., 2008）、情绪（Freeman, 2003; Lazzaro, 2004）、具身性（Bayliss, 2010; Benford & Bowers, 1995; Gee, 2008）、各类输入之影响（Birk & Mandryk, 2013; LaViola & Litwiller, 2011），以及理解对于不同类型用户的调动方式（Heeter, 2011; Jenson et al., 2007）等。

“Engagement”概念及其研究在数字化游戏中的兴起不仅惠及游戏设计领域，还使更多的研究领域能够采用成熟的游戏设计工具，依托游戏创造的“User Engagement”，而实现其重要严肃目标（超出娱乐目的）。游戏本身存在的有趣及可玩性等特点，能积极引发用户情感层面的变化，提升其内在驱动力，进而积极改变或干预用户的行为。例如，认知训练游戏已经被用在训练和提升老年人的认知能力（Anguera et al., 2013; Niksirat et al., 2017; Li et al., 2020）和中风患者的康复训练中（Burke et al., 2009; 2010），以及“Engagement”对健康教育游戏的促进效果等（Leiker et al., 2016）。此外，数字化游戏也被应用于解决特定用户群体的压力（Pallavicini et al., 2021）、焦虑障碍（Schoneveld et al., 2016; Dechant et al., 2021）、创伤后应激障碍（Holmgård et al., 2016），以及抑郁（Poppelaars et al., 2014; 2016）等心理健康与福祉问题。然而，目前对“Game Engagement”的理解仍局限于游戏过程中的参与程度（Brown & Cairns, 2004; Procci, 2015）或用户在一次游戏结束后的重复参与情况（Xue et al., 2017）。但不管怎样，我们相信对于严肃游戏的研究可以将这些结论进行再进一步深刻理解，从“Game Engagement”发展出更加完善与普适的共协态和 HEC 理念。

### 4.1.5 产品设计、行为经济学与神经科学

产品设计一直以来对“Engagement”的理论实践深有影响，从而进一步发展情感模型（Norman, 2003）、愉悦模型（Jordan, 2000）和用户体验模型（McCarthy & Wright, 2004; Hassenzahl & Tractinsky, 2006; Harbich, 2008）等。具体来说，情感模型中明确提到了“Emotional Engagement”的概念，它由三层认知处理过程组成：本能的（外观）、行为的（功能性）和反思的（体验）；愉悦模型则将Engagement与四种愉悦感联系起来：生理的、心理的、社会的及思想的愉悦；此外，如2.1节所述，用户体验源自哲学家杜威提出的“完整经验”的概念（Dewey, 2008），而用户体验模型将“Engagement”同这种整体经验联系起来，在明确了体验的三个方面：体验的、情感的和美学的层面后，进而介绍了用户体验可经四条脉络构成：感官的、情感的、时空的和组合的体验。以上对于“Engagement”模型在实际产品设计中的理解，可以进一步作为发展共协态的基础。

此外，产品设计思想的革新也离不开如行为经济学和认知神经科学等新兴领域的介入，从而更加还原对人的完整性理解，并将理解进行应用的整个过程。行为经济学研究社会、认知和情感因素如何影响客户决策（Ariely, 2010; Brafman & Brafman, 2008; Kahneman, 2011）；而认知神经科学（Ariely, 2010; Kahneman, 2011）则始终致力于通过对人脑的分析来理解人类认知能力的范畴。例如，近来的一些发现包括人的非理性行为、技术干扰与多任务对人类能力的影响，以及通过冥想（Tang et al., 2015; Niksirat et al., 2017; 2019）和身体活动（Kirk-Sanchez & McGough, 2013）来增强人类能力等。对以上思想和实践方式的理解和整合，是人机共协计算未来发展不可缺少的部分。

### 4.1.6 心流、自我决定理论与积极心理学

“共协态”与人的内在动机和需求有关，可能其中最具影响力的两个经验性理论分别是心流理论（Csikszentmihalyi, 1990）和自我决定理论（Deci et al., 2000; Ryan et al., 2006）。其中，心流理论描述了八个与“共协态”相关的因素：明确的目标、能力与挑战间的平衡、行动和意识的融合、专注力、自主性、意识丧失、时间扭曲和自我体验。结合交互技术语境，研究人员（Hassenzahl & Tractinsky, 2006）也发现了影响心流的若干交互因素，包括人工物复杂度、任务复杂度、内在动机、可用性和美学。自我决定理论则描述了激励人类行为的三个主要内在动机：自律性、能力和关联性。此外，其他略有不同的动机理论，例如，将动机驱动因素描述为成就、归属感和权力（McClelland, 1988）；或描述为自律性、掌控和目标（Pink, 2009）、愉悦

感的需要（Jordan, 2000）；以及描述行为改变的成因：动机、能力和触发因素（如事件、工具的可用性）（Fogg, 2009）等。

此外，积极心理学（Seligman, 1999）长期以来建立了对于人类能力的研究，即人的动机和心理需求。它关注的是人的需求在得到满足的前提下如何使积极的人类发展成为可能，即使这种观点可能相悖于一部分人对于人性与自然本质悲观的看法。积极心理学在考虑人的生存需求之外加入了人的成长维度，通过探索人的潜能，致力于在更高的层次上自我实现和寻找生命意义。积极心理学相关研究所能提供的理论和方法，也是研究共协态和人类完整性的重要线索。

### 4.1.7　人机交互

人机交互领域也逐步认识到开发增强人类能力的应用程序的重要性。越来越多的研究人员利用众包或基于游戏的技术形式在教育（Gee, 2003）、健康（Theng, 2012）及问题解决（von Ahn & Dabbish, 2004）等方面为用户提供价值，也有许多研究人员希望通过肌电图（EMG）、脑电图（EEG）、心率和皮肤电反应等生理测量方式来更好地了解人类能力。

近年来，在 HCI 和相关领域中发表关于“Engagement”的文献热度证实了学者们对这一领域的兴趣。结合这种趋势，HCI 社群促进和开展与 HCI 相关的 HEC 研究正当其时。事实上，一些资深研究人员已经开始从不同角度重新思考人与计算机（技术、AI 等）之间的关系（Ren, 2016; Farooq et al., 2017; Niksirat et al., 2018）。国际人机交互大会 ACM CHI 的圆桌论坛（Farooq et al., 2017; Wang et al., 2021）和两个特别兴趣小组（CHI SIG）（Niksirat et al., 2018; Farooq & Grudin, 2017）也讨论了相关内容。

## 4.2　未来展望

作为 HCI 未来发展的一种可能，HEC 旨在提供一个广泛的基础哲学框架为 HCI 研发提供一种理解。HCI 的未来发展也应该为认识、反思和设计更深层次的人类表达、超越追求新奇和简单易用的设计传统提供目标和评价体系。基于此，透过 HEC 视角为 HCI 的下一步发展提出了一些未来方向（图 4.2）。

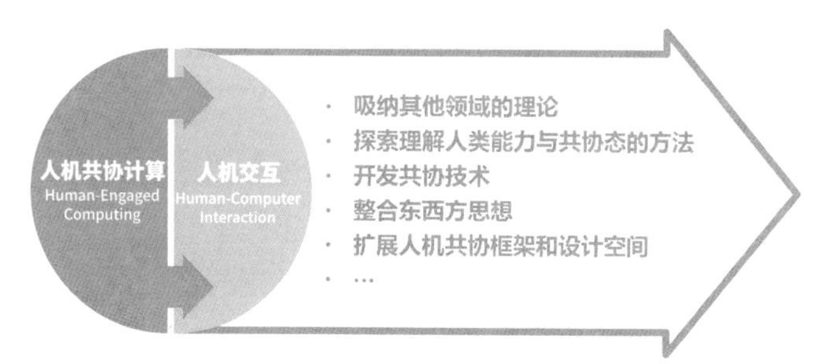


图 4.2　有关人机共协计算的未来研究方向

### 4.2.1　吸纳其他领域的理论

HEC 的视角和概念并非一蹴而就，而是多年来基于不同学科的交叉研究过程中积累起来的。如 2.1 节所述，人机交互脱胎于计算机科学，又在 1980 年受到认知心理学、社会学和人类学极大的影响。可以说，涉及人和计算机的一切现象和思想都会自然联系到人机交互。然而人机交互在视野和研究开阔的同时，研发者就很难还原出一种人机交互的整体观，在每个领域和方向都自认为其重要时，则忽视了其他方向的思想根源及意义。这无论对人机交互的研发者个人还是社群来说都是极为不利的，当然这也涉及研发者如何平衡其关注点。

所以，无论是 HEC 还是 HCI，都需要积极从其他，甚至是所有领域吸纳更多的理论和框架，看到不同方向知识和洞察的思想根源，溯源那些构成人类生活的基本概念从何而来而又如何变化，丰富其自身的完整性和立场，并探讨如何将其进一步应用于 HCI 或更广义的技术开发中。例如，许多从东方哲学及其实践衍生出的领域也可提供对于 HEC 理论与框架发展的理解，洞悉人的意义和内在节奏，进而在一个 HEC 大框架下加强 HCI 的研究、发展和理解。同样，例如，积极心理学等方向通过研究心流、正念和情绪智力等主题，超越了以往的人类需求进而带来一种新的视角。此外，如神经科学、社会学、设计学、教育学、人类发展、算法思想、技术哲学等许多其他领域和见解的加入也都可以为 HEC 提供跨学科的资源、指南、见解和批判，与这些学科领域的交叉合作将有助于强化 HEC 理论，并重塑 HCI 的未来。

### 4.2.2　探寻理解人类能力与共协态的方法

过往对于“Engagement”的研究主要集中在基础的人类因素上，如外观形式、乐趣和情感等，而非上升至内在的人类能力，包括正念、同理心等。而为实现真正的共协交互，需要将用户共协态的方法论进一步完善。例如，持续的用户共协态可能始于潜意识层面或进一步的人类本性层面，而传统的逆向工程分析法可能无法完全胜任这项任务。

探寻系统性的方法论将对于理解共协态在意识层面的形成及对 HCI 设计的指导至关重要。可以将其分为定性和定量两个层面。从定性层面来看，人文学科中所强调的如人类个性、性别、社会文化与历史演变等方面的差异所引申出的对人类共协态的纵向研究（Kujala et al., 2011）及大规模社交共协态（Social Engagement）方面的研究等，都对探寻人类能力上的共性与个性、本质与表象具有积极意义。此外，认知神经科学也应是主导人类共协态机理的领域之一，其对意识的纯物质解释存在强烈的肯定，而进一步引入东方哲学的见解也可能会为这种"唯物主义"观点在理解人的问题上提供有效的平衡。通过从不同关于"人"的领域借鉴宏观的视角与独特的方法论，关于共协态形成的基本理论、指导方针和模型等工作将大大促进交互设计的范式迁移。我们在 CHI 2018 上组织的一个关于共协态的核心概念研讨会上，列举和讨论过相关问题（Niksirat et al., 2018）。

而从定量层面上看，我们最终希望将从定性研究中产生的洞察编码成为一种可普及的媒介应用，尤其是对于那些"本质上不可说"的感性能力或人类软能力，如正念、审美、同理心等，通过模拟某种质感去激活人对其的感知能力，也为日后评估提供一种可能的方法。但量化也应以整体论为基底。例如审美，在心理学及人机交互领域，美的意义通常对人类与物体、设备和系统的交互的意愿、舒适度和效率都有影响，所以进而去研究美作为一种视觉刺激是怎样产生对人影响并拟合人的主观评分的。尽管这种方式弥补了传统实证研究对量化美学的方法缺失，但这更多倾向于一种行为主义或 HEC 中身性的视角，并非一个完整性的人类能力视角。美作为集合了哲学、心理学、艺术等一大批领域的研究对象（Wang, 2018; Haimes, 2021），单一视角下的量化很可能断绝了探寻其本身整体性的可能性，因此，即使作为设计师工具或帮助用户发展审美，但却有传递片面观念的风险。量化的基础可能在于不同领域之间理解某一能力或概念的共性，从而为其寻求一个可计算的认识论基础。

### 4.2.3 开发共协技术

如果说过去 HCI 业界以人的认知体系为第一驱动力去构建交互系统（例如，从过去的经验来讲，类似于通过匹配人类记忆能力来开发"菜单"的表现形式），那么 HEC 体系则将以发自人类本性的共协态作为开发共协技术的原点，进而使人的所有能力层次相一致。共协技术当然将兼容过去以人的运动控制、感知、人际合作、社会计算等方面发散而来的研究与成果，但这些属性或概念都将被视为人的能力加以理解，进而考虑如何发展这些能力。

从浅层来说，共协技术的表现可以是某个专业领域的应用，通过探寻其中重要元素、概念的由来及本质，从人的层面来重塑对于某一业务逻辑的理解。从深层来说，共协技术的表现应当是操作系统级别的共协计算机。从技术的角度来说它是软硬件良好整体性的合集，并为运行于其上的各类应用提供基本元素的建构基础；而从人的角度上来说，共协计算机代表了从人类能力视角所看出去的、对世界本质的形式化表达，而作为这样一种建构，其所传递出的观念和交互方式将反过来深刻影响着用户对世界的理解。从这个层面上讲，共协技术必须基于一种系统性的对人和世界的理解。

### 4.2.4 整合东西方思想

HEC 的充分发展必然依赖对于人类的整体理解，而其中的重要途径之一是考虑如何对东西方思想进行整合（Law et al., 2015; Takahashi, 2013）。这种整合包括本质性的和技术性的。在本质性方面，第 3 章展示了东西方哲学在对于回归人类本性方面所达成的共识，从而作为 HEC 在思想方面做出的一种东西方整合；在技术性方面，例如，瑜伽疗法（Caplan et al., 2013）作为一种形式，在整合东西方人类福祉方面具有示范作用，也包括其他试图结合东方哲学——如中国传统的洞见和实践（如易经、禅宗、心学等）——并将其应用于管理、自我发展和商业等领域（Taguchi, 2012）。鉴于东方意识所主导的整体性和西方意识所主导的分析性，对于东西方知识、实践、经验和思想的整合将有益于研发者从根源上理解两种思想的实质，在技术上相互指导和纠正，进而在发现人类的真正需求方面发挥更大效用。将东方哲学引入传统 ICT 和 HCI，也是 HEC 的一个重要贡献和一项重要议程（Law et al., 2015）。

### 4.2.5 扩展人机共协框架和设计空间

HEC 和其他任何理论一样，需要不断发展、完善，甚至重新定义，本书陈述也只是一个开始。当前的 HEC 框架理论主要表述了包括价值观、框架组件及设计原则等部分，而这些可以作为未来进一步完善 HEC 理论的逻辑出发点。HEC 框架的扩展需要各个领域——如哲学、脑科学、经济学、设计学、计算机科学、人机交互、人文学科等——的加入，并且也能使其在 HEC 的语境下找到并发挥其意义，提供看待人（内在）和技术（外在）关系的新视角。而通过对各种视角的整合，也能够对 HEC 的整体哲学有更清晰的认识，对共协态有更深的体悟，为技术实践给出更明确的指导原则。

在 HCI 和这些讨论人与技术关系的相关领域，也有着广阔的设计空间有待于应用 HEC 思想进行探索和重新理解：①遵循 HEC 的价值观和原则，这些价值观和原则不是教条的，而是旨在推进对人们作为个体和其所属群体的敏锐性，理解到底哪些因素是人和世界发展的原动力；②鼓励通过共协态增强人类能力，以帮助人们实现目标；③在扩展人类能力的同时，有意识地避免人的能力被取代；④利用现有的技术进步最大化人类福祉。

## 4.3　潜在益处

如前所述，我们期待于共协交互（Synergized Interaction）所能达成的结果将远远大于仅依赖于人或计算机的输出，也将大于单纯的两者之和。总的来说，通过理解、识别及利用人和设备的共协态（Engagement）因素，我们将有意识地向着提升人类能力的方向去设计数字技术，自然地增强和影响相关领域对于人的“模型”，从而以另一方式强化对于任务与技术中“效率”等传统指标的理解，使研发者意识到在传统建构之外的关于人类的“概念”“能力”“需求”等前提都需被重塑理解，从而发现大量创新空间，超越当下“桌面隐喻”等范式体系，为未来 ICT 领域带来更新、更积极、更可持续的商业变革思考。

在社会层面，趋向于发展更完整能力层次的人将成为教育的目的。完成高层次的任务和目标将不可或缺地需要人达到一种共协态，这也为诸如教育、创造力培养和人的其他技能训练等领域提供了更有力的发展方向指引；而在全球范围内，那些面向共协态设计、旨在提升人类能力的技术应用也将因其深刻的理念、重点社会问题的解决而受益。

HEC 认为，为了理解和实现面向用户（人类）共协态的发展及人类能力提升的设计，有时需要反思对于所谓“新颖性”的片面追求。我们当然理解大部分工业界对于研发短期回报率的权衡，但对于 HEC 理念的贯彻的益处将会是长期和整体性的。相较于行业对于传统“Engagement”的理解，我们并不否认游戏沉浸感、用户黏度和劝导机制的意义，而是认为有必要重塑对于这个概念重要性的理解，并逐步认识到这种“共协态”的存在，在哪些场景中更具潜力、收益或者负面风险。

# 技术篇

## 第5章

# 人·AI共协（Human-Engaged AI）

随着人工智能（Artificial Intelligence，AI）技术近几年的飞速发展，越来越多的计算设备、系统、应用或服务嵌入了AI模块，使得AI和HCI研究有了越来越多的交叉。一方面AI技术给HCI领域的创新带来了新的动力；另一方面，HCI应用收集到的用户数据和反馈是AI服务提升的宝贵资源（Grudin, 2009），应用实例包括但不限于服务及社交机器人、虚拟助手、语音和自然语言交互界面。随着两个领域愈加深入的合作，“可用的AI”（Usable AI）（Gajos & Weld, 2008; Lau, 2009），“可解释AI”（explainable AI或XAI）（Gunning, 2017），以及“用户感知的AI”（human-aware AI或HAAI）（Chakraborti et al., 2017）等范式不断被提出并获得学术界和工业界的广泛关注。这些新范式都强调了人类用户和AI技术的共同存在，并以设计可为人类所用的更好的AI为目标。

## 5.1 概述

想要获得人类和AI的共同进步，双方都需要相互理解并充分发挥自身的潜力。从研究和实践的角度出发，“Engagement”（中文通常翻译为参与、投入、身心沉浸程度，本书译为共协态）这一概念是考察人类用户和AI技术之间协同关系的一个重要窗口（Niksirat et al., 2018）。麦卡锡（McCarthy）和莱特（Wright）在Technology as Experience一书中提出，只有有意义的“Engagement”才能够改变人类和计算系统（McCarthy & Wright, 2007）。以之前对在线开源软件项目开发平台（如GitHub）中的评审员推荐系统的研究为例（Peng et al., 2018），这类基于AI的推荐服务会向代码提交者建议可以审核其工作的人员名单，由提交者自主选择邀请。但对自动评审推荐服务的使用情况进行分析后发现，如果AI系统忽视了其推荐的评审在目标软件项目中的共协态（Engagement），例如，是否活跃、是否已经承担很多评审任务、是否对项目抱有热情等，评审邀请并不会获得太理想的反馈。在ACM CHI

2018人机交互国际会议上举行的人和机器人合作圆桌讨论中，与会的学术界和工业界专家把Engagement和Usability（可用性）一起列为第一项讨论议题（Vinson et al., 2018）。

结合Human-Engaged Computing（HEC）的思想，我们提出人·AI共协（Human-Engaged AI, HEAI）的研究方向，致力于在共协用户和共协人工智能系统协同过程中达到一个最优的、平衡的协同关系。在HEC中，共协态（Engagment）被定义为“一种完全沉浸在当前活动中的意识状态”（Ren, 2016），也是一个“交互主体开启、维持、终止相互之间连结的整个过程”（Sidner et al., 2005）。共协态并不是一个简单的动作，而是一个反复沟通“目前的相互理解程度，每个交互主体当下关心的对象，以及他们希望保持或终止连结的证据”的过程（Sidner et al., 2005）。在HEAI中，交互主体包括人类用户和AI系统，后者可能以机器人、虚拟助手、智能应用等不同形态呈现。两者之间是一种朝着共同目标互利共生的关系，而共协态反映了人和AI对这种协同关系的示能（Affordance，中文也可翻译为能供性、可供性、可及性等）。

人类的共协态在不同情景下的定义和表现方式有可能不同。我们可以大致将其分为四个维度（Silpasuwanchai et al., 2016）。

注意力层面（Attentional Engagement）：即注意力在当前活动上的调动、分布和调整。

认知层面（Cognitive Engagement）：即认知能力在当前活动上的投入，如记忆、思考、决策等。

行为层面（Behavioral Engagement）：即行动上的参与，反映在时长等方面。

情感层面（Emotional Engagement）：即情感的倾注和对当前活动的情感反应，如高兴、惊讶等。

总的来说，在本章中，人类用户的共协态是其有意识地在和AI技术交互的过程中投入自身生理及心理能力和资源的表现。如何在实际场景中推导用户的共协态和动态变化是HEAI的核心问题之一。在人际交往中，人们通常使用经验型或者分析型方法来推断交互对象的共协态。这个过程包括三个层次或阶段：感知、理解、预测。感知指的是通过各种感官收集可能可以反映对方共协态的线索。理解指的是根据预先建立的心智模型和回顾信号（Sidner et al., 2005）来分析共协态，包括其随时间的波动及可能的原因。预测则是通过前瞻性信号（Sidner et al., 2005）以及当前的行为来推测未来的共协态。这三个层次同样适用于人机交互场景。

AI系统的共协态在和人类用户的交互中有着同样重要的意义。过去的研究表明人类有将计算机当作社会角色（Social Actors）来对待的意向和表现（Nass et al., 1994）。具体地说，用户常常在计算系统行为上进行社会归因（Social Attributions），并以处理人际关系的准则和方式来指导自己与系统的互动，即使这些系统仅有最低限度的拟人化或者自主性特征（Nass et al., 1993）。换句话说，人们也会在 AI 系统身上寻找表征其共协态的信号，并以此为依据调整自身行为和决策。对于用户来说，一项科技的“共协态”包括但不限于其对资源的所有及使用，其在任务进程中的状态，如不确定性和错误率，其对上下文及情境的感知等。能够将 AI 系统的“共协态”情况用人能够理解的方式传达给用户对于增加系统能力及潜力的透明度很有帮助。当人类用户和 AI 都完全投入到彼此交互过程中，双方的任务成效和关系都会有良好的提升。也就是说，HEAI 的意义超越了可用性，而更着眼于将人和 AI 之间平淡甚至平庸的交互转化为一种充实有收获、有创造性的美的体验（McCarthy & Wright, 2007）。因此如何设计合适的 AI 共协态的感知及表达以达吸引用户参与是 HEAI 的另外一个核心问题。借鉴人际关系中情绪智能和社会智能的概念和机制，我们提出 AI 系统也应具备类似的能力。这方面的尝试，如同苏巴拉奥 • 卡姆巴哈帕蒂（Subbarao Kambhampati）教授在他的 AAAI 2018 主席发言里提到的，在当前人机交互和人工智能研究中还属于非常初期的阶段。

## 5.2　人 • AI 共协案例研究

HEC 研究的核心方向之一是关注科技的使用对促进用户的心智发展可能起到的正面作用。而健康的心理和良好的人际关系是心智能力的重要组成部分。本章通过三个 AI 帮助人与人之间进行正念式的沟通的案例来介绍人 • AI 共协研究心得体验。第一个案例关注在线社群成员直接的情绪支持，第二个案例侧重伴侣爱人直接关心及爱意的表达和交流，第三个案例则探讨人们和自己在身体及心理健康方面的对话。每一个案例会介绍其现实背景和意义，以及我们关注的研究问题，然后阐述如何设计和评估相关的辅助人与人之间正念式沟通的 AI 系统，最后总结对未来相关类型 HEAI 的设计思考及建议。

### 5.2.1　案例研究 I：精神健康同行支持机器人（Mental health peer support Bot，MepsBot）

第一个案例（Peng et al., 2020）关注 AI 如何辅助心理健康论坛 / 社交媒体上的用户通过文字来相互支持和帮助。该用户群体的特殊性注定他们沟通时需要注意语言的使用以及质量，同时 AI 作为写作助手提供评估或建议时也要特别注意方式方法，避免引起心理不适。我们通过对比实验来研究心理健康论坛用户对不同形态的 AI 写作助手的使用模式及接受度，从中总结重要的设计指导。

#### 5.2.1.1 背景和研究问题

在线心理健康社群（OMHCs）为饱受心理问题困扰的人们提供一个相互支持并提供知识、经验、情感、社交及实操帮助的平台（Mead et al., 2001; Naslund et al., 2016）。例如，著名社交平台 Reddit 热提网的 r/depression 频道就是这样一个有超过 49.3 万成员（数据截至 2019 年 3 月）的匿名 OMHC 社区（Reddit, 2019）。在这个平台上，用户可以发布与抑郁相关的求助帖，其他的成员可以在帖子下以文字形式回复。一个 OMHC 的成功很大程度依赖于社群成员间交换的信息支持（如建议）和情感支持（如共情）回复（Barney et al., 2011; Li et al., 2016; Sannon et al., 2019）。可惜实际上许多成员回帖的质量并不高，缺乏实际有用的信息，甚至言语中没有足够的尊重（Li et al., 2016; Naslund et al., 2016; O'Leary et al., 2017）。这类回帖可能让求助成员感到受挫，最终疏远，甚至离开社群（Li et al., 2016; O'Leary et al., 2017）。同时，想要提供帮助但没能起到作用的成员，尤其是新加入社区的用户（Arguello et al., 2006; Yang et al., 2017），可能会质疑自身的能力和价值以至于不敢进一步投入社群服务（Bracke et al., 2008; Naslund et al., 2016; Yang et al., 2017）。

不少现有 OMHC 在尝试推出各种形式的社群成员互助帮扶质量提升机制。最常见的方法包括让成员们对不当回帖进行举报（如 Reddit 有“踩”downvote 选项），聘用专业的社群管理员进行内容管理（Dosono & Semaan, 2019），或者用算法进行文字筛查（Chancellor et al., 2016）。这些举措能够过滤掉许多刻意的有害信息，但对于有好的出发点但不善于付诸文字的成员来说，这样的反馈过于滞后而且可能伤害其自信心、兴趣，甚至在成员间的名誉（Lampel & Bhalla, 2007; Moorhead et al., 2013; Yang et al., 2019）。因此，有的社群为了质控会给新加入的成员进行一定时间的心理治疗技巧方面的（线上或线下）培训（Geraedts et al., 2014; Lederman et al., 2014; Morris et al., 2015），但这个方法很费时费力，以至于中途退出率高居不下（Andersson and Titov, 2014; Geraedts et al., 2014）。相较之下，一个更好的解决方案是在成员创作回复帖的过程中实时提供写作反馈及指导。类似的技术已经应用在其他涉及文字创作编辑的领域（Gero & Chilton, 2019; Wang et al., 2018; Wu et al., 2019）。例如，Facebook 的“Additional Writing Help”工具能够帮助有读写障碍的用户检查其帖子草稿中的用词错误（Wu et al., 2019）。又如 Metaphoria 系统能够在创作型写作如诗歌编写中根据输入的文字推荐意义相符的比喻样例（Gero & Chilton, 2019）。前者属于评估型写作工具，能够直接指出文字中的问题。但对于 OMHC 的回帖者来说，本身经历的心理健康问题可能使其对评价更敏感，无论该评价来源于人类读者还是算法（Dobson, 2010; Feuston & Piper, 2019; O'Leary et al., 2017）。后者属于推荐型写作工具，规避直接对文字本身做评估，转而根据现有输入提供优良的写作样本以供参考和修改（Gero & Chilton, 2019; Kim et al., 2019）。这类工具确有提升表达能力的作用，但可能会引起对最终输出的文字的诚意和原创性的担忧，这样的问题在注重真实自我表达的 OMHC 社群尤为值得重视（Lederman et al., 2014）。

为了研究 OMHC 成员在回帖时使用这两种在线写作支持工具下的可能的行为及受到的心理影响，我们设计了一个 AI 系统原型 MepsBot（Mental health peer support Bot）进行实际用户研究。具体地说，先用自然语言处理技术对一个回帖中的信息支持力度（Informational Support，IS）和情绪支持力度（Emotional Support，ES）进行建模（Harandi et al., 2017），然后设计 MepsBot 的两种写作支持模式：评估模式（Assessment，AS）对用户输入的回帖文稿进行 IS 及 ES 两个维度的打分，并指出可能的修改方式；推荐模式（Recommendation，RE）根据现有文稿内容，推送意义近似的高 IS 和高 ES 回帖范文，并高亮显示出范文中尤其值得借鉴的部分。需要指出的是，在这个工作中，MepsBot 并不是作为一个马上可以商业化的成熟技术推出，而是作为一个研究原型来获得深入的设计洞察。为了使得 MepsBot 提供的服务更能吸引用户参与其中（Ruan et al., 2019），我们将其包装成一个嵌入在 OMHC 社群平台的对话机器人。

#### 5.2.1.2　MepsBot 设计介绍

首先，用数据驱动的方法构建回帖文字中 IS 和 ES 程度高低的分类模型。沿用之前类似工作的流程（Pruksachatkun et al., 2019; Sharma & De Choudhury, 2018; Yang et al., 2019），使用 Pushshift API（Pushshift, 2019）在目标在线心理健康社交平台，即 Reddit 的 r/depression 社群频道上采集公开的原帖和回帖数据。为保证 MepsBot 的计算效率，随机抽样了 5% 的 2017 年 3 月 1 日—2019 年 3 月 1 日之间发布的求助帖及其所有非原帖作者回复，最后收集到 48148 条回复帖。之后，三位研究者对其中随机抽选的 450 条回复帖进行了信息支持力度（IS）和情绪支持力度（ES）的打分，即根据一条回复承载的“建议、指引和知识”的多少将 IS 分为三档（1 – 低 , 2 – 中 , 3 – 高）；同样地，根据其中体现的“理解、鼓励、肯定、同情及关心”的程度也将 ES 划分高中低三档（Wang et al., 2012）。具体流程如下：两位研究者先分别给 25 条从 r/depression 社群频道采集的回复帖的 IS 和 ES 打分，以此熟悉数据。然后他们和第三位有 MHFA（MHFA, 2019）颁发的心理健康急救证书的研究者一起讨论得到一个统一的评判规则，然后再独立完成所有 450 条回帖的评分。最后，他们之间的评分一致性（Cohen's κ）在 IS 维度上达到 0.860，在 ES 维度上到达 0.892，而有分歧的地方由第三位研究者进行评判。

这一套流程下来最终得到 199（127）、149（197）、102（126）条回帖分别具备低、中、高信息支持力度（情绪支持力度）。有了这些标注数据，我们可以进一步训练一个机器学习分类模型。我们根据过去健康社群内容分析文献（Choudhury et al., 2014; Pruksachatkun et al., 2019; Wang et al., 2012; Yang et al., 2019）提取一系列特征来表示每一个回帖，包括 64 个 LIWC 2015 字典特征（Tausczik & Pennebaker, 2010），一个二进制特征编码回复是否包含网页链接，字数（权重为 60），以及句子数目（权重为 10）。我们尝试了支持向量机、多分类逻辑回归、随机森林和极限梯度提升（XGBoost）在内的多种机器学习分类模型，其中随机森林在 IS 分类预测上效果最好，而极限梯度提升在 ES 上效果最好。接下来用训练好的分类模型自动标注所有 48148 条回复帖。在此基础上，提取了对每个模型效果最有用的 6 个特征，来推断对提升回帖信息支持和情感支持力度最有用的文字元素，为 MepsBot 的评估和推荐功能做准备。把提炼出来的要素归为四类：①文字长度相关，一般字数和句子数越高，IS 和 ES 也相应提升；②人称代词如我你她 / 他（们）的使用，对 IS 和 ES 都有帮助；③社交相关的线索，如提到家人朋友，对 IS 有正向作用；④积极正向情绪，如带有兴奋勇敢情绪色彩，往往标志着较高的 ES。

有了上述基础，我们对 MepsBot 的两种模式进行了详细设计。MepsBot 的评估型写作支持模式（AS）从回复的草稿中判断现有文字 IS 和 ES 的高低并提出修改的方向。作为一个对话机器人，当用户第一次预览起草好的回复时，MepsBot 会在右侧边栏出现并对自己的服务做一个简短的介绍，然后显示其预测的 IS 及 ES 程度的高低及相应的建议，如图 5.1（a）所示。要指出的是，为了不给用户带来太大压力，乃至于挫伤其积极性，MepsBot 每次只选择所有修改方案中的一条进行推送，具体的决策逻辑见图 5.2。在设计这套决策逻辑时我们有如下考量。① MepsBot 的建议需要真实的反映用户当前的文字水平，因此针对不同的 IS 和 ES 分值用不同表达方式来提出修改建议（Wang et al., 2018）。②如果在多轮修改中都只反复强调一个问题（尤其是字数）可能会激起用户的厌烦心理（Kelly et al., 2018），因此如果文稿有与文字长度相关的问题，MepsBot 只会提醒一次。另外，MepsBot 有一个随机机制来从第 2、3、4 类文字元素中选择一项提示，目的是能够在多轮修改中覆盖尽可能多的问题而不是单单强调最显著的那个。③在提示用户要针对第 2、3、4 类文字元素进行修改时，MepsBot 会随机从 LIWC 2015 字典语料库中选取 12 个样词作为提示，以更好地激发用户的写作灵感且避免用词重复（André et al., 2009）；④为了保持 MepsBot 语言的多样性，保持用户的新鲜感，我们对每种文字元素的提醒都有多种行文方式作为备选。

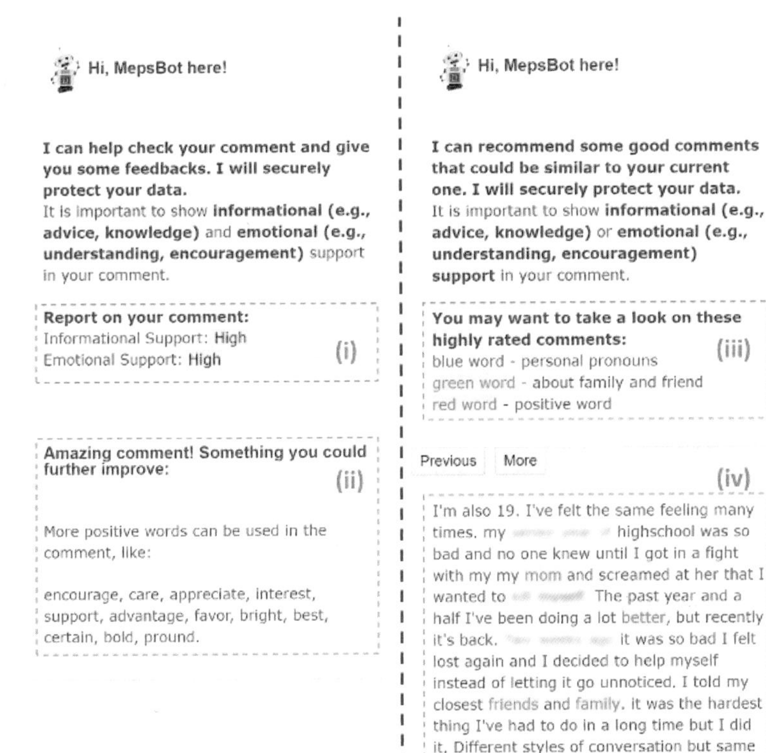


（a）评估模式　　　　（b）推荐模式

图 5.1　MepsBot 设计示意图[①]

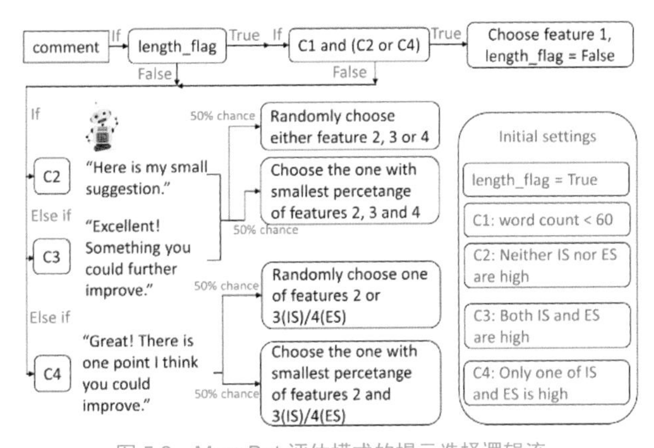


图 5.2　MepsBot 评估模式的提示选择逻辑流

① 图 5.1（a）为评估模式，包括（i）IS 和 ES 评分显示及（ii）修改方案提示；图 5.1 (b) 为推荐模式，包括（iii）(iv）里面的与输入文字语义相近的样例回复及里面被高亮的关键词。

MepsBot的推荐型写作支持模式主要通过展示与输入文字意思相近的高质量范例来提示可能的修改方向。在系统实现中，范例来自于一个预先建立的包含9080条从同一个社群收集来的高IS、高ES用户回复集合。根据回复帖想要表达的意思而不是原求助帖的内容来选择范例，目的是让MepsBot的推荐和使用者的意愿尽可能保持一致的同时增强表达的多样性（Althoff et al., 2016; Gero & Chilton, 2019）。采用（Morris et al., 2018）里面使用的两步方法来检索语义相似的备选例子，保证MepsBot能实时地（≈ 0.9 s）显示结果。详细说来，MepsBot首先使用Elasticsearch python API（Elasticsearch, 2019）来对样例集合里的所有条目与输入的回复草稿进行匹配，以提取其中最具代表性的词频——逆文本频率指数最高的50条作为候选。MepsBot其后进一步将每一条候选样文通过BERT为基础的语言模型（为当时自然语言处理领域语义理解方向有最优性能的方法（Devlin et al., 2019））编码转化为一个768维的向量，与输入文本以同样方式生成的向量表示计算余弦相似度。这步操作使得仅有几个词相同的两个文本也能计算其语义的相似程度（Kim et al., 2019），最终得到18条质量最高的范例回复得以显示在MepsBot的推荐界面中，如图5.1（b）所示。总体说来，推荐模式的MepsBot设计有着如下考量：MepsBot开篇会先简单介绍自己的能力，帮助用户理解其意图和功能；为了帮助用户快速定位推荐范例中值得借鉴的文字元素，将对应于“人称代词”“社交”或“正向情绪”这三类文字元素的词语用不同颜色标注出来（Hui et al., 2018）；为了不给用户造成阅读负担，在每页上只显示三个例子，感兴趣的用户可以通过翻页操作浏览后续范例。

#### 5.2.1.3 用户实验设计和结果

为了实验用户和MepsBot交互及体验，我们建立了一个模拟面向有抑郁症或抑郁经历用户的OMHC社群网站，如图5.3（a）所示。如图5.3（c）（d）（f）所示，实验网站有r/depression社区的基本功能，如发帖、在原帖下回复、浏览最近发的帖子等。为了将MepsBot无缝嵌入现有社群交互体验，采用和过往研究（Wang et al., 2014）相似的设计将回复帖发布流程扩充为：预览 > 回到编辑 > 提交，如图5.3（e）所示。当用户起草第一版本的回复时，MepsBot处于隐身状态，为了不打断用户的编辑过程（Wu et al., 2019），只在用户首次点击预览按钮时登场，如图5.3（g）所示，同时按钮的设置也发生相应改变（e1变为e2）。用户如果点击“Back to edit”按钮则回到编辑界面和预览按钮，如果点击“Continue to submit”则会正式将其回复发布到社群网站上。MepsBot在用户每次点击预览按钮时会根据当前的草稿内容更新评价或推荐内容，并在回复正式发布后重新隐藏。实验网站搭建在一个装在15.6寸有着Intel i7-7700HQ CPU的手提电脑服务器上，MepsBot能够在0.1/0.9 s内分别生成AS-/RE模式下的用户响应。

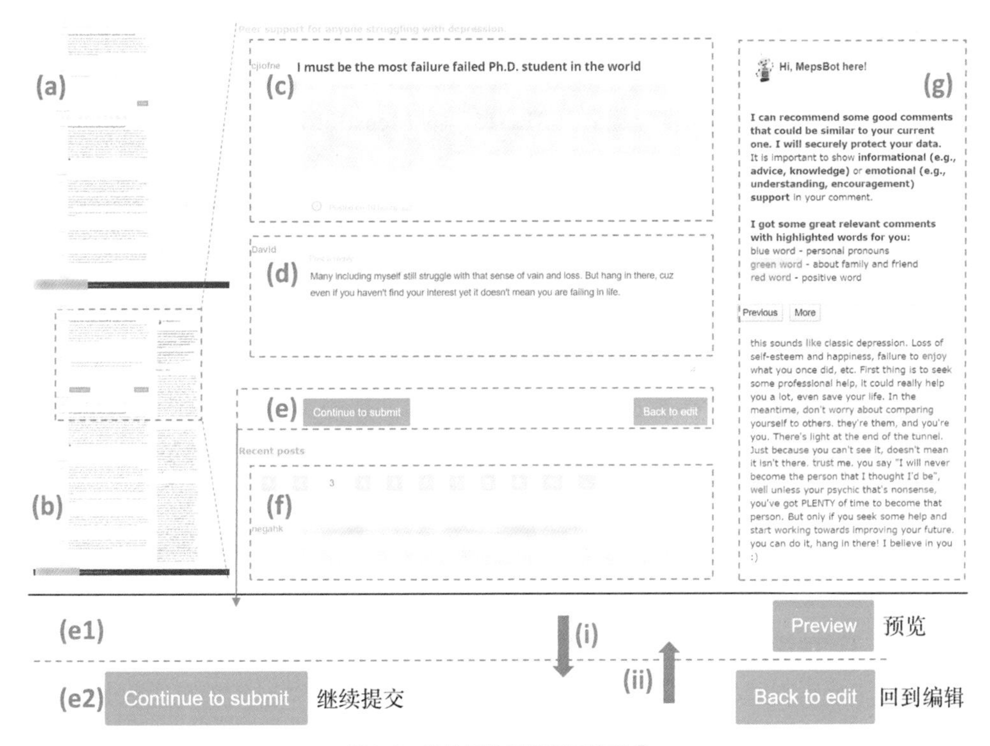


图 5.3　实验网站界面截示意图①

我们在本地大学通过宣传邀请了 30 位学生被试（13 位女性，15 位男性，2 位不发表性别相关信息；年龄 20 ～ 30 岁，$M = 24.37$，$SD = 2.72$）参与实验。有资格的被试都有为他人提供或从他人那里获得心理健康相关支持的经历且愿意在线上社群中提供信息或情感相关支持。所有被试都能流利地读写英文（TOEFL 读写成绩 ≥ 22 或者 IELTS 读写成绩 ≥ 6.5）。其中 6 位是本科生，其余为不同领域（如计算机、经济等）的研究生。我们选择这个群体进行实验因为过去研究表明大多数的高校学生都有过不同形式的抑郁经历（Bagroy et al., 2017; Macaskill, 2013; Rooksby et al., 2019）。实验前通过自查问卷（PHQ-9（Loewe et al., 2004））对被试进行筛查，最后参与实验的人员都有中等程度及以上的抑郁表现：7 位有中等（问卷分数 10 ～ 14），18 位有中高（15 ～ 19），5 位有高抑郁表现（20 ～ 27）（O'Leary et al., 2018）。

① 图 5.3（a）为整体网页；图 5.3（b）为整体网页及推荐模式下的 MepsBot；图 5.3（c）为目标求助帖；图 5.3（d）为输入回复的文本框；图 5.3（e）为交互逻辑相关按钮：e1 <-> e2 用户点击（i）"Preview"（预览）或者（ii）"Back to edit"（回到编辑）；图 5.3（f）为最近发布的帖子及其回复；图 5.3（g）MepsBot 在用户第一次点击"Preview"时出现，直到用户点击"Continue to submit"发布回复内容。

被试中主要的致郁原因有学业（15 人），人际关系（6 人）和未来方向（4 人）；其中 6 位有线上 OMHC 社群的参与经历，而所有人都很熟悉其他形式的在线社群。随机将被试分为两组，分别在评估模式（AP1-15）和推荐模式（RP1-15）的 MepsBot 帮助下完成三项任务。每个任务要求他们阅读并回复一条心理健康社群里发出的求助帖。为了保证被试和求助帖直接有共鸣（Andalibi & Forte, 2018），邀请另外三位有中等抑郁表现且希望在相关社群中分享的研究生（男性，年龄分别为 24、24、22 岁）来匿名撰写关于他们最近抑郁经历的求助帖。这三个帖子内容分别关于读博期间遇到的挫折、家庭问题、经济压力，以及对未来的迷茫和忧虑。我们平衡每位被试阅读这三个帖子的顺序以降低可能的次序影响。

最终的实验结果经过分析显示，被试们对其回帖的信心和满意度在有 MepsBot 的帮助下比没有的情况有显著的提升。评估模式的 MepsBot 能够激励被试进一步优化其语言表达，推荐模式则能更好地鼓励被试修改信息支持和情感支持相关的内容。被试反馈显示用户对两种模式的 MepsBot 有不同的感知，其关系的问题也不尽相同。这些结果说明通过科技来辅助 OMHC 社群中的沟通交流是有效果的，但具体的机制需要谨慎地设计。

#### 5.2.1.4　设计建议

我们根据上述实验的发现总结了一系列为在线心理健康社群设计智能写作助手需要考虑的问题。

（1）助手可以更主动地参与到写作流程中。三名被试在实验结束后的采访中提到“回帖常常开了个头就不知道如何往下写了”（AP13, N/A, 22）。在这种情况下，MepsBot 可以主动地提供帮助而不是等待用户触发请求，但需要注意的是在提供具体意见前需要征求用户的同意（Peng et al., 2019），如显示“你需要一些提示么？”（RP4, M, 25）。

（2）可以根据当前回复稿的质量切换合适的支持模式。我们的实验结果显示评估模式的 MepsBot 能够提升用户对其文字的信息，尤其在获得高评分的时候 ；而推荐模式的 MepsBot 对拓宽用户的思路更有益处。因此，MepsBot 可以在用户文思枯竭的时候激活推荐模式提供高质量的例文作为参考，而在用户回帖内容有保证的时候切换到评估模式提示用户可以进一步丰富表达。

（3）按照用户需求个性化质量评估标准。在当前 MepsBot 的实现中，以信息支持和情感支持力度作为衡量回帖质量的指标，但在实际生活中还有其他可以使用的衡量标准，包括但不限于“和原帖的切合度”（RP9, F, 24）（Dinakar et al., 2015; Wang et al., 2012），“语法通顺度”（RP3, M, 28），与其他回帖重合度，回帖舆情（Pruksachatkun et al., 2019），是否符合社群里的语言规范（Chancellor et al., 2018） 等。用户可以按照自身的需要设置合适评估指标。例如，不擅长写作的用户可以让 MepsBot 帮忙把关语法和用词，而希望避免传递悲观情绪的用户可以让 MepsBot 帮忙检查文字舆情。

（4）增加科技的透明度。不少被试在采访中提到，其对 MepsBot 的准确度和隐私保护方面的担忧主要来源于对系统工作和数据使用机制欠缺了解。同时有推荐模式的被试指出会担心例文中出现误导信息，从而影响遵循建议修改的文字的诚意。因此有必要更加透明地向用户传递系统是如何运作的，以及用户行为可能带来的后果等方面的知识（Amershi et al., 2019）。例如，MepsBot 在给出 IS 和 ES 分数时可以告诉用户评分模型是在专家评估过的回帖数据上训练出来的。在推荐范例的时候，则告知例文可能的局限性并提醒相关信息仅作为参考（Morris et al., 2018; Paepcke & Takayama, 2010）。

（5）教授正规有效的心理治疗技巧。10 位被试（评估模式下 3 人、推荐模式下 7 人）提到要从 MepsBot 的帮助中学到如何更好地组织帮助型文字。例如，一位被试者所说的“在查看例文后我注意到一些礼貌的提供建议的方法，对鼓励发帖人寻求专业的治疗有很好的效果”（RP5, F, 21）。这说明今后可以将系统的心理治疗方法融入 MepsBot 这样的辅助写作工具中（O’Leary et al., 2018），进一步提升用户回帖的帮助效果。

### 5.2.2 案例研究 II：歌词中的爱意（Love in Lyrics，LiLy）

第二个案例（Kim et al., 2019）侧重 AI 如何提升伴侣间的情感交流的质量。诚挚而充分的关心和爱的表达对提升伴侣间的情感有着重要的作用，但很多人拙于言辞。相比之下，歌词中包含了很多丰富的情感表达。因此我们设计了一个 AI 助手能够根据用户在文字通信时输入的与彰显爱意相关的词句提示意思相同或相近的歌词，帮助用户丰富其表达。这个过程中，AI 以提升用户自身的心智能力、增进用户之间的理解和感情为目标，需要注意不扭曲用户的原意，不越俎代庖，同时保护用户隐私。其中有很多设计的细节及其可能对用户行为及感知造成的影响需要斟酌。

#### 5.2.2.1 背景和研究问题

情感交流，既一人向另一人有意识地表达关爱之情（Floyd & Morman, 1998），对亲密关系的定义、培养和维护有着非常重要的作用（Clark & Brissette, 2001; Hassenzahl et al., 2012）。对比围绕具体任务展开的功能型交流，情感交流侧重于展示人际关系的核心（Sprecher et al., 1995）。虽然爱意通常通过非语言行为（如接触、眼神等（Burgoon et al., 1996; Ekman & Friesen, 1969））来表达，过去的研究有明确证据表明语言情感交互同样非常重要（Cramer &

Jacobs, 2015; Owen, 1987）。在信息科技和社交网络时代，伴侣间越来越多的沟通是通过即时文字消息进行的，以保证能在分隔两地的时候保持联系（Kim & Lim, 2015; Nouwens et al., 2017; O'Hara et al., 2014）。这种情形下非语言信号极大的缺失，使得情感交流主要依赖文字传达（O'Sullivan, 2006; Scissors & Gergle, 2013; Scissors et al., 2014）。之前的研究显示增加文字消息的长度和明晰程度可以提升情绪的传递（Calvo & Peters, 2014; Cha et al., 2018; Kelly et al., 2018），但极少工作探究如何直接从以下两个角度增进基于文字的情感交流质量：①增加表达关爱（如爱意、赞美、友谊）的词汇的运用（Schwartz et al., 1979）；②更多使用正向包含爱意的语气以展示爱情、陪伴、同理心和热情（Scanzoni & Scanzoni, 1976）。为了弥补这方面的研究缺失，我们设计了一个名为 LiLy（Love in Lyrics）智能交互系统来帮助用户丰富其在线信息沟通中的爱意表达。具体地说，LiLy 系统根据用户当前输入的文字实时提示语义相近的正向浪漫歌词作为参考。有文献指出通俗歌曲里的歌词起着表达感情的作用（Mihalcea and Strapparava, 2012）。从 LiLy 提供的歌词参考中，用户可以学习如何更好地在一段感情中通过文字表情达意（Hassenzahl et al., 2012）。

#### 5.2.2.2 LiLy 设计介绍

作为在表达层面促进文字情感交流的第一步，通过设计 LiLy 系统概念原型来研究这个领域的设计机遇、考量和挑战。要说明的是，我们并不是要通过 LiLy 来展示相关科技的最终形态，而是作为一个研究探针来激发用户更深层次的反思。图 5.4 展示了 LiLy 系统的框架流程。当用户在文本框中输入想要发送的文字消息时，LiLy 读入相关输入（$r1$），然后计算并实时从数据库中返回三条语义最相近的歌词（l1，l2，l3）。我们选择每次只显示 3 条结果以保证所有歌词能在一行放下，以避免占用过多的界面空间而影响整个沟通体验。用户可以从推荐的歌词汲取灵感，必要的话调整自己想要发送的文字（$R1$）。

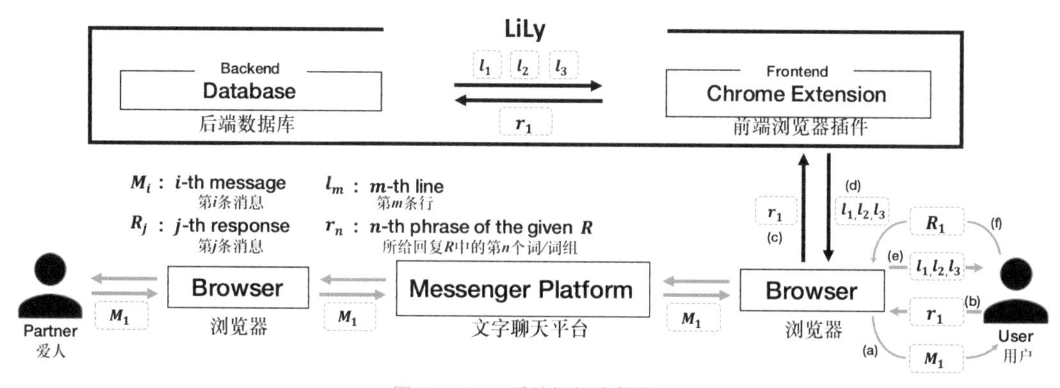


图 5.4　LiLy 系统框架流程图

我们使用了一款音乐软件（Spotify）——当前流行且收藏多样的音乐平台之一——作为歌曲数据源。从浪漫类型中收集有着“最爱”标签的歌曲的曲目和艺术家，然后进一步从 Google 谷歌搜索引擎上查找对应的歌词。最后去除非英文歌词，总共收集了 862 首浪漫类型歌曲及 39604 行英文歌词，去重并移除少于 3 个词的歌词后剩余 18777 行，以保证数据的多样性和上下文的丰富性。平均一行歌词的长度是 7.13 个单词（方差 2.70）。

设计目标是增进情感表达词汇和正向语气的使用。为了避免削弱用户的主观能动性和付出感（Kelly et al., 2018），我们建议展示通过计算抽取的意思相近，但有着更多样正向爱意表达的歌词。用当时效果最好的语言表达模型 BERT（Xiao, 2018）来将文字编码成向量，然后通过向量空间中的余弦相似度来计算两个句子间的相似性。要说明的是，使用相似度排序而不是绝对余弦距离来选择推荐对象，以避免需要设定参数。具体地说，我们预先计算了所有 18777 行歌词对应的向量并存储相关特征以节省计算时间。然后 LiLy 的服务器：①实时将用户原始输入转化为单一特征向量；②计算输入向量和所有歌词向量的余弦距离；③返回 0.1% 最相似的歌词。正常情况下第二步遍历一遍需要大约 20 s，为了缩短处理时间，使用 16 进程服务器（两个 NVDIA GeForce GTX 1080 Ti GPUs）进行同步计算，能将整个过程缩短到大约 0.3 s。

LiLy 系统界面以 Chrome 浏览器插件的形式呈现给用户。底层系统用 Python Flask 实现而上层用 JavaScript 编写。在实现过程中有三个主要考量。①不可点击。系统不允许用户通过点击推荐的歌词直接将其加入编辑的消息中，也不开放粘贴复制功能。这是因为完全或者部分自动补全功能会削减用户在编辑过程中的付出，而这种付出感对支持亲密的人际关系起着重要作用（Kelly et al., 2018）。②随机化。3 条推荐歌词是随机从和用户输入含义最相近的 0.1% 条备选中随机挑出，以避免用户重复看到同一条推荐，最大程度提高表达的多样性。③实时性。当用户在文本框中输入多余 2 个单词，LiLy 服务器随即开始搜索并显示推荐的歌词。这给予用户充分的时间在对话过程中润色其文字表达，但要注意的是这些决策涉及用户体验的取舍。例如，一些用户已经习惯于其他即时通信系统的自动补全功能，而对我们不可点击的设计感到不适应。而随机化设定会给期望对相同输入看到特点推荐的用户带来不便。还有实时性对计算资源有较强的要求，使得当下系统不能完全在一般的本地机器上运行。此外，我们没有把歌词库限定在情侣双方都喜爱的曲目范畴，以便保证数据能覆盖更多元的场景和更多样的表达来维持用户的好奇心和参与度（图 5.5）。

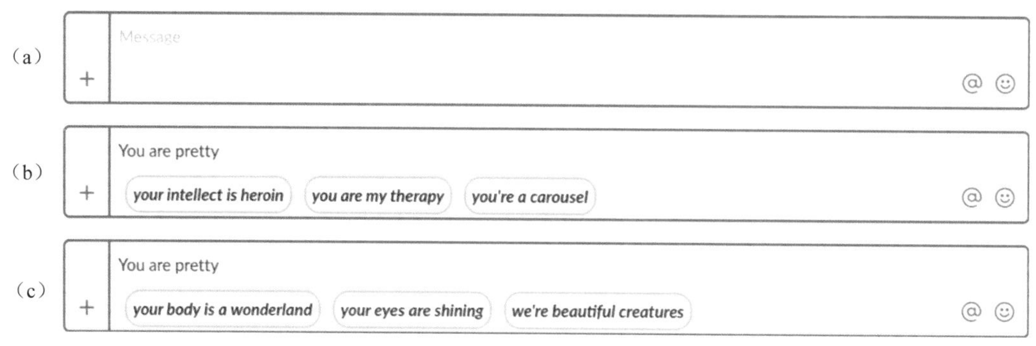


图 5.5　LiLy 系统交互界面[①]

#### 5.2.2.3　用户实验设计和结果

我们在一所本地大学里通过招聘广告邀请 5 对情侣（5 位男生 5 位女生，平均年龄 22 岁，方差 2.53）参加 LiLy 系统的测试，其中 3 对已经交往 22 个月以上，另外 2 对交往半年以下。被试来自不同院系，从计算机、机械、经济金融到生命科学等，大多数为亚裔（该校最大的学生群体）。所有被试都能够流利地使用英语沟通（分数 TOEFL ≥ 100 或者 IELTS ≥ 7.0），其中几人在英文环境中长大。邀请被试情侣参加一个连续 3 天的实验，每天至少使用 LiLy 进行沟通 30 min 以上，然后每晚来实验室参加一次采访，回顾其当日使用体验。在参加实验前，每位被试独立完成一份性格测试及两份情侣亲密度调查（Relationship Closeness Inventory，RCI）和（Unidimensional Relationship Closeness Scale，URCS），并填写 Berkeley Expressivity 问卷来测试其使用文字表达情感的能力。整个实验结束后，被试们再次填写亲密度问卷并完成最终的用户采访，介绍其总体的使用感受和建议。之后，我们对系统日志、问卷回复以及采访记录进行脱敏后做了定性及定量分析。

总的来说，被试们反馈 LiLy 的确能帮助他们获取情感表达的灵感，虽然其在功能型沟通中的作用相对有限。被试们不仅仅参考 LiLy 的推荐来丰富其传情达意的语言表达（图 5.6），还借鉴其中的话题来推动两人间的交流。虽然系统日志中记录的可溯源的文字润色绝对条数比较少，但在与情感交流相关的信息中的比例很高（60% 的被试根据歌词修改过其一半以上情感相关的信息）。有些情侣间 LiLy 的推荐使用频率较低，其中一个原因是其消息长度通常很短，把一个句子拆成多条只有一两个单词的消息。这样的短输入使得 LiLy 没有足够的信息来计算提取多样化的歌词进行推荐。情侣 1、2、3 和 5 组对 LiLy 的服务表示满意，认为其在实验期间帮助提升了和对方文字沟通的体验。被试们对从 LiLy 那边得到的正面影响，如学到新

① 图 5.5（a）为原始输入框，初始未显示任何推荐；图 5.5（b）、（c）根据当前输入随机显示的 3 条语义最相近的歌词。

的表达，拉近两人间的心理距离，给交往带来新鲜感等，感到尤其高兴。所有的被试都表示希望 LiLy 的服务能被加载到他们日常使用的即时消息平台，能够持续地为其文字沟通提供新的灵感。

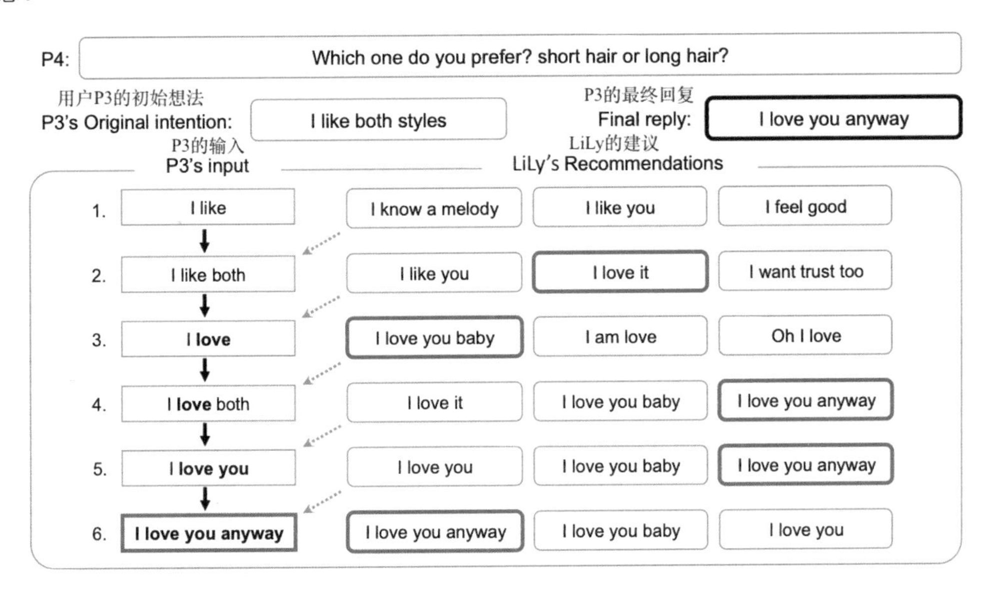


图 5.6　一个根据 LiLy 的推荐润色文字的案例[①]

虽然实验前后被试们在两份亲密度调查问卷的得分并没有显著差异（可能与实验长度有关），但我们在定性分析中发现 LiLy 系统在多个层面上增进了亲密度的培养。所有的被试都提到 LiLy 给情侣间的交流带来了愉悦感和幽默感，其中 4 人（P2-4 和 P6）表明能感受到交流对象用语的改变。“我能看出这不是她通常的说话方式，但在实验期间出现了。我希望今后还能听到她这么说”（P3，男，26 岁）。“我发现我的男朋友在使用 LiLy 时反应更积极敏捷了”（P4，女，22 岁）。有些被试指出使用 LiLy 期间从对象那收到了更多的赞美和爱意表达。三位被试明确表示感受到 LiLy 帮助强化了两人间的纽带，即使在日常生活中没有流露出来。“当我男友借鉴 LiLy 的推荐时我感到很甜蜜，因为他在平常的对话中从来不懂用这些浪漫的说法”（P4，女，22 岁）。“如果他继续使用 LiLy，我可能可以收获更多的爱意和热情”（P6，女，23 岁）。

不少被试们反馈说对情侣喜欢听到的浪漫表达有了新的认识。P1、P3 和 P5 说自己过去

① 图 5.6 中的 P3、P4 是一对情侣，实验的第二天 P4 问 P3“你更喜欢我的哪种发型，长发还是短发？”在输入回复时，P3 从 LiLy 提示的歌词中获得灵感多次修改其表达。图 5.6 中显示 P3 的输入以及当时系统的推荐内容。

从来没有和对方讨论过相关话题，因此不知道这样的表达能给两人的关系带来幸福感。四位被试在采访中说道甜蜜的文字能给对象带来更好的感受。P1 和 P3 在 LiLy 的提示下开始称呼其女朋友为“darling”（亲爱的）、“babe”（宝贝）、“beautiful”（美人），并发现女朋友非常喜欢这样的称呼。通常说来歌词包含不少俗语或者有意思的表达，这样的文字可以使得对话更有趣。“我收到男朋友发来的‘你好，美人 , 很高兴收到你的消息’。太可爱啦，我很惊喜。”（P2，女，23 岁）。“我发送了一条‘你的爱有多深’的消息，我女朋友发现这出自一首她听过的歌。于是我们开始了歌词接龙，太好玩了”（P9，男，20 岁）。被试者说到有一个机器人来辅助聊天是一种全新的、愉悦的体验，更重要的是，7 位被试认为这样新颖的情感传达让两人的心更靠近了。心理学的研究表明未知或新鲜的事物会影响人类的基本认知机制，包括感知、识别和记忆。更具体地说，歌词中包含的新鲜语言能让人感到更快乐（Ellis et al., 2015; Mihalcea & Strapparava, 2012），提升情侣间沟通的兴趣增进亲密感（Guerrero et al., 2000; Prager, 1997）。另外 P4、P7、P9 表示曾在无话可说时借鉴 LiLy 推荐的歌词内容开启新的话题。

LiLy 的正向作用甚至体现在线下交互中。在最后的访谈中，不少用户提到 LiLy 改变其说话方式，即使在没有使用该系统的时候。四位被试在后续的情侣聊天中借鉴之前 LiLy 推荐过的表达来丰富修饰自己的遣词造句。P3 和 P4 开始在日常生活中称呼自己的对象“honey”（甜心）或“darling”（亲爱的）。神经科学和心理学的研究发现，提升对情感事件的记忆能帮助人们更好地预测相似情况的发生，并且过去的情感经历会影响人的行为决策（Dolan, 2002）。用户在线聊天体验到甜蜜的称呼能让对方感到愉悦幸福，因此能预计到线下交流时在上下文中使用这样的称呼也能获得相似的感受。另外，LiLy 带来的灵感还能转化为实际的情感维系行动。情侣组合 5（P9 和 P10）在实验过程中收到 LiLy 推荐的歌词的启发制定了一个一起去看日出的浪漫约会计划。流行歌曲的歌词通常传递情感和相关信息（Watanabe et al., 2017），因此在爱情曲目中出现的事物及活动很可能都带着浪漫的色彩，从而能在用户有类似的实际经历时引发共鸣。上述例子都展示了 LiLy 对用户的影响能够超越实验过程及媒介，打破线上线下的壁垒。

被试者指出 LiLy 系统对长期和短期的关系发展都有帮助，但原因不尽相同。认为 LiLy 对已经在一起很长时间的情侣有好处的被试者表示 LiLy 可以在最开始的火花退却后提供新的化学作用。向刚在一起不久的情侣推荐 LiLy 的被试者相信使用该系统能“帮助在一段感情的初期建立良好的纽带”（P5，男，24 岁）。这些被试者认为人们在刚开始一段感情时更有传递爱意的意愿和行动，LiLy 正好可以提供好的建议。

#### 5.2.2.4　设计建议

为了进一步发掘设计机遇，我们请被试者自由地为 LiLy 系统的改进提建议。通过对回复的主题分析，把用户反馈总结为三个主要的点：推广到功能型交流，加入额外的用户界面功能（如 LiLy 服务开关、个人喜欢的曲目清单、推荐收藏等），以及提供话题推荐。另外，还提炼出用户意见不一的几个方面。通常情况下用户过去的行为习惯会影响其对同一个系统功能的感知，有些用户在现有即时通信平台上养成的行为模式可能会被 LiLy 提供的服务打破。例如，被试者对是否需要增加推荐的歌词数目持不同意见。希望增加推荐的用户想要获得更多的灵感，觉得应该进一步减少推荐的用户则以不影响即时通信速度为优先。又如，目前 LiLy 只推荐正向情感的歌词，被试们对是否应该覆盖一些负向情感场景看法不一。用户认为正向情感推荐能够帮助其在争吵等负面情景中软化语气，且多从好的方面看待事情。而有的用户觉得应该增加道歉相关的建议。还有，大多数被试者觉得 LiLy 实时修改起推荐并未带来不便，但有少数用户觉得在输入长句时推荐总是在变化，会使得参考起来比较麻烦。

除此之外，还有几个方面值得在今后在设计类似系统时考虑。

（1）如何管理用户的协同参与。虽然被试者在实验期间都有使用 LiLy 的服务，但在现实生活中，随着时间的推移用户对 LiLy 新颖功能的兴趣可能降低，最开始的好奇心减退。这种情况下如果 LiLy 没能提供真正有参考价值的推荐，用户可能会觉得再也不能从 LiLy 身上学到什么，从而停止使用相关服务。因此，我们需要考虑如何长期保持用户的参与度。根据被试者在访谈中提供的建议，有以下一些方向可以进一步研究。首先，系统需要持续不断地更新扩展其语言库，例如，加入新的语料（如电影台词或现代诗文），以降低重复率。其次，在后台推荐结果排序时需要加入准确率之外的优化标准，如表述多样性。在推荐系统相关的研究中，多样性被证明与新颖性正相关（Kaminskas & Bridge, 2016）。再次，系统可以在保证支持情感交流的基础上，尽可能覆盖常见的功能型沟通场景，因为后者在日常交流中占绝大部分。然后，受到 LiLy 当前使用方法的启发，系统在推荐相关表达的同时也可以推送有意思的相关话题。最后，系统可以根据不同的用户需求提供个性化服务。例如，用户可以选择自己喜欢的语言风格或歌曲类型，决定歌词可表达的情感范围（如正负向），并按照场景自由开启或关闭 LiLy 的推荐服务。同时，系统可以维持一个对用户有特别的意义的歌单，在特定场景（如争吵）下从中选择推荐，以唤起情侣们共同的（美好）回忆。

（2）注意伦理的考量。情侣间的情感交流会影响到两个人之间的关系，因此设计师在开发相关智能辅助系统时需要特别注意其中可能涉及的伦理问题。实验中一位被试（P8）就提到她更希望从对方口中听到真实的表述，因为担心经过润色的文字不再传达最本源的意思。因此，

LiLy推荐的文字需要尽可能地贴近用户的原意，避免夸大或者偏离。要时刻牢记系统的设计目标是给用户带来灵感而不是欺骗。另外，歌词中的情感表述可能是直白的或者隐晦的，用户有时会有理解的偏差或在不当的场合使用相关表达，尤其是当歌词中出现不熟悉的俚语或比喻。这可能会造成反效果，甚至伤害两人之间的关系。这种时候，能够提供更多的歌词解释帮助用户理解和决策就很重要了。例如，当用户长按或者划过一句歌词时显示其在原曲中上下文可能能帮助用户更好地了解原曲的文字风格和使用情景，从而减少误用的情况。另外需要提及的是，在即时通信工具中常见的自动补全或自动更正服务在LiLy的目标使用场景中可能不是一个合适的功能。如P3在访谈中指出的，这样的功能可能削弱用户对自己输入的文字的控制力，从而导致不必要的或者不当的情感信息泄露（Liu et al., 2018），而且用户对自动补全功能过多依赖的话会减少其在关系建立过程中的有意义的付出。

（3）确保隐私保护。LiLy系统需要实时读取用户输入才能反馈相关的歌词推荐，也就是说，这个过程中可能存在隐私隐患。在实验中，少数被试者提到感觉有未知的第三方在聆听两人间的对话，但让我们意外的是，这些被试都把这当作是一个正面的体验，因为这个“第三方”非常友好且基于好的意愿而存在。即使是这样，设计师仍然应该在实际开发这样的系统时采取必要的措施保障用户隐私。一个可能的方案是让整个系统独立在终端上运作，这样用户数据不会离开个人设备。最近在端计算和机器学习人工智能技术上的进步显示未来有可能在个人移动设备上运行深度神经网络来完成所需的任务（Li et al., 2018）。另外一种解决方案是将如联邦学习这样的框架运用于LiLy系统的服务架设中，这可以对在客户端和服务器端之间传递模型训练所需信息时对其进行适当的加密保护（Konečný et al., 2016）。这里要指出的是，上述的隐私保护方法都可能会降低系统的可用性（如空间占用或信息延迟），因此系统设计师需要很好地权衡各个方面的需求。

### 5.2.3 案例研究 III：来自过往美食之旅的明信片（A Postcard from your Food Journey in the Past）

第三个案例（Sun et al., 2020）则以饮食营养和情绪数据为例关注现下时兴的个人数据的跟踪和在社交媒体中的分享。过去的个人数据需要用户主动采集录入并主要以图表形式分享，可能会引起攀比，引发负面情绪。我们使用AI算法自动从社交帖中抽取饮食营养和情绪相关数据，并转换成卡通电子贺卡的形式发表，帮助用户不带高下比较地欣赏自身的数据，并审视和反思其中体现的行为、体验及价值。

#### 5.2.3.1　背景和研究问题

社交网络已经成为人们交流自己日常生活点点滴滴的主要渠道之一（Lindley et al., 2013; Wang & Kankanhalli, 2015）。社交媒体上的饮食相关的帖子（即有或者没有文字描述的食物图片）是这种日常交流的重要组成部分（Sharma & De Choudhury, 2015）。“相机先吃”（Wikipedia, 2019; Atanasova, 2016）这样的描述该现象的词汇随之产生。对于喜欢在社交媒体上晒美食的众多用户来说，这不仅是其自我表达的一个途径（Atanasova, 2016; Lindley et al., 2013; Rich et al., 2016），也是隐形地跟踪自己生活、健康和心理状态的方法（Chung et al., 2017; Asai et al., 2018, Zepeda and Deal, 2008）。从这个角度看来，发布饮食分享帖超出了传统意义上的照片分享而可以作为在特定上下文情境下回顾自身饮食营养及情绪状况的渠道（Sellen & Whittaker, 2010）。但需要注意的是，虽然饮食分享帖中包含很丰富的信息和数据，现有的社交媒体平台并没有充足地对使用原始帖子进行回顾性反思的支持。首先，对比系统但相对重复性的饮食跟踪记录，用户的饮食分享帖作为一种社交传感器（Wang & Kankanhalli, 2015），可看成是对一些很有纪念价值的时刻的日志（Atanasova, 2016），因此并没有提供相关食物中的详细营养信息（Cordeiro et al., 2015; Epstein et al., 2016）。其次，现有的个人饮食跟踪工具里的概率分析功能可能会引起用户的负面感情、自我评判或者过度沉迷（Cordeiro et al., 2015; Epstein et al., 2016）。因为饮食分享帖原本的意愿是记录用餐体验，如果使用传统的概率分析设计将其内容转换为定量指标，这个过程中可能会丢失掉能帮助用户对体验方面进行反思的要素。再次，饮食分享帖大多不是有规律的发布，也没有系统的组织整理。虽然社交平台允许用户查看过往的帖子，要用户自发地从中找到食物相关的内容并进行整合回顾，不是件易事（Konrad et al., 2016）。

我们的研究目标是建立一套从社交平台中的饮食分享帖自动生成可帮助用户进行营养和情绪健康反思的数字明信片，并探索用户的使用行为和体验。为了应对上面提到的第一个挑战，我们建立一套自动从饮食帖子中提取相关营养和心情指标的方法，里面使用到图像和文字处理技术。然后提出将提取出来的营养和情绪相关信息转化为一幅卡通风景中的元素，以帮助用户用非评判的眼光来审视自己的生理和心理状态。这里，“非评判”（Bishop et al., 2004）指的是用户不会在解析数据时过度地批评，甚至苛求自身，过于专注于追求“好”的状态。接下来，为了更好地吸引用户回顾其过去的用餐经历，我们将信息以一种独特的“明信片”形式呈现给数据的主人。

#### 5.2.3.2　Postcard 设计介绍

受到过往数据治疗设计的启发（Gerritsen et al., 2016; Lacroix et al., 2018; Thomas et al.,

2018），我们提出一个遵循视觉表达生成常见流程的设计流水线（Mazza, 2009），以饮食分享帖作为输入，自动绘制并输出明信片风格的可视化总结。如图 5.7 所示，该流水线包含两个主要模块：信息提取和明信片制作。

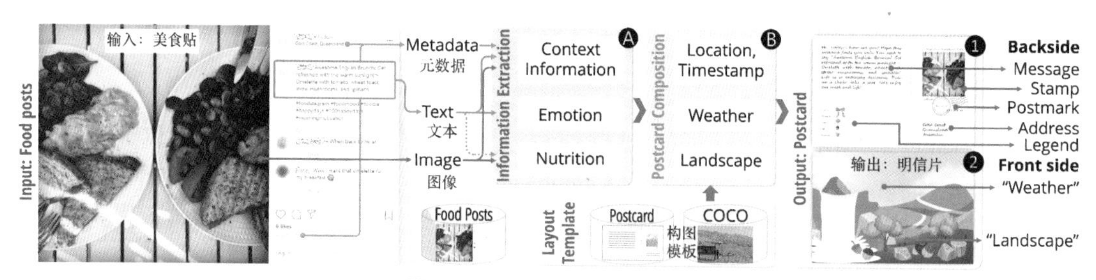


图 5.7　数据明信片生成流程[①]

信息提取模块首先获取一则饮食分享帖包含的图片、文字、元数据等信息，然后将其翻译成对应的营养成分、情绪及就餐情境数据。在这个信息处理过程中，该模块有如下功能：①通过图像识别技术检测帖子图片中所包含的食物和菜肴名称，然后在相关数据库里检索其通常有的营养成分和含量。具体地说，使用脸书（Facebook）的 Inverse Cooking（Salvador et al., 2019）神经网络模型先通过 ResNet-50 编码器将输入图片（224×224 像素）转换为 512 维的表达，然后再通过一个转码器（4 块且有 2 个 256 维的多头注意力机制）翻译为最相近的食物的名称和成分。在 Recipe1M 数据集上，这个模型的测试结果可达到 75.47% 的召回率和 77.13% 的准确率。有了食物名称和成分信息，就可以在官方营养数据库（USDA National Nutrient Database, US, 2019）中检索其对应的营养组成详情。如果一种食物在数据库中有多个条目，则取其均值，而没有对应条目的食物则取与其名称最相近的条目的数据。食物的营养成分可能有很多种，取最主要的 5 种来进行最终的可视化设计：碳水化合物（g），蛋白质（g），脂肪（g），纤维素（g），和盐分（mg）；另外还统计了总卡路里（KCal）。②通过元学习方法（Zhao and Ma, 2019）从帖子中的文字内容里识别所包含的情绪种类分布，而其只需要少量的训练数据。这里采用 Ekman 的基本情绪分类理论（Ekman, 1992），主要关注喜悦、悲伤、愤怒、惊讶、恐惧和厌恶 6 种情感。这个方法首先从文本训练数据中学习张量表示，然后用 K 近邻（KNNs）方法将张量聚类并在其上训练一个元学习模型。之后只需要抽样少量的新训练数据就可以调整元模型的参数，使之更适应测试数据的 K 近邻聚类，从而能够预测对应的情感类型标签。在 SemEval 2007 数据集上进行了模型测试（90% 训练，10% 测试），在多个预测相似度指标上都有不错且稳定的表现（0.34 in Euclidean, 0.33 in Sorensen, 0.34 in Squared × 2, 0.44 in K-L,

① 图 5.7：（A）信息抽取；（B）明信片编辑；（1）后端；（2）前端。

0.85 in Fidelity, and 0.67 in Intersection)（Geng & Ji, 2013）。最后，对于每一个食物分享帖，我们取最强烈的主导情绪作为代表。③提取帖子发布的时间地点等公开的上下文信息。

明信片制作模块以信息提取模块的结果作为输入，生成一张两面的电子明信片：正面是一幅卡通风景形式的非评判型可视化，如图 5.7（b）所示，背面是以传统明信片制式呈现的上下文和图例信息，如图 5.7（a）所示。为了决定明信片封面的风格和可视化编码机制，我们邀请 6 位设计专业的学生（4 位女生，平均年龄 24.67，方差 1.80）参加一个 1 小时的工作坊来进行头脑风暴，目标是设计能满足以下要求的轻松的视觉表达：G1. 有充足的信息量、丰富的上下文和多样化的元素；G2. 使用比喻来帮助构建数据和表达之间的清晰连接；G3. 减少视觉杂乱平衡布局；G4. 消除歧义和文化偏好。讨论之后，大家同意风景画可以很好地将用户的身体和心理状态以比喻的方式呈现出来（G2），并且有很多的元素能用于传达情绪及营养信息（G1）。除此之外，用自然风景设计来提升自我反思也常见于过去的研究（Consolvo et al., 2008; Froehlich et al., 2009; Kim et al., 2010; Lin et al., 2006）。工作坊参与者们还比较了几种设计风格（如水墨、剪纸、卡通、点画、照片等），最后一致认为卡通风格因其丰富的色彩和直接的表达能被公众更广泛地接受。参与者们进一步对营养成分及情绪种类在风景画中的视觉编码做设计，目标是让用户能够快速地理解其中的对应关系（G2）。最终的设计方案及其满足设计目标 G1-4 的原因如下（图 5.8）。5 种主要营养成分：①碳水化合物对应“山”，因为它是我们日常能量的主要来源之一；②脂肪对应“坚果”，这是人们所熟知的含有健康脂肪的自然界产物之一；③纤维素对应“绿植”，因为日常饮食中主要从蔬菜中汲取纤维素；④盐分对应“石块”，因为近似盐矿和食盐凝结成块后的形态；⑤蛋白质对应“流淌着牛奶的瀑布”（受到《用食物做的风景画》的启发（Warner, 2010）)，目的是避免所有元素都集中在画面的下半部，减少视觉的杂乱感，同时能够降低文化背景可能带来的影响。6 种基本情绪的表达则从人类语言中常用天气形容情感得到灵感（Tessina, 2003; p.165）：①愤怒对应“雷暴”；②厌恶对应“阴沉的天空布满浓云”；③恐惧对应“龙卷风”；④喜悦对应“蓝天白云”⑤悲伤对应“瓢泼大雨”；⑥惊讶对应“丝缕阳光穿透云层”。

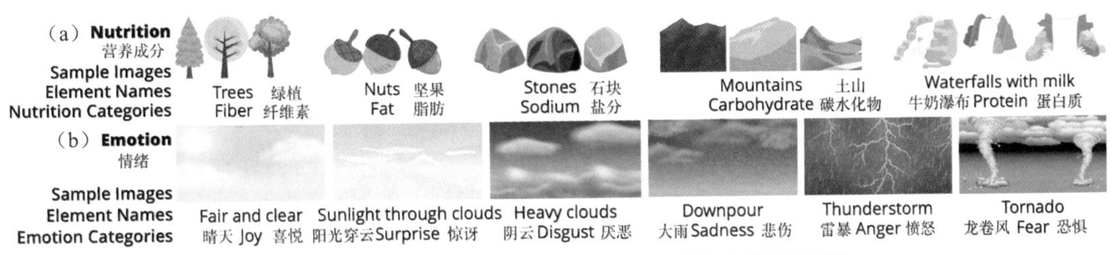

图 5.8　明信片可视化中采用的营养成分及情绪种类视觉编码

明信片的正面图样设计采用了一个基于模板的自动生成方法，同时确保结果合理和谐且多样（图 5.9）。具体地说，使用 COCO（Common Objects in Context） 数据集（Lin et al., 2014）中的风景图片里的物体分割数据（包括位置和标签）作为模板（一共 316 个），将设计中使用到的可视化元素（来源于 Freepik5 的公开矢量图集合）映射到相应区域的几何中心，如山对山、树对树，然后根据数值编码规则和设计限制调整元素的大小。其中营养成分数据可以被编码为：元素的大小，如“山”和“瀑布”的高度；或元素的数量，如“绿植”“石块”和“坚果”的多少。进一步根据真实物理世界的常识（如坚果不大于树）和几何角度来进行大小和位置的微调，减少遮挡。另外，将所有的数据标准化，以降低个人差异的影响。明信片的背面采用经典的设计，包含文字留言、邮票、邮戳、地址及图例（见图 5.7）。将相关信息融合到其中，将文字置于左上角，而将左下方留给可视化图例说明。邮票邮戳和地址则位于右侧。真实的邮票换成邮票样式的饮食分享帖中的图片，上面的面值则换成总的卡路里数值；后两者用于呈现相关元信息。

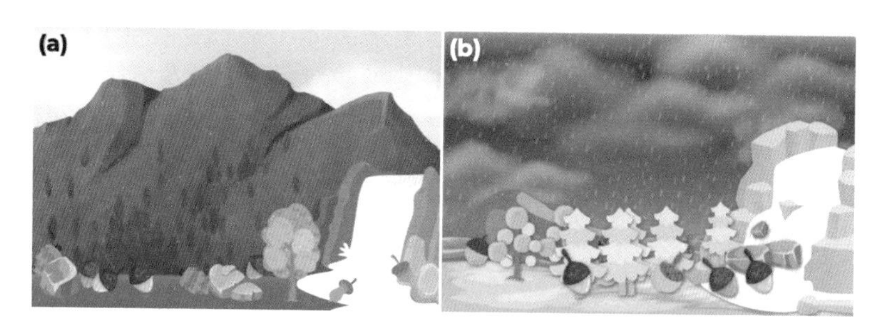


图 5.9　两幅明信片正面卡通风景画示例①

### 5.2.3.3　用户实验设计和结果

为充分地了解人们会怎样理解明信片设计并探索情绪和营养摄入之间的关系，我们开展了一个为期三星期（其中包括考试周及其之前之后一周）的实验，收集被试者的真实食物分享帖。这个实验的目标是：通过展示根据一餐、一段时间以及不同时期数据制作的电子明信片获得被试者对其设计和自动生成流水线的感受；探索被试者如何使用明信片对自己的饮食和情绪状况从数据、情境、行为及价值四个角度进行反思；收集用户对整个过程体验的反馈及对其他可能使用场景（如社交分享等）的建议。和其他使用科技探针的研究一样，我们的目的是聚焦小样本用户以获得对关键问题的深入翔实的讨论。因为在社交网络上分析大量美食图片的用户群体通常比较年轻，有一定的受教育经历，且对使用科技相对熟练，我们把实验被试定位在高

---

① 图 5.9（a）展示了好心情下的高碳水化合物摄入；图 5.9（b）呈现了悲伤情绪和相对较多的纤维素及蛋白质摄入。

等教育学生群体。我们在一所本地大学通过在线广告征集到了 20 名被试者（7 位女生，平均年龄 22.25，方差 3.13），所有被试者都有照片墙（Instagram）账号且愿意分享其在社交网络上发布的食物相关的帖子。其中 6 人来自欧洲和中东，包括瑞典、英国和土耳其；其余被试者主要来自亚洲，包括中国和韩国。被试者的教育背景覆盖计算机、心理学、管理学和数学等多个学科。此外，在实验开始前，我们询问被试者是否有特殊的饮食习惯。其中 2 人（P2，女，20 岁；P16，男，19 岁）正在有计划地控制饮食，没人有饮食失调情况。

被试者签署同意书后，我们得到授权获取其照片墙账号。为了尽可能还原真实的发帖情况，我们请被试者保持其通常给食物拍照分享的习惯，不要求其在特定的时间或频率发帖。通过连续三个星期对被试者照片墙账号的追踪，构建了一个记录其实验期间所有食物帖的数据集，总共包括 513 篇帖子（151 篇早餐帖、183 篇午餐帖、169 篇晚餐帖和 10 篇零食帖）。数据收集结束后，将每位被试者所有帖子根据时间线导入流水线（最少 5 篇、最多 58 篇、平均 25.65 篇），在一餐、一天、一周等几个不同的时间粒度整合被试者的营养摄入和情绪数据，并生成相应的电子明信片。在将所有的帖子按照获得的赞和评论数进行排序后，选择首位帖子作为代表制作对应的明信片背面（邮票邮戳、文字留言等）。三个月后，通过电子邮件将所有的明信片（一餐、一天、一周）寄给对应的被试者，并邀请其参加当面或者电话访谈，进一步了解被试者通过我们的设计对自己的饮食和情绪状况进行回顾反思的体验。

总的说来，所有的被试者都提到三个月后收到明信片是一个惊喜，从未有经历过这种帮助理解回顾自己状况的形式。一位被试者表示“如果知道后面会收到这样有意思的明信片，我当时就多发些帖子了”（P5，男，27 岁）。被试者得知明信片上的风景画实际隐藏了自己过去的营养摄入和情绪状况的可视信息都感到很兴奋，急切地想知道具体的含义。在浏览过一两张明信片后，被试者认为我们的设计很“简单易懂”（P1，男，22 岁），“引人思考”（P9，男，27 岁），“没有充斥着各种数字”（P7，男，26 岁）。在我们介绍这些明信片的产生方式后，被试者觉得“该设计为理解这些信息提供了便利”（P6，男，30 岁），“……不需要挨个在互联网上搜索这些食物的名字和营养构成”（P10，男，24 岁），并且能辅助在不同的时间粒度回顾自身数据。

在分享反思经历时，所有的被试者都提到明信片的视觉设计好看又有意思，同时，采用比喻的方式编码数据能够避免直接显示身心健康状况相关的原始数据可能带来的不便或不适。在反思数据时，查看每一餐相关的营养和情绪记录能帮助被试者更好地理解二者之间的关联性，而阅读一段时间的综合数据能引导用户回忆自己过去的饮食习惯和特定偏好。当比较三周的明信片时，被试者能很容易发现其中的相似及不同之处和可能的趋势。在反思上下文情境时，每位被试者在看到一餐相关的明信片时自然地开始回想并描述当时的情景，根据明信片背面的留言、邮票上的图片、就餐地点等信息回忆就餐的同伴和菜肴。当读过所有的明信片后，被试者能进一步发掘识别自己生活中的模式。例如，有些人意识到自己对餐馆的偏好："当我难过的时候我通常去星巴克吃甜品……方便且让人放松"（P8，女，22 岁）。明信片引起被试者对那段时间的回想，从吃的东西、遇到的人，到印象深刻的事情。当反思行为的时候，明信片帮助被试者发现之前没有意识到的自身饮食习惯中的问题。这些明信片还正向地影响了被试者的社交活动。过去的美好回忆鼓励用户进一步培养好的社交关系，而明信片提供了一个好机会重建联系，例如，过去美好的回忆让 P8 意识到她有好一阵没有联系自己的好友："这张明信片勾起很多记忆，让我迫不及待想和朋友通话"。对比传统的饮食跟踪记录方法，被试者认为我们的设计避免了烦琐又费时的手动数据记录流程，能鼓励更多的人以饮食帖分享的形式了解自己状况。当反思价值的时候，被试者通过对每日和每周的明信片进行详细的分析重新认识自己的行为模式，会进一步思考自身价值、特质和态度。例如，P6（男，30 岁）提到，"我忙于工作，没有很好地关注饮食质量"，因为他的明信片之间可视化元素的大小和多少差异不大。除此之外，明信片上的风景画设计可以引导用户在更高的层面上思考个人对社会的贡献。在看到邮票上的不健康食品图片后，正面的风景让 P9（男，27 岁）考虑低碳生活的可能性和意义，意识到健康饮食不止对自身有好处，也会给周围的人好的影响。最后，因为明信片可以根据不同时间点或时间段内的信息进行制作，不少被试者表示希望能将收到的明信片收藏起来。

#### 5.2.3.4 设计建议

比喻式可视传达能够通过不冒犯的形式隐藏原始信息，从而帮助用户以非评判的心态了解自身数据，有效降低社交焦虑（Taber & Whittaker, 2018）。但是，4 位被试（P6，男，30 岁；P13，女，22 岁；P16，男，19 岁；P19，男，23 岁）不太习惯这样的信息表示方法，觉得"没有明确的营养成分值"。这一点可以理解，因为被试者通常根据具体的数值和度量来精确评估自己的表现。但是对比传统的"数字为本"的过度强调测量的设计，我们更希望尝试一种新的更吸引人的数据可视化方法来促进自我反思。这样的非评判的反思方式能让人基于然后超越自身看问题，通过和回忆的碰撞来让人投入到这个过程中。不过比喻式映射可能对用户解析信息带来一定的挑战。首先，用户不一定能一眼读懂设计呈现的内容，相比直白的数据，需要花一定的时间学习编码方式。但这种认知能力的运作能在一定程度上预防用户一开始就评价自身的好坏。如 P7（男，26 岁）所说："我评价事物的思考方式让我很想通过数值判定自己卡路里是否超标……风景画则促使我从另外的角度去看待。"其次，非评判式设计不是解决个人信息化应用中所有问题的"万灵药"。尤其当需要专业的解读时，用户还是需要获取具体的数字来了解其表现的，"在锻炼肌肉的时候我还是希望能看到统计数值来把握进度"P6（男，30 岁）。

从被试者的反馈来看，我们的自动设计方法能减轻用户手动输入和整理信息的负担，以及这个过程中可能产生的错误。但是，即使我们有加入随机元素来增加视觉的多样性，产生的可视化表示不能充分地支持个性化。另外，如果用户都使用相同的自动编码方式，就有可能翻译彼此的可视信息。相比之下，如果用户能够选择自己喜欢的设计元素，甚至编码机制，则可能更好地保护个人隐私信息，虽然过度个性化可能会让用户太着眼于装饰自己的明信片，而不是反思其内容。除此之外，个性化的映射策略（Kim et al., 2019）在日常可视化设计中能提供更好的用户体验。一种平衡两者的办法是在自动生成流程中加入个性化反馈，在此基础上做一定的调整。

相比常见的可视化设计，明信片在生活中被看作是一种比较慢的沟通媒介，能通过图片和文字结合记录特定的时刻或回忆（Kelly & Gooch, 2012）。实验说明，明信片作为个人信息载体能够自然地将用户带入回忆的情境，是一个可行的自我反思激励（Thudt et al., 2018, Fleck & Fitzpatrick, 2010）。上面多种形式的信息呈现为用户提供了丰富多样的线索。另外，我们在设计背面的文字留言时采用了“写给自己的信”的角度（Odom et al., 2015），这在之前的研究中被证明对自我激励很有帮助。正如 P18（女，18 岁）所说：“我喜欢阅读他人的来信。‘明信片上的留言’让我感到两人间的关系在缩短，写给自己的话也是一样。”在未来的研究中，设计师可以尝试将这样的设计物理化，如被试者在访谈中提到的那样把明信片打印出来（Gerritsen et al., 2016; Lupi & Posavec, 2016），可能可以通过用户熟悉的材料和行为增进其投入程度。

## 5.3　总结

人 • AI 共协（Human-Engaged AI, HEAI）是人机交互和人工智能交叉方向上新兴的研究课题，目标是协调提升人类用户和 AI 系统的能力和潜力。在展示的三个案例中，AI 能够直接加入到人和人（多人、双人、单人）之间自然的沟通过程中。在没有增加额外的工具学习切换成本的前提下，AI 使用用户熟知的表达媒介（如帖子、歌词和明信片）来提升人类用户沟通的准确程度、丰富程度及深入程度。

三个案例的介绍展示了 HEAI 在管理和增进用户共协态方面的两个常见机制——用户主动性（User Initiative）和系统主动性——及其在实际应用中的配合使用。HEAI 要求系统能够帮助用户更好地意识到和理解自身的共协态及其原因。通过数据可视化（如案例 III）和示例（如案例 I&II）等信息传达形式，用户可以更好、更及时了解自己注意力、认知、情感、行为等的投入程度，对过去的状况进行反思分析，调动其感性和理性能力之间的平衡，并有意识地向有益的方向进行调整。系统主动式的共协态管理机制需要 AI 调动主观能动性来引导用户在交互过程中的协同投入。这种引导可以是直接明确的（案例 I），也可以是潜移默化的（案例III），或者居于两者之间（案例 II）。在这个过程中，我们可以将人人交互中起重要作用的情感智能和社会智能理论应用到 HEAI 的设计中，增进用户的理解度和接受度。

# 第 6 章 人机共协计算与注意力调节框架：设计自我调节的正念技术

正念（Mindfulness）练习因其对身心健康的益处而广为人知。而在智能手机的普及过程中，正念应用也因此逐渐吸引了全球性关注。然而，现有大部分应用所设计的引导式冥想，并不能根据每位用户的独特需求或节奏进行调整，并缺乏更深层次的理论说明。本章[①]着重阐述了注意力调节框架（Attention Regulation Framework，ARF），旨在如何设计更灵活、适应性更强的正念应用程序，超越传统的引导式冥想从而达成用户的自我调节。基于 ARF，我们提出了相应的正念交互指南和界面设计，通过一种非侵入式的机制反馈用户的细微动作，使用户可以自然而然地将注意力不断带回当下并培养一种非判断性意识，进而设计了两款应用来帮助用户实践静态和动态冥想。我们设计了四项用户评估研究来验证 ARF 及相应应用的有效性，证明其在嘈杂环境中和适应用户内在节奏方面具备显著效果。结果表明，与引导式冥想应用程序相比，我们的设计在提升人的注意力、正念、情绪、幸福感和身体平衡方面更有效，可以为开发自我调节的正念应用提供理论支持。

正念冥想应用作为人机共协计算在实践方面最早和最具代表性的实例，不仅因当下用户对冥想活动的需求日渐迫切，也是因为在长期的自我经验中，著者团队意识到正念从根本上改善人的注意力和其他内在能力、消除分别心等方面的重要意义。本章介绍的工作希望为业界设计类似应用提供一种指导，然而我们必须清楚，作为一种非常深层次的人类智慧、一种建立于非二元论之上的自我意识，我们在正念方面的工作仅仅是一个开始。也希望更多的研究者能够加入对于正念冥想及 HEC 的开发当中，为理解一种非常规的思考和看待方式、为用户解决注意力乃至精神困扰而努力。

---

① 根据 Niksirat K S, Silpasuwanchai C, Cheng P, et al. Attention regulation framework: designing self-regulated mindfulness technologies[J]. ACM Transactions on Computer-Human Interaction (TOCHI), 2019, 26(6): 1-44. 改写。

## 6.1 背景和研究问题

正念练习正在成为提升心智健康的热点话题。研究表明正念练习对压力缓解（Caldwell et al., 2010）、情绪状态调整（Zeidan et al., 2010）、注意力提升（Tang et al., 2007）和积极心态的培养（Lim et al., 2015）等方面均有益处，而当下智能手机的普及带动了正念应用正受到越来越多的关注。目前，许多主流的正念设计和应用都在使用引导式冥想作为其核心机制（Roquet & Sas, 2018），但这种单向交互受制于对用户自身状态的理解，忽视了用户在理解能力和学习速度上的个体差异（Nash & Newberg, 2013）。换句话说，这种传统方式不能检测到用户的状态，也无法提供实时反馈。因此，许多用户可能无法对注意力进行自我控制和有效调节。

考虑到这些问题，本章提出了一个创新的基础性理论：注意力调节框架（Attention Regulation Framework, ARF），图 6.1 给出了对其基本原理的描述。该框架提示我们可以超越传统的引导式冥想，设计更加有效易用地使用户进入正念的应用。具体来说，我们更关注“自我调节冥想”（Lutz et al., 2008）这一概念，即通过设计某些特定的调节技术来训练用户头脑能够自然而然地、不加评判地将其注意力回归当下。此概念并不新颖，其源自存在已久的自我调节手法，如行禅、念珠和太极拳等，而这些都是传统的正念修习中所活用的方式。以行禅为例，冥想者需要缓慢步行并将意识关注在“我正在行走”这一事实上。当冥想者的思绪纷乱而步伐不规律时，他们需要通过保持步伐缓慢将注意力收束回当下；类似地，念珠使用者需要缓慢但始终如一地计数珠子，当其因走神或“打盹”而导致计数失误和 / 或失去节奏时，他们能自发地将意识带回当下。

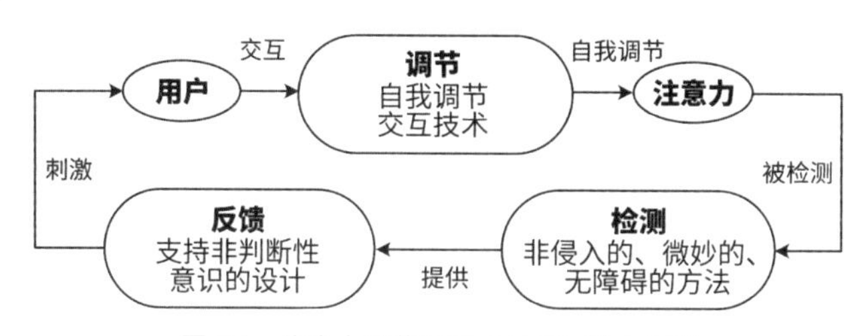


图 6.1　注意力调节框架（ARF）基本原理

基于以上理解，开发一款自我调节的正念应用需解决以下三个关键问题。①检测。检测技术应能实时跟踪检测到用户状态。单纯从检测效果来看，一种较理想的解决方案是使用能够实时检测的心理生理传感器，如脑电图（EEG）、呼吸检测器（Chen et al., 2015; Kosunen et al., 2016; Shaw et al., 2007）等。然而这些检测设备会对用户的冥想状态带来侵入性和破坏性影响

（Gillespie & O'Neill, 2014）；此外，此类设备目前无法在日常生活中广泛使用。②反馈。反馈机制会根据用户的当前状态对其进行提醒，但其不能诱发任何“判断性”想法，包括提示用户操作表现的对与错（Baer, 2003; Kabat-Zinn, 2009）。③调节技术。我们可以通过学习很多传统方法来设计更好的交互技术。例如，行禅、太极拳和气功等体现为较大幅度的肢体运动，而藏族颂钵和念珠等体现为细微动作方式，呼吸和吟诵则是运用冥想式的节律。此处关键则是能选取恰当的技术来解决前两大挑战：一是冥想过程可被检测到，二是对于给定的调节技术，音频 / 视频 / 触觉反馈在技术上是适合且非侵入性的。

因此，我们旨在解决以下研究问题：①冥想应用如何在不使用其他专用附件的情况下检测到用户的注意力状态？②哪种反馈模式可以被纳入交互循环中且不会使用户引起或减少评判？③有哪些适合调节的交互技术？

为了演示和评估 ARF，我们根据常见的正念练习场景开发了两个设计案例，即静态冥想（如打坐）和动态冥想（如太极拳）。鉴于智能手机的普及，我们专注于如何将移动端设备作为设计案例的平台，即打造基于正念的移动应用程序（Mindfulness-Based Mobile Application, MBMA）。

本章其余部分将介绍以下内容：6.2 节概述相关工作；6.3 节进一步介绍 ARF 的机制；6.4 节分别描述静态 MBMA 设计及验证其“状态”效应（即冥想体验）和“特质”效应（即长期效应）（Cahn & Polich, 2013; Nash & Newberg, 2013），以及动态 MBMA 的设计和评估，对结果做简要阐述；6.5 节和 6.6 节对框架本身及其局限性和设计建议进行讨论。

总体来说，我们发现 ARF——正如设计案例所证明的那样——是开发自我调节式冥想技术的有效基础和方法，并为未来人类福祉和其他数字健康干预方面的应用设计发展提供了参考。我们的工作为交互式冥想和 HEC 领域作出了以下贡献：①提供了一个自我调节的交互式正念技术框架；②将智能手机作为一种巧妙的方法来鼓励和促进日常生活中的正念修习；③本研究既是 HEC 研究的具体实例，也是 HEC 提倡的共协交互式技术提升人内在能力的具体体现。

## 6.2　相关工作

本节概述了传统的正念练习和以技术为媒介的正念练习系统的各种设计方法。

### 6.2.1 传统正念练习

正念练习根据需要消耗的体力水平，大致可分为静态冥想（即静止但并非不许移动）和动态冥想（即通常涉及四肢运动）（Nash & Newberg, 2013）。静态冥想的例子包括止禅（Samatha）、观禅（Vipassana）、坐禅（Zazen）等练习，练习者需要关注他们的呼吸、重复经文或想象某一物体。有大量的证据证实静态冥想在增加注意力（Jha et al., 2007）、调节情绪（Tang et al., 2007）和增强幸福感（Nyklíček & Kuijpers, 2008）方面的益处；对于焦躁和精力旺盛的人来说（Stout, 2017），动态冥想很可能是一种更恰当的选择。动感冥想整合了静态冥想的原则，例如专注、正念、呼吸和通过身体运动放松等，而练习者需有意识，但非判断性地关注身体动作，太极拳、瑜伽、气功、费登凯斯方法（Feldenkrais）和行禅等都是动态冥想的代表形式。越来越多的文献表明，动态冥想不仅有类似静态冥想的效果，如改善情绪（Johansson et al., 2011; Lavey et al, 2005; Prakhinkit et al., 2014）、正念（Curtis et al., 2011; Schure et al., 2008）、身体觉知（Dittmann & Freedman, 2009; Mehling et al., 2011）、幸福感（Rani et al., 2011; Sandlund & Norlander, 2000）、生活质量（Gard et al., 2012）等方面，它也可以产生额外的生理改善，例如，增强对自身的感知（Xu et al., 2004）、稳定性（Hart & Tracy, 2008）、平衡性（Jacobson et al., 1997）和姿势调整（Forrest, 1997）等。我们的设计案例即根据这两类常见的正念练习法而开发。

### 6.2.2 技术为媒介的静态冥想方法

鉴于正念的益处，利用技术作为正念练习的方式也引起了很多关注。其中，大部分的研究基于静态冥想。最常见的方法是使用专用配件，如生物反馈、（带有力反馈的）有形人工物或虚拟现实等。就“检测”来说，过往的生物反馈研究经常使用脑部测量方法直接评估注意力或使用生理传感器来测量神经系统的激活程度，最常见的方式有脑电（EEG）（Kosunen et al., 2016）或其他生理传感器，如皮肤导电程度（Gromala et al., 2015; Shaw et al., 2007; Snyder et al., 2015）、心率（HR）（Roo et al., 2017）、呼吸（Hao et al., 2017; Pisa et al., 2017; Roo et al., 2017; Ståhl et al., 2016; Vidyarthi & Riecke, 2014），以及脉搏（Shaw et al., 2007）等。

就“反馈”而言，有研究提出将生物反馈整合到专门空间中（例如，Mood-Light（Snyder et al., 2015），Breathing Light（Ståhl et al., 2016），Sonic Cradle（Vidyarthi & Riecke, 2014）等研究）、沉浸式 VR（如 RelaWorld（Kosunen et al., 2016），Virtual Meditative Walk（Gromala et al., 2015），Meditation Chamber（Shaw et al., 2007）等研究），及空间增强现实（如 Inner Garden（Roo et al., 2017）等研究）之中。尽管大多数方法都融入了舒缓的视听反馈，但很少

有研究只关注视觉反馈（如灯光（Snyder et al., 2015; Ståhl et al., 2016）），其他一些研究则使用了音频反馈（如用户自己的呼吸声（Pisa et al., 2017）、泛化的放松音（Vidyarthi & Riecke, 2014）等）。

就“调节”而言，大多数研究提出以关注某个对象为媒介来支持自我调节，如使用呼吸（Gromala et al., 2015; Pisa et al., 2017，Roo et al., 2017; Ståhl et al., 2016; Vidyarthi & Riecke, 2014）、3D 虚拟物体（Kosunen et al., 2016，Shaw et al., 2007）或气泡灯（Snyder et al., 2015）等。也有一些研究在交互技术中使用了可触人工物（Tangible Artifacts），例如，利用沙盒开发的 Inner Garden 允许用户在创建自己的世界后可以通过 VR 沉浸其中（Roo et al., 2017）。此外，Soma mat 利用加热刺激引导用户的注意力到身体的不同部位（Ståhl et al., 2016）。

然而，上述研究存在若干缺点。①对于“检测”机制来说，大部分生物反馈和可穿戴设备都会造成干扰，这增加了用户的负担并可能因此中断冥想状态（Gillespie & O’Neill, 2014; Wittmann & Hurd, 2019）。此外，由于这些设备在日常难以获取，使得用户的冥想练习难以随时随地展开。②关于“反馈”设计，过往研究均没有提供其设计所依据的总体解释或理论。③关于“调节”技术，过往方法可能不支持用户在不同场景和环境下的自我控制，例如，生物反馈方法，如脑电等设备由于运动信号干扰和可移动性等问题而难以在动态冥想中实现。我们的研究旨在不使用任何额外的专用生物反馈设备而提出一种替代方法以减轻这一限制。

### 6.2.3　技术为媒介的动态冥想方法

同样，研究者也提出了许多用于动态冥想的技术平台（Han et al., 2017; Iwaanaguchi et al., 2015; Portillo-Rodriguez et al., 2008），其中一些旨在模仿较大幅度肢体动作的练习方式。例如，较早的一项研究使用手势识别作为检测方式，并提供了多模态反馈（音频、视觉、触觉）来减少虚拟太极拳训练系统中的动作错误（Portillo-Rodriguez et al., 2008）；另一项研究则开发了一种基于增强现实的太极拳训练方式，它使用头戴式显示器（HMD）和无人机以多重增强指导的方式从不同角度提供适当的视觉指导（Han et al., 2017）；Breathwalk-Aware 是一个根据脚步和呼吸方式提供视听反馈的闭环系统，该系统可帮助用户降低步态速度并减少不规则步伐，这对于行禅练习至关重要（Yu et al., 2012）。

另一种方法是借鉴了传统冥想器具的物理形式，例如，东方冥想中的念珠（如 Philips Mind Spheres 概念）和藏式祈祷轮（如 Channel of Mindfulness（Wang, 2012））等。两者都使用技术来检测相关冥想器具所要求的特定运动模式，并且在用户实现正确的运动模式时进一步强化有意义的数字化体验。

如上所述，尽管业界已经开发出了很多有前景的冥想方法，但额外的专用监测和反馈配件往往很难获取，使得应用这些方法、设备并从中受益变得异常困难。因此，我们的框架将旨在使冥想练习的广泛应用成为可能，而不需要烦琐的配件支持。

### 6.2.4 基于正念的移动应用

智能手机的普及为MBMA创造了一个独特的机会。许多为静态冥想开发的MBMA（如Headspace、Buddhify、Calm、Smiling Mind等）以及为动态冥想开发的MBMA（如Meditation Moves、7-Minute CHI、Tai Chi Fundamentals、Pocket Yoga等）都可以在应用商店中找到。这些MBMA大多采用引导式冥想方法，要求用户通过听和/或看完成进一步的指令。使用静态MBMA的用户通常需要闭上眼睛，听从指导者发出的指令（例如，“停顿片刻，注意身体的感觉，身体压向你身下的座位”（Headspace Meditation Limited, 2016））。然而，这种静态MBMA的问题是，它们要求使用者找到一个安静的地方，以便能够舒适地听到指令（Shapiro & Shapiro, 2012; Watkins, 2015）。然而，任何专业知识和个性化指导的缺乏，都有可能使练习者——尤其是新手——无法精确地遵循所有指令，也就是说，音频指令的固定速度可能被证明对某些用户来说太慢或太快，并不符合其自身节奏。

同样，在动态MBMA中，用户观看并模仿教练的动作并同时听从指令（如“轻轻举起你的手在胸前，就像你要开始拉手风琴一样”）。然而，这种交流方式是单向无反馈的引导式冥想，并没有考虑到使用者自身的专业或行动能力背景，在个人偏好上也并不灵活。例如，对于那些通常以较慢速度学习的新手，或对于那些不能有效学习和探索复杂技术的练习者来说，可能不会有很好的效果。

除了目前市场上的MBMA，学术界很少有研究探索MBMA的设计空间。其中，MindfulBreather作为一款允许用户通过呼吸进行自我调节的MBMA（Mole et al., 2017），用户需要躺下将手机放在腹部，其必须在缓慢呼吸过程中适时点击屏幕，才能收到放松的音频反馈。该工作虽然提出了检测、反馈和控制要素，但由于该技术要求用户只能在躺姿下进行练习，且违背了单点注意的正念偏好，因此对用户来说，该技术存在一定现实难度。

### 6.2.5 自身经验

根据自身经验和理念，我们认为可以在引导式冥想方法之外，设计出更具启发性的自我调节式正念冥想应用。我们在过去工作中首先提出了ARF的初始版本（Niksirat et al., 2017）以及名为PAUSE的静态冥想应用（Cheng et al., 2016），希望进一步探索我们的框架是否可以以类似的方式应用于动态冥想。在探索了不同的检测方法、反馈机制和调节技术后，我们进而开发了另一款名为 SWAY 的应用。在此文章中，我们在之前的研发基础上，列举了可能支持静态和动态冥想的反馈、检测和控制技术，并以框架形式描述了我们的理解。我们的框架希望以一种个性化的方法，使用户可以根据自己的能力和喜好进行自我控制和调整，而由此理念诞生的 PAUSE 和 SWAY 应用目前也正在商业化运作[①]。

## 6.3　注意力调节框架

我们开发了一个总体的理论框架以支持正念练习中的自我调节，即注意力调节框架（Attention Regulation Framework，ARF），如图 6.2（a）所示。作为一个闭环的注意力调节过程，其中包含了检测——反馈——调节机制。通过讨论其理论性原理，阐述了正念的特征并解释如何将这些特征融入交互设计中。

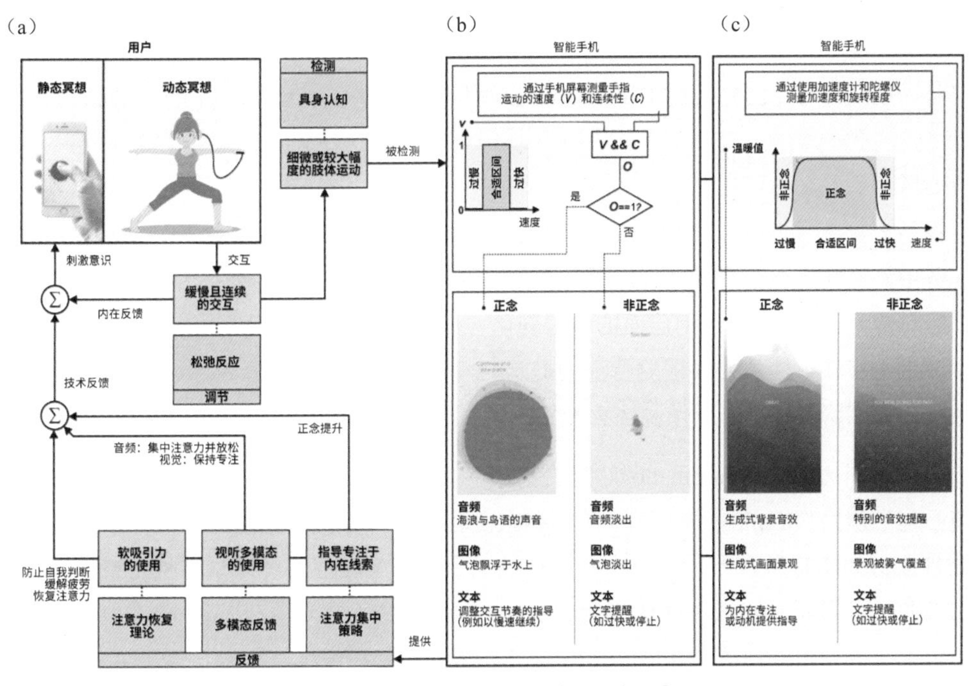


图 6.2　注意力调节框架及应用示意图[②]

---

① www.pauseable.com.

② 图 6.2（a）为注意力调节框架（ARF）；图 6.2（b）为 PAUSE 静态冥想设计要素；图 6.2（c）为 SWAY 动态冥想设计要素。

### 6.3.1 检测

ARF旨在不使用专用配件的情况下解决检测问题，包括传统生理数据检测工具。我们发现具身认知理论可以应对这一难题（Stern, 2015; Wilson, 2002）。具身认知理论认为，人的心灵和身体是相互关联的，也就是说，人感知世界的方式受到身体的影响，身体姿势或状况的任何变化都可能会改变人的心智状态。特别是，身体的运动与注意力和情感密切相关。无论这些运动的幅度大小或复杂程度怎样（Lucas et al., 2018），其都会影响到器官感觉、运动知觉和对空间中自我的察觉。而对以上这些刺激可以作为即时的、连续的、统合的和可区分的反馈模式（Clark et al., 2015）以激发意识（Salmon et al., 2010）和支持自我调节。研究证实，具身认知可以通过提高注意力促进自我调节（Balcetis & Cole, 2009）。东方冥想中就有许多用例是利用了具身认知：如佛珠、藏式祈祷轮、中式念珠或藏式颂钵等，所有这些均使用简单的有形物品，通过身体运动来引导和调节注意力。

以上具身认知的启示是，通过用户的身体反应可以检测用户的正念状态，评估用户的精细运动（如手指、手部动作）或较大幅度的运动（如手臂、腿部、躯干运动）。这种方法不同于传统的生理学测量，因为它不是通过客观的外在生理工具检测和报告用户状态，具身认知意味着用户可以通过其对自己先天自主反应中对运动的意识，潜移默化地评估自己的状态。

### 6.3.2 反馈

反馈是自我调节正念练习的另一个重要组成部分，反馈的目的是促使用户将注意力带回当下的任务中，而其挑战在于反馈设计中存在的限制，即反馈设计不应包含任何判断性意识（如判断体验对错），不应引起任何层面的情绪变化（如变得沮丧或悲伤）（Baer, 2003; Kabat-Zinn, 2009）或进一步转移注意力（即对特征的提示）。在此，提出若干设计要素旨在将解决这些问题。此外，还调研了多模态反馈和注意力集中策略方面的文献以丰富框架。

（1）软吸引力（Soft Fascinations）。注意力恢复理论（Attention Restoration Theory）是一种环境心理学理论（Kaplan, 1995），该理论提出将人的时间用在感受软吸引力上，进而有助于解放精神疲劳和恢复注意力。一个典型的软吸引力案例是凝视自然风景（Berman et al., 2008; Kaplan, 2001）、聆听鸟鸣或瀑布的声音（Alvarsson et al., 2010; Ratcliffe et al., 2013）。沉浸在软吸引力中是一种轻松的活动，可以帮助人们从精神疲劳中恢复。然而，挑战点在于为反馈设计有效的软吸引力，且避免用户在练习中进行判断。而在设计中使用令人倦怠的认知模式（如反馈熟悉的声音、已知的图片或光条等）可能会诱使用户做出判断。注意力调节框架建议使用没有疲劳认知模式的软认知刺激（如奶嘴），帮助用户调节自我注意力，而不会带来积极或消极的判断。

（2）反馈模式（Feedback Modality）。近来对人类感官的探索性评估研究表明，在静态冥想中，听觉可以有效地引导放松，而视觉和触觉感官可以更好地唤起注意力（Ahmed et al., 2017）。该研究建议针对不同的用户状态统合这些感官，以实现更好的体验。关于呼吸行走觉知（Breathwalk-Aware）的研究结果表明（Yu et al., 2012），相比只使用视觉或听觉，使用视听结合的反馈能更有效地改善行走节律（如脚步声、步态）。另外，很少有设计将触觉反馈应用于正念中。在这方面鲜有的一个案例是 atmoSphere（Tag et al., 2017），这是一个基于用户呼吸节奏，并结合用户听觉和触觉反馈的触觉球；另一项工作则是利用手机中的振动来引导用户注意到一个预设置的呼吸节奏（Bumatay & Seo, 2015）。然而，还没有足够的证据证实触觉反馈对自我调节和正念练习的功效，而早期的研究（Bumatay & Seo, 2015; Tag et al., 2017）仅使用触觉作为一种调节技术，而非反馈机制。

还有大量关于康复（Hatzitaki 2015; Rosati et al., 2013; Vogt et al., 2010）和运动训练（Kleiman-Weiner & Berger, 2006; Schaffert et al., 2010; Spelmezan, 2012）的研究使用多模态反馈来促进运动时的注意力。值得注意的是，大多数文献推荐使用音频反馈。例如，在物理疗法中（Vogt et al., 2010），包括音乐和语音在内的运动音频反馈可以提高身体运动觉知。在划船运动中（Schaffert et al., 2010），声形（即感知每个动作并将其以声音的形式传递给使用者）提高了划船者的运动成绩。最近也有研究利用最新的可穿戴技术（Singh et al., 2017; 104; Tajadura-Jiménez et al., 2015），证明了音频反馈对被试者在日常运动中控制感的有效性（Singh et al., 2017），并改善了用户的情绪及在行走时对自身步态的感知（Tajadura-Jiménez et al., 2015）。此外，有证据表明触觉反馈及可触交互对活用人的运动机能（包括更高的精度、学习和接受能力）的益处。虽然以上所提到的方法论没有聚焦在正念本身上，但其可以指导完成框架更好的反馈设计。

总之，注意力调节框架建议设计者活用多模态反馈，例如，音频反馈可以以温和的音乐、口头提示的形式实现；诸如图形和文本说明等视觉反馈可以帮助用户了解其动作，或者使其保持进行持续练习的动力；触觉反馈可以提供补充支持来引导用户（Schönauer et al., 2012）。然而，设计人员在使用触觉反馈时必须谨慎，因为它可能会干扰用户的正念体验。此外，鉴于更加多样的触觉反馈的设计通常需要专用配件，其应用可能与 6.4 节的两个设计案例的理念背道而驰。因此，两个案例都将音频和视觉反馈的组合作为软认知刺激。

指导（Instructions）：为了支持身体运动的自我调节，有必要提供明确的设计指导。为了更好地理解在运动活动中的指导效果，我们参考了注意力集中策略（Attentional Focus

Strategies）。注意力集中策略关注了运动与注意力之间的关系。基于身处运动中的注意方向，注意的焦点被分为内焦点和外焦点（Moran, 2016; Nideffer & Sagal, 1993）。内焦点指注意内在的、前庭系统的、本体感觉的线索，而外焦点指注意环境线索（Fiori et al., 2014）。与外焦点相比，冥想专家通常具有更高的内焦点关注水平。此外，将注意力焦点集中在运动感受和身体部位时，也可以增强正念体验（Pantano & Genovese, 2016）。

注意力调节框架建议设计者专注于身体运动和其他内部导向的线索（如呼吸），进而帮助用户培养正念。以口头或文字反馈的形式提供适当的指导，可以引导用户将注意力集中在内焦点上，从而进入正念状态。此原则体现在了两个设计案例中，其指导是面向内部的，并要求用户关注其动作的质感，而非其他外部对象或媒介。

### 6.3.3 调节技术

本小节讨论何种交互技术可以应用到正念练习。为回答这个问题，参考了松弛反应原则（Relaxation Response Principle）："松弛反应是一种深度休息的身体状态……是战斗或逃跑反应的对立面"（Benson et al., 1974）。根据松弛反应原则，以缓慢的速度重复一个动作，有助于练习者释放化学物质和大脑信号，进而使身体放松和情绪稳定。松弛反应的缓慢节奏要求练习者通过放下日常想法来把注意力集中在当下，且可以通过缓慢重复某个单词、音节、呼吸或动作来引起。

如前所述，身体运动会产生内部感受、运动感和本体感觉，而以缓慢的节奏移动身体会增强这些感觉，并使用户注意到当前时刻的身体运动（Salmon et al., 2010），这反映了太极、瑜伽、气功和行禅的共同特性，这些特性都基于缓慢、连续和轻柔的动作。

鉴于上述情况，注意力调节框架建议设计者可以对包括传统实践中的步伐和耐力等运动质感的感知进行有益的开发。缓慢的节奏和耐力可以被很容易地测量。例如，移动应用程序可以检测手指在移动触摸屏上的运动速度和位置，此外，也包括手势运动的线速度、角速度及加速度等。特别对于动态冥想，通过检测普遍、缓慢、连续的身体运动，而非复杂的运动模式，调节技术可以为用户提供便利的正念练习。

总之，缓慢、连续的身体运动作为正念调节媒介可以成为一种合适的冥想交互技术。慢速运动也非常适合检测设计（即目前的技术可以检测运动步伐）和反馈元素设计（即从设计美学角度看来，软认知刺激与缓慢、柔和的运动非常匹配）。

## 6.4 应用设计和用户实验结果

设计目标是由 ARF 驱动的，以支持正念练习中的自我调节。从以下几点定义有关检测、反馈和调节的设计目标：①在不使用额外传感器和配件的情况下，通过利用静态冥想（坐姿）中的细微肢体运动和动态冥想（缓步行走）条件下较大幅度的肢体运动，开发巧妙的运动检测机制；②在反馈设计中使用软刺激元素以支持注意力调节，而不会中断用户的非判断性意识。在保持用户的注意力的同时，使用视听模态促进其对身体运动的关注，通过面向内部的指导来培养正念和身体觉知；③设计缓慢、连续、平缓的运动作为调节媒介。

以下两节描述了两个设计案例如何在静态冥想和动态冥想条件下实现这些设计目标。

### 6.4.1 PAUSE——静态冥想应用

在此，将解释静态冥想的设计机制。将 ARF 应用到包括交互机制、交互速度、音频反馈和视觉反馈在内的系列方法中。PAUSE 利用具身认知和松弛反应原则，使便携且易于访问的自我调节正念练习成为可能。多模态反馈层面，PAUSE 采用重复、缓慢的触摸动作作为主要的交互方式，配合音频和视觉模式作为软认知刺激的环境元素，从而刺激用户的元意识。

在触摸交互中，手指移动的速度和连续性可以被移动触摸屏本身精确检测。PAUSE 需要用户在屏幕上缓慢、连续、反复地移动一根手指，从而保持注意力。软认知刺激方面，设计了一种漂浮在水中的气泡的无定形图像，结合随机显示的渐变和运动变化，营造出一种有机、随意、极简和无须费力的感觉，同时搭配使用了海浪声和鸟鸣，一起营造出悠扬的声音。这种不显眼的重复和舒缓的循环，使练习者能够在对应的手指运动中集中注意力。此外，在练习开始时通过视觉，使用一个运动的椭圆形和对应的文字指南来训练用户重复运动模式。

整个交互循环可以描述如下（图 6.3）：当手机检测到缓慢、连续、重复的手指运动时，智能手机会生成声音和音频反馈。声音是反馈循环中有效平静心灵的机制，与视觉元素间的交互成为注意力聚焦的锚点。如果手指移动得太快、停止或离开屏幕，无定形的视听反馈将快速消失，以此反映用户没有保持稳定、有意识的运动。当用户通过运动恢复注意力时，交互元素会重新出现。当指导人们闭上眼睛时，视觉反馈逐渐过渡为仅有声音的体验。通过将交互限制在一定的节奏范围内，从而鼓励用户持续的正念意识。

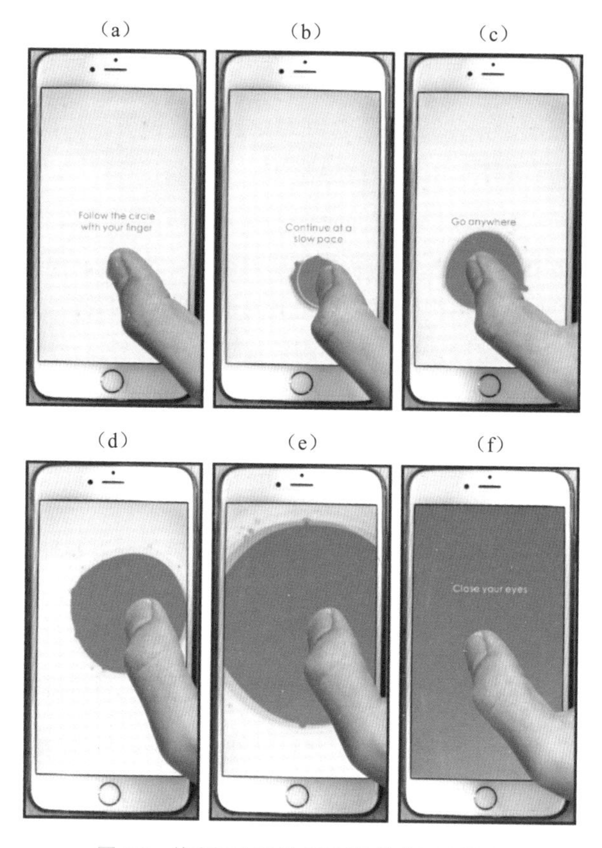


图 6.3 静态设计案例 PAUSE 的交互步骤[1]

#### 6.4.1.1 实验一：环境研究[2]

实验一旨在评估静态设计案例与不同环境设置中的现有移动应用相比的效果如何。为进行比较，我们选择了使用传统引导式冥想方法的 Headspace。由于 ARF 更强调注意力调节，

① 图 6.3（a）：用户开始用手指在屏幕上跟随白色圆圈，此时音频开始播放；图 6.3（b）：屏幕出现一个无定形的漂浮气泡，PAUSE 提示用户缓慢移动手指；图 6.3（c）：用户反复、持续、缓慢地在整个屏幕上自由移动手指；图 6.3（d）：只要手指缓慢、持续、重复地移动，PAUSE 就会持续生成反馈，气泡会随着时间的推移变大，音频继续播放；图 6.3（e）：气泡的大小逐渐增加，需要用户继续以缓慢而稳定的速度移动手指；如果用户手指不在设定参数内保持运动，气泡将会消失，以提醒用户返回并保持必要的注意力；如果注意力丢失，用户需要从步骤（b）开始重复这个过程，从而恢复交互过程；图 6.3（f）：最终气泡覆盖整个屏幕，PAUSE 要求用户闭上双眼，继续缓慢地移动手指；用户应该保持有意识地以缓慢而重复的方式移动，否则反馈将会逐渐消失，提示用户重新集中注意力。

② 更多实验设置和结果细节请参考原文。

我们想确定 PAUSE 在嘈杂的环境中是否优于 Headspace，此外，我们也比较了 PAUSE 与 Headspace 在安静无噪声环境下的性能。

本实验采用了两个自变量的组内设计，其中，应用变量是对 PAUSE 和 Headspace 进行组内比较。环境变量也是组内的，要求被试在“安静”和“嘈杂”两种环境下使用应用。11 名被试（3 名女性）参加了本实验，其在共四种环境条件下接受测试（每天完成一种），分别为 PAUSE——安静、PAUSE——嘈杂、Headspace——安静和 Headspace——嘈杂（图 6.4），单个被试实验共计在 4 天内完成。

由于正念练习可以影响用户的自主神经系统从而无意识地调节身体功能，也报告了放松活动对心率、呼吸率、皮肤电导和脑电图的影响，通过测量生理和电生理指标来监测 PAUSE 和 Headspace 的表现。所以在定量评估时，我们将心率传感器固定在被试胸部，此外，需要被试坐姿佩戴一个 16 通道干电极脑电图（EEG）帽，其中使用了 5 个靠近前扣带回皮层（ACC）和前额叶皮层（PFC）区域的通道（Fp1、Fp2、F3、Fz、F4），这些通道区域是正念冥想期间大脑最活跃的区域（Tang et al., 2015），并随后分析这 5 个通道的平均 θ 波和低 α 波活动。此外，还使用定性指标更好地了解被试在正念练习期间的体验，通过半结构化采访询问被试在安静和嘈杂环境下使用 PAUSE 和 Headspace 时的正念体验，使用开放性编码过程，根据其含义创建标签来分析采访。

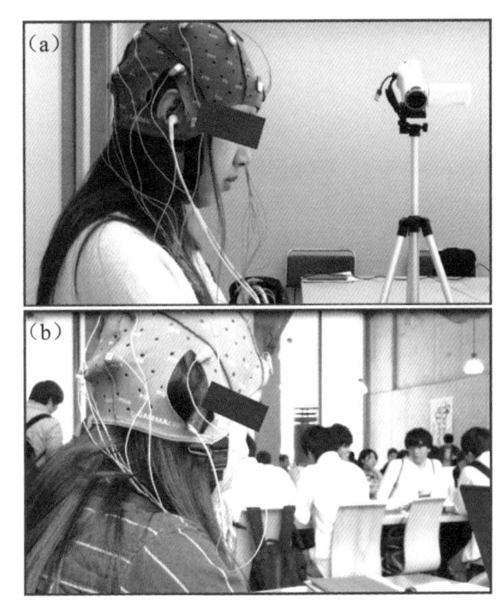


图 6.4　实验一设置[①]

结果显示，被试在嘈杂环境中使用 PAUSE 成功地降低了心率，但 Headspace 没有；在安静条件下，Headspace 的表现比 PAUSE 更好。这些结果可能与 ARF 框架设计本身有关，因为其更强调用户在嘈杂环境下的注意力调节，训练用户在日常干扰中保持专注，因此相比于 Headspace，在嘈杂环境中使用 PAUSE 可以实现更深层次的正念。EEG 和心率在嘈杂环境中得到了一致的结果，低 α 波活动分析显示，被试在该环境中使用 PAUSE 时更容易放松。而在安

① 图 6.4（a）：被试在安静的房间中进行冥想；图 6.4（b）：被试在嘈杂的大学食堂环境中进行冥想。

静环境中，Headspace 和 PAUSE 一样有效。早期的研究（Paek et al., 2014; Xiao & Ding, 2015）曾提及手指运动期间对 EEG 信号进行谱分析会影响 $\delta$、$\alpha$ 和 $\beta$ 波活动。然而，我们在 EEG、HR 和采访方面结果的一致性证实了结果的有效性。

为了更好地了解被试在使用 PAUSE 和 Headspace 进行安静和嘈杂训练后的用户体验，进行了半结构化采访。值得注意的是，大多数被试（9/11）认为在嘈杂环境下使用 Headspace 进行正念练习很困难；大多数被试（8/11）也更喜欢在嘈杂环境中使用 PAUSE 进行冥想。4 名被试肯定了持续反馈的效果，6 名被试谈到了在交互速度方面跟随 Headspace 的困难性。另外，在实验中观察被试时，我们发现 PAUSE 与引导式冥想之间有一个独特的差异，即由于其互动特性，更易受干扰或缺乏冥想动力的被试（8/11）更喜欢使用 PAUSE。相比之下，具有更高动力（3/11）的被试更喜欢使用 Headspace，因为无论环境如何其都有足够的动力和知识来遵循指示。

综上，实验一的结果表明：ARF 和静态设计案例在嘈杂环境中特别有用，说明 ARF 对屏蔽噪声和干扰等冥想障碍方面具有很强的鲁棒性；该方法可能对注意力或自信心较差的人更有益处。

#### 6.4.1.2　实验二：干预研究

实验二评估了 PAUSE 与现有应用相比在长期使用中的表现。对比方面，依然选择已经进行过长期使用的定性研究（Laurie & Blandford, 2016）的 Headspace，结果显示其可以使被试进入更好的情绪和心境状态。

本实验采用了两个自变量的混合设计。应用变量方面是一个用来比较 PAUSE 和 Headspace 的组间设计。训练变量方面是组内设计，比较了被试在 5 天训练过程中的前测和后测状态，因为早期研究（Mahmood et al., 2016; Tang et al., 2007; Yu et al., 2012; Zeidan et al., 2010）表明，仅仅 3 ～ 5 天的培训就可以显著增强注意力和情绪调节能力。

实验招募了 18 名大学生和工作人员（8 名女性）作为被试，并进行了分组和应用的使用指导。在训练前一天，两组均进行了注意力网络测试（Attentional Network Test，ANT）。之后被试需要完成 3 份问卷，以此评价其整体幸福感、心情和快乐感。第 2 天被试需要进行两个训练小节，每个小节包括 10 分钟的训练，小节之间有 5 分钟的休息时间。正念练习在 5 天内重复进行，所有参与者在训练期间使用耳机。在第 5 天的培训结束时，参与者进行了另一次 ANT 测试，之后又填写了相同的 3 份调查问卷。

正如之前提到的，传统的正念练习可以改善注意力（Tang et al., 2007）、情绪（Shapiro

et al., 2005）和幸福感（Nyklíček & Kuijpers, 2008）。因此，使用以下方法来测量正念练习的特质效应。①注意力。考虑到定向注意力是自我调节和执行功能的常见来源（Kaplan & Berman, 2010），使用了ANT（Fan et al., 2005）。②情绪。使用了包括65项情绪状态的量表（POMS）来评估情绪的变化（McNair et al., 1971）。③幸福感。使用了22项心理一般幸福感指数（PGWB）来测量一般幸福感（Dupuy, 1984）。④快乐感。使用了4项主观幸福感量表（SHS）来测量快乐感（Neff & Germer, 2013）。实验结果如下。

（1）注意力。结果表明在5天的训练中，PAUSE组的松弛反应时间得到了改善，而Headspace并没有。值得一提的是，在训练前，Headspace组被试测得的松弛反应时间实际比PAUSE组要低。考虑到随机分配是比较研究中最公平的方法，我们没有在实验开始时再一次调整。总体而言，结果表明，在5天训练后，两个应用组的定向注意力都得到了改善，但PAUSE相比Headspace显著减少了反应时间，持续训练有望达成更大程度的注意力能力改善。

（2）情绪。Headspace在情绪调节方面比PAUSE表现更好，结果显示，在抑郁、焦虑和疲劳子量表的治疗方面，Headspace更为有效。这些结果可能源于引导式冥想技术。因为在Headspace的设计中，一位僧侣直接向练习者传授指导关于人性的态度，如放松和友爱等品质，这可能有助于用户减少负面情绪。

（3）幸福感。结果表明，PAUSE和Headspace在提升幸福感方面一样有效，类似于传统的正念练习（Nyklíček & Kuijpers, 2008; Peters et al., 1977），使用移动应用进行正念训练同样可以增强用户的幸福感。

（4）快乐感。两款应用的主效应分析表明，被试使用Headspace后快乐感显著增加，而PAUSE没有显著效果。这些结果与我们对情绪的抑郁和焦虑子量表的发现一致。结果表明，使用Headspace进行训练可以提高快乐感。

综上，发现ARF和静态设计案例PAUSE即使在短期干预后，也可以有效地改善用户的注意力、情绪（困惑程度）和幸福感等。

### 6.4.2 SWAY——动态冥想应用

动态冥想的练习者意在对一段时间内缓慢而规律的运动进行正念关注。SWAY的检测机制旨在监测练习者的运动节奏和规律性，并在运动变得不规则或间断时提示他们，如图6.2（c）所示。通过确定给定练习时间内的平均加速度计和陀螺仪输入，并检查这些值是否在最大正念效果的给定边界内（上下边界通过在迭代研究中设定），相应的动作练习才被视为正念。

此外，我们提出了“温暖值”的概念（即在检测到正念运动后构建的可视化侧边栏，如图6.2（c）所示。正念运动会增加温暖值，而非正念运动会降低温暖值。SWAY中的温暖值通过区分有意识的正念运动与其他通常只持续非常短时间的“意外”慢动作，提示用户保持或返回正念状态。这种方法使SWAY能够检测到任何正念运动，无论是微小的手腕运动还是较大的手臂运动（图6.5）；SWAY还可以放在用户的口袋中，以实现行禅效果。总体来讲，温暖值作为一个缓冲区，允许用户在学习掌握时出现小错误。

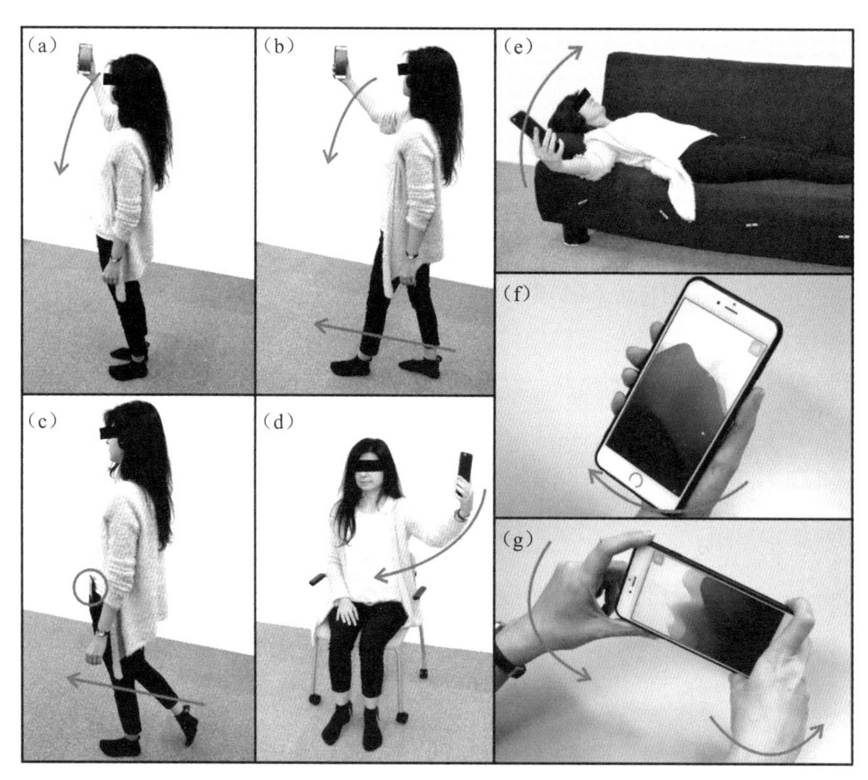


图6.5　动态设计案例SWAY中的被试运动模式[①]

SWAY的音频反馈采用了生成式的背景音效，这意味着每次新的会话都是一种不会重复的音频体验。当用户进行正念运动时，连续的舒缓配乐会实时生成，以激励持续的正念运动；如

① 图6.5（a）：站立时移动手臂；图6.5（b）：行走时移动手臂；图6.5（c）：在口袋中携带手机闭眼行走；图6.5（d）：坐着移动手臂；图6.5（e）：躺下并移动手臂；图6.5（f）：坐姿睁眼旋转手腕；图6.5（g）：坐姿睁眼旋转双手腕。

果运动过于突然或停止，一种特别音效会通知并提醒用户返回正念。可以说，音频反馈是用户没有看屏幕、闭上眼睛或将手机放在口袋里等场景下的主要反馈机制（图 6.5）。

SWAY 的图形反馈同样是一种生成式画面景观。在使用开始时，景观被雾气覆盖，如图 6.6（a）、（b）所示。当用户开始进行正念运动时，温暖值会增加，雾气逐渐消散从而显现出景观，同时视觉角度上升，给用户一种凌驾于不断演变的景观之上的视角感觉，如图 6.6（c）所示；当检测到非正念运动时，视角会下降，雾气会重新出现逐渐覆盖景观，如图 6.6（d）所示。

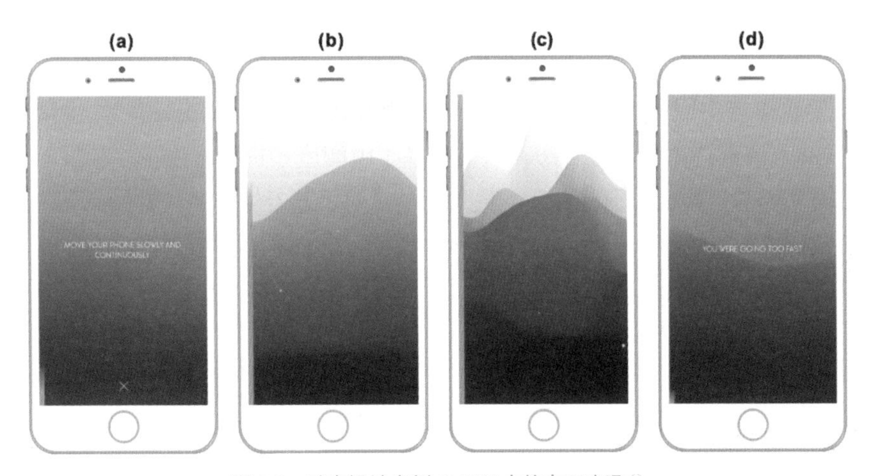


图 6.6　动态设计案例 SWAY 中的交互步骤①

SWAY 的文本反馈被设计为引导用户的注意力向内关注，作为应用框架的触发点，在练习开始时，文本反馈会在各个方面指导用户：“缓慢而连续地移动您的手机”“将注意力集中在运动上”“意识到您的身体”等。每当用户成功进行正念运动时，SWAY 会指示用户将注意力从屏幕上移开，并让音频引导其进入当下。但是，一旦用户分心、运动过慢或过快，就会显示诸如“您的运动过慢 / 过快”之类的消息，如图 6.6（d）所示。

#### 6.4.2.1　实验三：正念运动的用户体验

实验三开展的用户研究旨在调查动态设计案例 SWAY 是否有助于动态冥想。我们收集了

① 图 6.6（a）：SWAY 指导用户缓慢而连续地移动手机；图 6.6（b）：在持续缓慢移动几秒钟后，可视化侧边栏的温暖值被逐渐填充；在音频和可视化反馈参数被生成的过程中，可视化反馈仍被雾气覆盖；图 6.6（c）：生成式景观开始变得清晰；在用户缓慢而连续的移动中，视觉反馈会引起飞越无尽山脉的感觉，手机会提示用户关注运动的质量和步骤；现在用户可以闭上眼睛，将手机放在口袋里，继续进行有意识的运动；图 6.6（d）：若用户分心、停止运动或移动得太快，音频和可视化反馈就会逐渐消失，特别的声音体性和文字反馈会提示用户将注意力带回到当下时刻。

相应的定性和定量数据，以探索 SWAY 的可用性和效果。

实验招募了 13 名大学生和研究人员（5 名女性）。在介绍完 SWAY 的基本功能后，实验要求被试以创造性的方式使用应用程序，探索与 SWAY 交互的不同方法。被试需要在三个 10 分钟的小节中练习动态冥想，休息间隔 5 分钟。在第三个小节结束后，我们与被试进行了一个半结构化访谈，包括若干开放性问题，以此评估用户的正念体验及其与 SWAY 的互动方式。在本实验中，仅使用定性指标，并默认不使用任何生理传感器，原因如下：①生物信号（如脑电图）对运动伪影非常敏感；②运动可能是心理生理指标（如心率）的一个潜在混杂因素，在这种情况下，很难区分信号水平的变化是由于正念练习还是身体运动所导致的。

被试需要在访谈中回答两个问题。第一个问题使用了罗素（Russell）二维圆环空间模型（Russell, 1980）调查被试的情感状态，该模型基于唤醒度和价值维度标注和展示不同的人类情绪；第二个问题基于被试的训练实践，记录了被试对不同反馈形式（音频、图形和文本）的有用性和有效性的反馈偏好。

实验三对于 SWAY 用户体验的主要发现结果如下。

（1）总体参与度。大多数被试（12/13）都认为其有成功的正念体验，

（2）检测。SWAY 可以检测用户动作并提示其是否在正确的速度范围内移动。许多被试（12/13）报告称，其在第一次使用时受到了很多干扰，而在后来的练习中没有受到任何干扰，或干扰少了许多。

（3）反馈。音频、图形和文本是 SWAY 反馈的主要元素。12 名被试报告称音频反馈有效地帮助其成功体验了正念和放松练习。值得注意的是，许多被试（10/13）表示，其在训练初期发现视觉反馈（图形和文本）很有用，但在后来训练中并没有作为主要方式使用。

（4）调节。许多被试（10/13）都提到了缓慢运动在培养注意力和专注力方面的作用。8 名被试报告称，其在练习过程中只专注于缓慢的身体运动，2 名被试通过专注于缓慢的运动和音频来使用应用程序，另外 3 名被试提到其只专注于音频。

（5）使用模式。关于身体运动和视觉的使用模式存在很大的差异性。大多数被试不喜欢同时移动两个身体部位（11/13）；8 名被试在行走时使用了该应用，其中只有 2 人在行走时同时移动了手臂，其他 6 个人将手机握在手中或口袋中；其他 4 名被试在站立时使用应用、在椅子上坐着并移动手臂或手腕或躺在沙发上移动手臂；一位被试报告称，其分别进行了两种运动，即不将腿和手臂的运动结合在一起。一名被试报告称，其进行了随机的手臂运动，而另外 4 名

被试报告称，其按预定义的轨迹移动手臂，包括圆圈、无穷大符号“∞”和来回挥臂；6 名被试睁眼进行训练，其中有 4 个人提到了安全原因，如害怕碰撞或摔倒；另外 4 名被试会睁眼和闭眼都会进行。

（6）在日常生活中的使用。一些被试开发了不同的场景作为 SWAY 在日常生活中的潜在使用案例。例如，2 位被试指出了 SWAY 对缓解压力的作用，听音乐相比之下则不然；另一位被试将 SWAY 与绘画进行对比；一位被试分享了 SWAY 是更好利用时间的一种方式。

（7）使用环境。大多数被试报告了其希望在实验室以外的不同环境中使用该应用的愿望。其中 4 人希望在大自然环境中使用该应用（如公园），而 3 位被试提到了安全问题，另外 3 位被试则提到了隐私问题，希望在自己的卧室里进行练习，没有人可以看到。

（8）进一步建议。被试最后谈到了其对应用进一步开发的建议。5 名被试表示其手机对于训练来说太重了，希望能在智能手表或智能戒指上使用该应用；其他被试希望创建其他主题场景（如日式花园、篝火等），为应用使用制作教程或为希望在室外使用的用户提供安全信息；一位被试还报告说有时其不知道该怎么处理非惯用手。

（9）访谈结论。大多数被试都能成功地进行动态冥想练习。访谈结果表明，SWAY 可以促进缓慢、连续并专注于身体的运动，并允许具有不同交互和运动偏好的用户使用不同的姿势进行动态冥想训练。

（10）情感状态。被试需选择其在练习过程中感受到的 3 种情感状态。结果显示，大多数答案都在高价值和低唤醒区域内。最常见的情感包括“平静”“放松”“冷静”“有趣”，其次分别是“高兴”“感觉良好”和“感兴趣”。结果显示，大多数被试在练习过程中都感受到了高度的放松和愉悦。

（11）反馈偏好。被试需对最有效和最有用的反馈元素进行排名。与访谈结果相符，我们发现音频反馈是 SWAY 练习中最有效和最受欢迎的反馈类型。虽然图形和文本在学习过程中非常重要，但在具体练习的过程中可以忽略。

综上，我们发现：① ARF 和动态设计案例允许用户使用各种姿势和互动方式进行自我调节，它们支持具有不同交互偏好和可移动需求的用户；②大多数被试报告在练习期间体验到了高度的愉悦和放松；③音频是最有效的正念练习反馈类型。

#### 6.4.2.2　实验四：干预研究

本实验旨在研究 SWAY 对用户心理和身体健康的长期影响。我们比较了 3 个组：SWAY、一款名为Meditation Moves（冥想运动，MM）的动态冥想应用程序、一个被动对照组（即没有干预）。选择MM作为主动对照组，因为它使用了引导式冥想技术，作为市场上现有应用的代表；另外，与实验二体现的5天训练的有效性相一致，同样选择了5天的时间来进行实验。

本实验为混合设计，其中，训练差异采用前后测试结果的组内比较，应用差异采用SWAY、MM和对照组三者的组间比较。本实验共招募了52名大学生和工作人员，收集了包括其健康背景、冥想和运动经验在内的人口统计信息，随后被等分随机分配到3个组中。对SWAY和MM的培训在与实验三相同的环境中进行，平衡测试在开始干预前进行。在对照组中，被试没有接受任何进一步的指导，只参加了前测和后测。

SWAY组被试需要进行使用到手臂和腿的大型全身运动，并尝试在运动中融入创造性；MM组则提供了来自太极和气功的正念动作。在接受指导后，SWAY和MM组的被试使用应用进行了为期5天的训练，每天3个小节（共15个小节），每个小节持续15分钟。完成第5天的训练后，被试需要进行与第一天相同的平衡测试。接下来，被试按照与前测问卷相同的顺序完成了后测问卷。

我们使用了以下指标来衡量干预前后的变化。①正念。使用了39项五因素正念问卷（FFMQ）来衡量正念效果（Baer et al., 2006）。②身体意识。采用了6项来自早期研究的问卷调查（Mehling et al., 2009）。③幸福感。使用了实验二中描述的PGWB指数量表来衡量总体幸福感。④情绪。使用了实验二中描述的POMS量表来衡量情绪。⑤平衡。适当的身体平衡是高质量生活的必要因素，特别是对于老年人（de Siqueira Rodrigues et al., 2010）和诸如多发性硬化症患者（Cameron & Lord, 2010），减少跌倒风险尤为重要。因此使用单腿站立（SLS）任务来评估姿势摇摆和平衡时间（Kee et al., 2012; Riemann et al., 2003）。进行SLS时，动作捕捉系统VICON标记被安装在被试躯干顶部（第7颈椎——C7），被试需要在预定义区域内单腿站立，其姿势摇摆（Shumway-Cook et al., 1988）会在闭眼和睁眼条件下进行分别评估，通过测量重心垂线与VICON坐标系原点之间的距离来进行评估。以上实验评估结果如下。

（1）正念。SWAY训练可增强观察力（即注意内部/外部刺激的能力）和有意识的行动（即注意当前时刻的能力）。我们的发现与一项先前的研究（Carmody & Baer, 2008）一致，该研究表明传统的动态冥想对观察力和有意识的行动有更大的影响。

（2）身体意识。SWAY通过影响身体敏感性和注意力质量来增强身体意识，而这两个因素与观察力和有意识的行动密切相关，也正是SWAY正念训练目的的两个显著方面。然而，由于身体意识问卷的内部一致性较低，应谨慎解释结果。

（3）幸福感。SWAY 和 MM 对提高幸福感都具有效果，此结果与以往关于传统静态冥想（Nyklíček & Kuijpers, 2008）、传统动态冥想（Rani et al., 2011）和技术介入的静态冥想的研究一致。

（4）情绪。SWAY 训练可减少愤怒敌意、混乱困惑和疲劳惯性，提高活力和整体情绪干扰。此外，结果还表明，MM 训练对愤怒敌意和抑郁沮丧有影响。结合以上发现可以看出，SWAY 可影响身体和心理方面，但 MM 仅影响心理方面，但 SWAY 不能显著改善抑郁沮丧或紧张焦虑因素。对近边缘统计结果的回顾表明，这些因素可能需要更长的训练时间才能有潜在的改善。

（5）平衡。姿势摇摆的结果显示，SWAY 训练对闭眼状态下的姿势稳定性有效，而对睁眼状态下的稳定性没有影响；平衡时间的结果显示，使用 SWAY 进行训练可以延长闭眼状态下持续平衡的时间，这与情绪方面的结果有些一致，表明 SWAY 训练对情绪的身体方面（如活力和疲劳惯性）是有效的。相比之下，MM 和对照组对任何指标都没有显示出影响。

综上，我们发现：① ARF 和动态设计案例 SWAY 都可对用户的心理（如情绪）和身体（如平衡）健康产生有益效果；②动态设计案例 SWAY 优于当下的引导式动态冥想应用。

## 6.5　综合讨论

本章介绍了一个为设计自我调节正念练习的总体框架（ARF）。以理论为支撑，ARF 的主要贡献包括：①展示了一种微妙的方法来检测用户的注意力，而无需专门配件；②提出了适当的反馈设计建议，避免用户在正念练习过程中进行判断和评估；③将缓慢和连续稳定的运动作为自我调节的推荐方式。ARF 进而试图回答一个高层次的问题："在不干扰用户自然的渐进性冥想状态的情况下，技术能支持多少正念？"（Ren, 2016）。ARF 的具体形式通过开发和演示两个设计案例（PAUSE 和 SWAY）来表达。总体而言，设计案例证明了该框架的实用和意义。其中，在对静态冥想的验证中确定了 ARF 在嘈杂环境中是格外有效的，对容易分心或缺乏自信心 / 动力去冥想的用户群体相当有益。此外，动态冥想的结果表明，该框架可以为具有不同运动偏好的广泛用户群体提供帮助。在使用 PAUSE 和 SWAY 练习 5 天后，干预研究的指标一致表明有所改善。

### 6.5.1 ARF 的检测机制

检测机制是关键和必不可少的，因为它使技术“意识到”用户的当前状态，并提示技术在不中断人的正念练习的情况下适当地做出反应，而其中重要的是区分“检测”注意力和“引导”注意力。虽然人类有自我调节注意力的能力，但是技术对自主注意力的检测可以提供有意义的反馈，从而支持和激励用户维持自我调节；另外，技术在引导和规范用户注意力方面的过度介入可能会削弱人类自我调节的自然能力，从而让技术主导整个过程。这种模式导致设计的表达方式受限，因为它必然遵循预先设计的自我调节过程的特定节奏和模式。苹果手表的呼吸应用是一个例子，它使用视觉和触觉反馈来引导用户缓慢呼吸。然而，结合我们的框架来看，如果没有适当的检测机制，数字体验就缺乏灵活性和限制性，并被预定义的节奏和模式所束缚，这可能会干扰练习者的内在过程和正念练习的总体进展（即每个用户都有自己的节奏）。ARF 通过将检测机制与具身认知理论联系起来，使得在移动设备上进行检测而无需专用配件成为可能。此外，ARF 通过展示如何精确检测身体运动，为未来关注人类注意力的相关应用的设计带来了新的创意空间。

太极或瑜伽等动态冥想技术通常具有不同的风格，而每种风格都要求练习者按正确的顺序精确地做出特定的动作。因此，为动态冥想设计技术相对具有挑战性。过去的尝试展现了不同的优缺点。例如，生物反馈系统只能在静态姿势下测量用户的心理生理状态，因此无法检测运动；通过添加专用检测器（如 Microsoft Kinect 运动传感器），可以精确地检测练习者的身体运动，但是这种传感器不能用于或与移动设备一起，在室外环境使用，并且大多数人难以轻松访问。考虑到智能手机的普及，交互式移动应用程序可能是一个适当、方便和有成效的选择，可以将正念的益处带入日常生活。

### 6.5.2 非判断性意识：反馈设计的挑战

反馈是支持自我调节的另一个重要组成部分。直觉上，缓慢的运动（无论是精细的还是较大幅度的运动）可以产生可辨识的内部反馈，从而刺激身体意识。然而，自然的内部反馈对于初学者来说通常过于微妙，以至于其不习惯在这样的正念状态下停留。技术可以通过提供即时和相关的反馈来促进这个过程，但是必须考虑如何设计，以便提供足够且恰当的反馈，以至于不打扰用户平稳地进入更深层的冥想状态。反馈必须以一种不会引起练习者对自己在正念实践中表现的评判的方式设计。学习冥想时存在两个关键障碍：①初学者需要时间才能意识到思维已经分散；②当练习者意识到思维已经分散时，思维自然会进行自我批判性评价（例如，“我表现得好还是不好？”）。在传统的冥想中，非评判性意识（即对当前时刻的接受态度（Baer,

2003; Kabat-Zinn, 2009））对于初学者相对较难实现，需要大量的实践。因此，设计适当的反馈是具有挑战性的。例如，emWave2（emWave2, 2018）检测心率变异性并使用光柱提供视觉反馈。然而，从 ARF 的角度出发，光柱的设计可能不合适，因为用户可能会被引诱不断去解释光柱的含义（“我的状态高还是低？”）作为对其表现的评判，这可能会阻止用户进入更深层次的正念状态。

为了解决这个问题，在静态设计案例 PAUSE 中，我们开发了反馈机制以刺激元意识。一旦思维分散，就提供即时反馈。简单的交互设计使每个人都可以轻松地恢复缓慢、连续的手指运动。因此，即使出现自我评判，手指交互也可以帮助用户快速脱离心理自我评判。因此，PAUSE 可以帮助建立与评判性思维的新健康关系，并有助于发展非评判性意识。类似地，在动态设计案例 SWAY 中，反馈机制在用户缓慢、连续、规律的运动出现被打断或偏离的迹象时通知用户。这可能会导致用户进行自我批评，但简单直观的反馈提示用户自发地将注意力带回当下，继续保持缓慢、连续的身体运动。尽管我们的设计在实践中促进了非判断性意识，但对于内在体验的非判断性评估结果的审查表明，该机制不会在仅练习 5 天后轻易转移到练习者的日常行为，需要更多工作来评估各种正念应用的习惯和益处如何转移到用户的日常和专业任务以及整体生活满意度中。

最后，推荐使用适当的指导来鼓励用户发展对内关注。从用户在不同正念方式和身体意识方面取得显著的改进表明，通过关注身体运动，练习者可以实现正念。

### 6.5.3　“缓慢且连续”：ARF 的调节技术

设计正念应用的挑战在于找寻适当的交互方式作为有效的调节技术。交互方式应该与检测机制（即身体运动）和反馈机制（即视听反馈）相兼容。为实现这种兼容性，ARF 提出了一种基于松弛反应原则实践的潜在机制的微妙解决方案。ARF 建议通过技术的运动检测能力来检测肢体轨迹的缓慢移动和持续时间，以感知用户是否处于正念状态。ARF 的调节技术作出了以下贡献：通过识别超越任何特定形式的正念运动原则，帮助用户在不需要学习某些传统方法（如太极拳）的复杂运动的情况下练习自我调节；通过检测运动的质量，该框架将每一个身体运动转化为正念实践的机会。

### 6.5.4　自我调节的效率

为了确定自我调节方法的有效性和效率，重新审视干预研究的结果，并将结果与训练时间几乎相同的过往研究进行了比较。

SWAY 可以帮助用户提升正念的两个要素（观察和有意识的行动）。观察是感知和注意内在（如身体）和外在（如气味）刺激的能力，是正念实践的要求；而有意识的行动是注意当前时刻的能力，是正念实践的方法。SWAY 训练作为一种自我调节方法，通过增强对身体运动的意识，从而将注意力重新引向当前时刻，帮助改善这两个要素。另外，常规的 Meditation Moves（冥想运动，MM）训练无法影响任何这些正念要素。这种差异可能取决于自我调节。自我调节方法能专门作用于练习者去开发其在当下的注意力和控制能力；而在非自我调节方法中，用户更多需要观察 MM 并同时进行模仿，尽管此类技术可以帮助用户精确完成动作，但却可能忽略了自主正念的本质。

结果表明，SWAY 可以影响关于情绪的四个指标（降低疲劳——惰性、增加活力——活动、降低困惑——迷惑、降低愤怒——敌意），而 MM 只能提高两个项目（即降低愤怒——敌意和降低抑郁——沮丧）。SWAY 的有趣结果之一是困惑——迷惑方面的改善，此结果显示了 SWAY 对注意力相关能力（如集中注意力）的有效性；同样，PAUSE 也具备这方面的能力。这种相似性似乎表明 ARF 符合卡巴金（Kabat-Zinn）对正念的定义（Kabat-Zinn, 2009），即有目的地、活在当下、非评判性地关注。为了引导用户的当下关注，ARF 通过设计缓慢、连续的运动获取用户持续的自主注意力，从而增强其集中注意力的能力。这一点也被 ANT 所证明，显示 PAUSE 可以帮助用户在 5 天的训练后改善其定向注意力。相比之下，那些不使用自我调节引导冥想方法的实践很难改善困惑——迷惑。例如，身心整合训练（IBMT）源于东方传统，也包括静态和动态的冥想技术，其所要求的 5 天训练计划对用户的其他情绪指标确有改善，但在降低困惑——迷惑方面却没有显著效果，作为对比实验引入的 Headspace 和 MM 也同样如此。

最后，干预实验证实了 SWAY 提高用户平衡能力的有效性。过往研究讨论了正念实践后人体运动改善的潜在机制（Clark et al., 2015），练习者通过训练监测身体感觉的内部反馈，进而改善运动技能。此外，缓慢、留心的运动也可助其预测运动后的感觉（Wolpert et al., 2011）。其他研究也提醒（Neumann & Brown, 2013），运动中的联想焦点（例如，聆听根据表现变化的自适应音调）比分离焦点（例如，听取无关的歌曲）更可以改善运动表现，也揭示了反馈在改善运动学习方面的有效性。评估表明，任务相关反馈对提高运动学习和促进更好的平衡能力方面产生了积极影响，但结果也显示 SWAY 可以在闭眼时增加平衡的稳定性，在睁眼时却不行。此问题可能来自于人类平衡系统，适当稳定的平衡是不同感觉模态——视觉系统（眼睛）、前庭系统（内耳）和体感系统（肌肉和关节）——信息处理的结果（Collins & De Luca, 1995）。闭上眼睛会关闭信息从视觉系统到大脑的流动，并导致难以控制平衡。发现表明，SWAY 训练可能对由视觉系统障碍引起的平衡障碍的患者具有进一步的临床意义，如斜视（即眼肌失衡）（Przekoracka-Krawczyk et al., 2014）等。相比之下，MM 训练无论是睁眼还是闭眼都没有产生任何改善，一个可能原因是不同身体部位的使用。与其他现有的移动应用类似，MM 训练不建议用户移动，用户需要站在智能手机后不断地观看屏幕，因此只能移动上半身。而 SWAY 允许用户移动并专注于脚步和 / 或手臂动作。对 SWAY 的评估还显示了用户在平衡测试的最初几秒钟中更为稳定，很可能与 SWAY 训练导致的平衡改善有关，而非单纯的身体力量。

### 6.5.5　ARF 对比生理性反馈与引导式冥想

研究结果显示，我们的设计方案在促进注意力调节方面是有效的，这些结果与早期的生物反馈研究一致。例如，使用神经反馈的 MeditAid（Sas & Chopra, 2015）和 RelaWorld（Kosunen et al., 2016）有效地促进了用户的注意力调节和集中。然而，这些研究仅使用主观评估来衡量练习期间的注意力，而本章研究使用了 ANT 认知测试来衡量注意力技能的变化。另一个生物反馈设备的例子是 Sonic Cradle（Vidyarthi & Riecke, 2014），其使用黑暗室和呼吸反馈创建。主观评估显示 Sonic Cradle 作为一种压力缓解设备的潜力，然而没有对其效果的长期验证。

本章没有使用生物反馈，因为主要关注将智能手机的普及与自我调节过程的概念相结合，从而减轻引导式冥想方法中固有的限制。尽管引导式冥想在过去的研究中被证明是有效的，但这种方法并不广泛适用于情境和用户的复杂性。因此，提出了 ARF 和相应的设计案例来应对这一挑战。与冥想传统一致，冥想大师就是提供了各种方法（如呼吸、行走等）来支持不同类型的用户和环境，但目标只有一个，那就是训练正念。进一步地，设计师和创新者可以再根据用户的不同文化、品位、能力和生活方式来定制其移动应用设计。

### 6.5.6　局限性与未来工作

本章也存在若干点局限。①实验一（11 人，组内）和实验二（18 人，组间）的样本量相对较小，这可能会影响结果的普适性。为解决这一限制，除了 $P$ 值外还报告了效应量。②实验一使用了神经生理传感器（EEG、HR）来测量正念状态。尽管有许多类型的研究使用这些指标报告正念状态，但与如放松或浅睡眠等相关状态相比，这些指标是否能够正确衡量正念状态仍存在争议。因此，为进一步验证结果，有必要使用自我报告的正念问卷。在未来研究中，计划邀请专业冥想者来评估框架，以了解这些应用如何支持真正的正念体验。③实验二没有设置额外的一个无接触对照组。这可能会引发一个问题，即所述的效应是由于正念练习还是受到自我调节因素的影响。④实验三没有将所用方法与其他竞品应用进行比较。未来研究中进行此比较可能会对了解所体现出的定性洞察力与现有的动态移动应用有何不同有所启示。⑤实验四中的数据是非参数化的，以至于无法使用事后分析检查组间效应，可能会导致不切实际的结果。鉴于以上局限，本章的结果仍应谨慎解释，但相信未来工作可帮助澄清上述这些问题。

## 6.6 设计建议

### 6.6.1 技术的角色

既然每个人都可以自由地在任何时间和地点冥想，技术的意义又是什么？一个答案是，无处不在的技术及其吸引力可以在被使用初期就向各种用户群体推介冥想的益处，进而得到广泛和便捷的普及。需要注意的是，正念其实是一种自然而固有的人类能力。但尽管如此，它却通常在人们的日常忙碌中被忽略。ARF 旨在开发一种产品，使用户能够有意识地体验到正念的真实存在。人们只需体验正念是自身内在的潜力，并使正念练习成为其自然习惯。我们所提出的设计案例可能为此提供启示。对于一个练习者来说，理想中任何技巧或设备都应消失，但通过这个框架应用首先去实现对人的自然能力的有意识地启蒙是有意义的。随着期待用户通过应用不断练习可以更能掌控自身的注意力，最终摆脱外物的限制。综上，技术的角色将帮助人去发展更有意识的注意力、提升人的潜能，融入一种更明智的生活。

### 6.6.2 日常生活中的智能手机和正念

越来越多的证据表明，智能手机会带来一些显著的负面影响。最近的一项调查（Stothart et al., 2015）表明，即使人不使用智能手机，它也会扰乱注意力。我们的框架要求用户在练习冥想时手持智能手机，这与冥想的基本原则背道而驰，似乎有悖常理。然而，“正念”应被视为与“超时”（time out）冥想练习不同。理想情况下，正念是一种在生活的所有情况下都保持注意力的倾向，无论一个人手里拿着智能手机、锤子，还是一杯茶，都是可用的。正念是在“超时”的情况下练习的，这样练习者就会认识到整个生命中正念的内在能力，并可能在日常谈话中实现正念。因此，适当设计、开发和应用的数字设备并不违背应用正念的原则。PAUSE 正念练习的最佳教学和实践着眼于“在生活的所有任务中以及与日常生活中的所有事物（包括人工物）相关联的正念”。此外，正常生活中的许多活动都是在“移动中”进行的，此时正念似乎更加必要和有益。人们的身体动作已经变得习惯性地快速和不专心。当人移动时，通常会走神，而身体则以自动驾驶模式移动。技术可以让人随时随地练习正念运动——无论是在购物中心散步还是排队进入博物馆时。ARF 提供了一个可以用于冥想设计的技术框架，可以将人日常习惯性的身体动作转化为正念练习和正念生活。

### 6.6.3　设计启示

尽管我们的框架为手机而开发，但从该框架所得到的启示可以应用于任何人工制品。从手机开始的原因是它能以紧凑的形式将输入接口和输出接口结合在一起，适合每个人的口袋，提供方便的访问性和便携性。 输入 / 输出接口也可以很好地分离：如果人有意识地移动可穿戴设备，房间里的灯光会发生变化，或者电视开始显示引人入胜的数字效果会怎么样。此外，不同种类的传感器（例如，运动、压力、视觉）可以作为输入接口集成到日常物体中。

由于我们的交互框架可以将手机变成一个正念工具，这种方法可以将每个日常物品变成一个引导注意力到当下的代理。人们生活中几乎所有物品的设计都以效用（即实用性）为重点，因此会鼓励无意识和自动的行为。但日常物品也有“存在”的一面，即它们是此时此地的一部分。我们的框架可以使数字设计能够增强每个对象，以鼓励有意识的互动，在智能手机上的工作可能是有意识的整体生活的第一步。

## 6.7　结论

期望将正念练习作为增强人类福祉的工具。本章提出了一种新的自我调节正念技术交互框架（ARF），其允许用户通过静态和动态冥想来自我调节注意力。ARF 以微妙的运动交互方式检测注意力，并揭示正念的普遍特征，通过对速度和连续性的关注，以促进用户的自我调节，此外，ARF 还提出了用于移动应用的软认知刺激反馈。通过开发两个设计案例及相应的评估研究，证明了这些设计案例可以取得积极的效果，如改善用户的正念、情绪、福祉等，尤其是静态冥想 PAUSE，即使在嘈杂的公共场所等环境下也能舒适地使用。该框架还为用户在不同动态冥想姿势中进行正念练习提供了机会。相对于使用生物反馈设备，ARF 具有易用和低成本的优势，因此有望被广泛采用，进而促进社会福祉。

# 第7章 智能汽车应用场景中的人、车、环境交互

智能汽车是一个集环境感知、规划决策、多等级辅助驾驶等功能于一体的综合系统，它集中运用了计算机、现代传感、信息融合、通信、人工智能及自动控制等技术，是典型的高新技术综合体。近年来，智能车辆已经成为世界车辆工程领域研究的热点和汽车工业增长的新动力，很多发达国家都将其纳入各自重点发展的智能交通系统当中。目前对智能车辆的研究主要致力于提高汽车的安全性、舒适性，以及提供优良的人车交互界面。

驾驶员和系统之间的适当交互模式是一个关键问题，大量研究指出，自动化的潜在问题通常与人为因素有关。国际汽车工程师学会（Society of Automation Engineers，SAE）国际分类法（SAE 2016）规定了驾驶员和系统在各个自动化水平上的驾驶任务分配。在SAE分类范围内，许多关于自动车辆人机交互的研究都集中在从自动控制到手动控制的过渡上（Blanco et al., 2015）。特别是，第三级系统在达到其运行条件极限时启动的过渡受到了很大程度的关注（Lorenz et al., 2014; Walch et al., 2015）。系统在启用时执行整个驾驶任务，当驾驶员接管控制权时，车辆将转向手动驾驶。在文献中，除了SAE分类假设的“全有或全无”功能分配之外，很少有工作为自动驾驶系统提出新的交互范式。

自从在各个领域引入自动化系统以来，业界已经提出了在人类操作员和自动化之间形成合作团队的想法（Hoc et al., 1994）。在驾驶自动化方面，驾驶员—车辆合作（也将其称为合作引导和控制）（Flemish et al., 2014）作为车内自动化系统的一种有前途的交互模式正在获得认可。研究表明，驾驶员—车辆合作有利于驾驶员在与系统交互过程中的情况感知和控制性能。在自动驾驶的情况下，驾驶员与车辆的合作也有助于提升用户体验和系统性能。

出于以上考虑，将驾驶员—车辆合作应用于自动驾驶系统的设计。以人为中心的自动化领域的理论模型和框架通常采用人机工程学观点，进而应用于自动驾驶系统。因此，为了将复杂的系统功能模块化，有必要建立自动驾驶系统的功能体系结构。然而，文献中发现的大多数架

构都是为全自动驾驶而设计的，不支持基于协作的人机交互。本章的主要目的是为自动驾驶系统提出一种人机共驾的框架，该框架能够指导自动驾驶系统与人类驾驶员协同工作。下文以实例的方式进行阐述与验证。

## 7.1　智能汽车概述

汽车人机交互的创新与突破一直紧跟着消费电子产品发展的脚步，早期汽车的结构和内饰十分简单，仅有方向盘、车灯和刹车等几项基本操纵功能，对人机交互方面并不重视。随着技术的发展，车载收音机、按钮式收音机、磁带录音机、触控屏、导航、电话、CD 播放器等多媒体电子产品逐渐被应用到汽车中，随后，平视显示器（Head-up Display，HUD）、声控、远程控制、大尺寸触屏等更为先进的智能电子产品被大量应用在了汽车上，尤其在大量车载信息系统（In-vehicle Information System，IVIS）应用到驾驶空间之后，汽车才从具有乘用功能的机械产品逐步进化为一个集信息获取、传递、交流和娱乐为一体的、具有多种功能的交互式空间，汽车人机交互界面呈现出多功能化、集成化、智能化的特点。随着自动化水平的提高，驾驶员将从驾驶主任务中逐渐解放出来，有更多的心理认知资源用于非驾驶任务。智能汽车作为一个移动空间，提供了诸多功能满足人的出行和娱乐需求，以提升用户体验。

### 7.1.1　智能汽车发展历史

1. 从机械到电子

从传统的机械式控件逐步变成仪表板、中控台等操作界面，汽车中的人机交互（Human-Machine Interface, HMI）经历了多种变化，到目前为止多种形式并存。如图 7.1 所示，汽车人机交互界面的发展分为四个时期：19 世纪末—20 世纪 50 年代是机械时期，汽车交互的核心是实现驾驶功能，仅有方向盘、刹车、灯光等基本功能；20 世纪 50 年代—80 年代是电气化时期，一些非驾驶相关的新技术，如空调、收音机等被引入汽车人机交互中，汽车人机界面有仪表板、中控台等雏形；20 世纪 80 年代—21 世纪初是电子化时期，操控界面功能逐渐复杂化，汽车交互设计进入成熟阶段；21 世纪初至今是物联网智能化时期，通信技术发展加速了汽车座舱智能化时代进程，新的技术，如物联网、人工智能、语音手势控制等被引入汽车中。

图 7.1　汽车人机交互界面的发展

2. 从单屏到多屏

驾乘体验的优劣离不开人机交互系统和设备的使用感受。人机界面需要成为用户与系统沟通的桥梁，辅助驾驶任务的顺利进行，保持对场景的感知，而当下的智能座舱显示呈现多屏、大屏及多样化趋势。多屏信息系统的人机界面需要满足驾乘人员多样化需求，具有信息一致性、信息连续性、信息可分享流转等特性，从而为车内驾乘人员更好地提供信息与服务。除了考虑主驾，还要考虑到汽车内还有其他乘客的方方面面个性化特质，为“独立的混合驾驶舱”进行具体情况分析。而在实际市场上，座舱也在从双联屏不断向更多屏互动发展，例如，从四屏交互的智慧驾驶舱方案、可自动升降的三联屏、一体化显控面板设计到透明 A 柱设计、虚拟后视镜等，而座舱多屏在未来将可能进一步扩大到 15 ～ 20 个屏幕（图 7.2），更加以用户为中心，发展出更好的多屏协作体验。

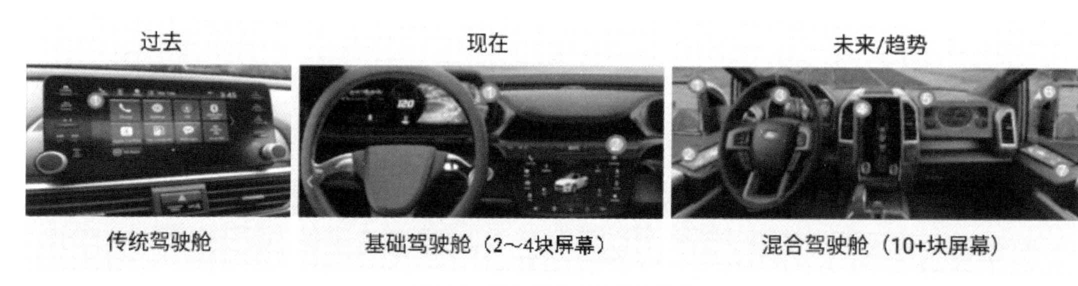


图 7.2　汽车座舱多屏发展趋势

（图片来源于网络）

3. 从驾驶到娱乐

用户驾车仍然以驾驶安全为最重要的因素，但提升操作效率、便捷度的需求不断增长，智能驾驶座舱的信息服务系统也发展成为驾驶辅助系统、导航系统及娱乐通信系统三大主要部分。随着国内外造车新势力的快速发展壮大，车载娱乐通信系统也向多元化发展，单一影音娱乐功能座舱向多项服务集成的网联生态系统进化，驾驶辅助功能、座舱娱乐社交、座舱工作环境、地理信息出行类服务功能等内容都将日新月异。

车载社交类功能时间占比的不断上升，使未来移动端社交应用呈现向车机应用迁移的趋势，例如，在驾车旅游中，旅行路线的计划、沿路风光摄影记录、车友互动，以及日常社交工作都将支持在车上完成；而车载在线娱乐方式随车联网发展，呈现去应用化、伴听化、个性化、连续化的新特征。车内可整合多媒体源，满足驾乘不同需求，减少切换设备成本，实现轻量化互动，保证安全驾驶。座舱内多终端可以进行信息共享和流转，降低操作难度和多设备信息获取难度，不增加驾驶负荷。车内驾乘人员还可通过在线视频、远程办公等进行日常活动，汽车将成为可集成多功能、多场景应用的移动出行堡垒。

4. 从被动到主动

主动交互是智能化的重要特征。传统的 HMI 通过人类的控制被动反馈信息。而智能化之后，车辆可以根据对环境的判断向人类驾驶员主动提供信息，这些已经广泛表现在各种高级驾驶辅助系统（Advanced Driving Assistance System，ADAS）之中。除此之外，人也成为智能化感知的对象，驾驶员监测系统可以根据人类状态主动提供服务，例如，HMI 可以提醒人类疲劳，各种生物识别技术的应用也可以让 HMI 更加“懂你”。

不仅如此，现在的智能汽车中还会配备智能机器人等终端，如一些车载机器人形象。其以拟人的形象与人类产生交互，不仅可以对驾驶任务产生有利影响，而且可以帮助调节人类驾驶员的情绪和情感。

### 7.1.2 智能汽车技术与分级标准

2021 年 4 月，SAE 与国际标准化组织（ISO）正式发布了《SAE J3016 推荐实践：道路机动车辆驾驶自动化系统相关术语的分类和定义》更新版，对自动驾驶相关定义与级别进行了更进一步的描述。重要定义有：①动态驾驶任务（Dynamic Driving Task，DDT）是指在自动驾驶过程中的动态驾驶任务；②操作设计范围（Operational Design Domain, ODD）是指在何种条件下汽车可以进入自动驾驶；③对象和事件检测响应（Object and Event Detection Response, OEDR）指在当前驾驶条件超出自动驾驶的设定，就会退出自动驾驶或进入；④自动驾驶任务应急措施（Dynamic Driving Task Fallback, DDTF）。

SAE 根据人类用户和驾驶自动化系统彼此之间各自的作用，将自动化驾驶分为了以下 6 个级别：无自动化（L0）、辅助驾驶（L1）、部分自动化（L2）、有条件自动化（L3）、高度自动化（L4）和完全自动化（L5），如图 7.3 所示。

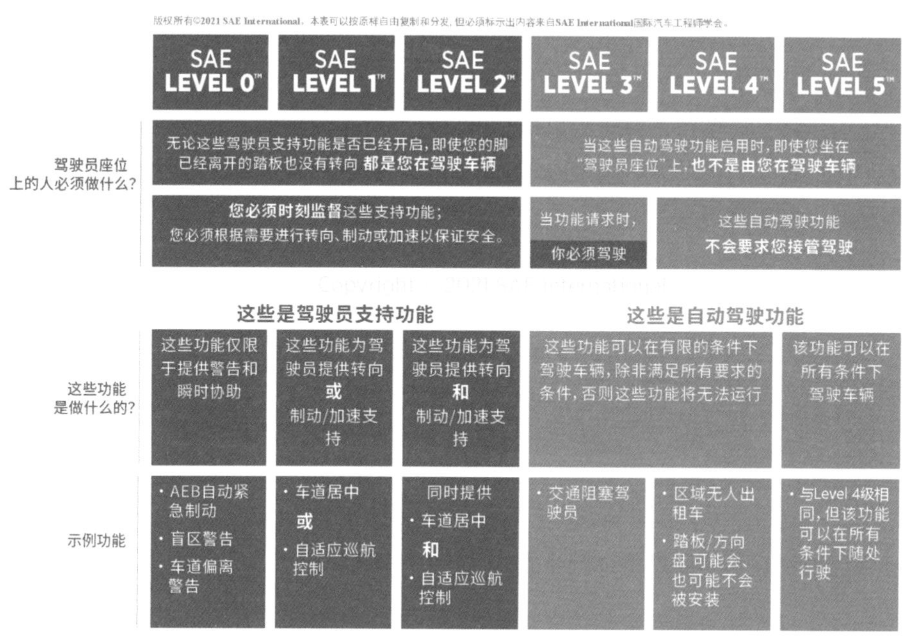


图 7.3　SAE 自动驾驶分级
（图片来源于国际汽车工程师学会）

在级别较低的一端（Level 1、Level 2），驾驶员支持功能（Driver Support Feature，DSF）执行部分驾驶任务，进行横向或纵向控制（Level 1）或两者（Level 2），最终由人员负责监控情况并根据需要进行干预，例如，自适应巡航控制和车道居中。在 Level 3 中，自动驾驶系统在规定的 ODD 内执行整个驾驶任务，但是当系统要求时，需要一名驾驶员接管控制。对于 Level 4 和 Level 5，自动驾驶系统完全负责车辆控制，开车的是车辆，而不是驾驶员；其中 Level 4 是有条件的，集中在指定的 ODD 上；而 L5 是无条件的，即车辆可以自动处理现在由人类驾驶员处理的所有驾驶情况。以上，区分自动化水平主要取决于 3 个因素：①横向和纵向功能是否被激活；②驾驶员的任务（监控或不需要监控路况）；③驾驶员是否需要接管。

简单来说，Level 0 级别横向和纵向功能不被激活，驾驶员完全控制车辆；Level 1 级别为激活横向和纵向中的一个功能；Level 2 级别激活横向和纵向两个功能。同时这三个级别中驾驶员都需要时刻关注路况，并且需要人类时刻监督功能的运行状况。因此，2021 年及以前的上市车辆都不超过 Level 2 级别，虽然众多厂商过度宣传自动驾驶，让公众认为人可以完全脱离驾驶任务，是有很大误区的。

Level 3 ～ Level 5 级别是真正的自动驾驶，虽然 Level 2 级别可以控制横向和纵向，但是驾驶员依然需要监控路况，而从 Level 3 级别开始，机器驾驶时驾驶员不需要监控路况，但仍在必要时需要接管，因此称为有条件自动驾驶。可以用接管警告持续时间长短来区分，Level 3 级别中，当汽车发出接管请求警告时（警告时间持续几秒），则表示其已脱离设计域情况，驾驶员必须接管；Level 4 级别下超出操作设计范围会发出持续数分钟的警告，或驾驶员主动要求接管；而 Level 5 级别不要求人接管，属于完全自动驾驶，正如定义上所说，即使此时有人坐在驾驶员座位上，也不是人在驾驶。

以上部分的区分对 HMI 的设计至关重要，因为首先需要确定当前车辆的自动化级别，才可以进行相关设计。例如，设计 Level 5 级别的 HMI，因为是机器完全驾驶，人不需要关注驾驶任务，也不需要监督机器驾驶情况，所以有可能没有传统车辆的控制系统，如方向盘和脚踏板。同时，由于人类不是驾驶员，用户的需求不需要考虑驾驶任务相关信息，因此 HMI 的设计会从其他需求的角度进行。

对于有条件的自动驾驶而言，驾驶员要能够及时对系统进行正确的干预操作，即车辆自动要求驾驶员在恰当的时机激活自动驾驶系统，而当系统故障或超出其自动驾驶条件时驾驶员能及时进行人为动态任务操作。从技术层面而言，当自动驾驶系统激活时，驾驶员并不需要监测系统的操作，但要做好接管汽车的准备。同时，系统要预备足够多的时间给驾驶员对汽车提醒进行正确反应（如刹车、转弯等）。

考虑到技术、经济、法律及伦理等因素，完全自动驾驶车辆不可能直接进入市场，而在相当长一段时间内其发展将持续在半自动驾驶阶段（Vanholme et al., 2013）。在该阶段，驾驶人和车辆共享对车辆的控制权，当系统检测到潜在的危险时，通过进行一系列的安全辅助措施实现车辆的安全行驶，当驾驶员监测到系统失效或操作不当时，需要介入系统进行接管。所以在自动驾驶的逐步应用阶段，将会产生复杂的人机共驾关系，对驾驶员的驾驶行为产生巨大的影响。

## 7.2 智能汽车中的交互

随着汽车智能化、网联化的发展，消费者对于出行场景有了更多的功能需求，同时越来越多的信息涌入车内，随之而来的便是车内屏幕的不断增加。在多屏化趋势和多通道交互模式下，更要综合考虑智能座舱的人机界面信息交互特征，在保证安全驾驶的前提下，为用户提供更好的驾乘体验。

## 7.2.1 智能汽车的空间信息

随着车内信息渠道的增加，驾驶员需要处理的信息日益增加，面对复杂的驾驶情境，汽车人机界面设计开始关注如何在保证驾驶安全和效率的同时，为驾驶员创造更舒适的交互体验。因此，驾驶员和智能交通系统的人机交互行为研究、交互方式设计，以及“两位驾驶员”之间在“共驾”模式中的沟通、驾驶任务的分配和驾驶控制权的转换等研究问题成为目前智能座舱HMI 设计的重点。

### 7.2.1.1 车内外空间信息整体分布关系

随着汽车智能系统能感知的信息增加，如复杂的交通环境信息、驾驶辅助安全信息、娱乐通信信息等，人类面对的信息内容也变得越来越繁杂，影响到注意力分配，带来较大的工作负荷，增加了发生交通事故的可能性。在驾驶过程中，人类决策和行为及汽车系统性能表现都会受到来自人、车、环境动态交互系统中的三个因素的影响。三者在驾驶情境下相互作用，进行信息分享与交流，构成一个人、车、环境的信息流闭环，针对该信息流闭环的主要研究对象为人与智能网联汽车间的汽车人机界面交互设计，如图 7.4 所示。

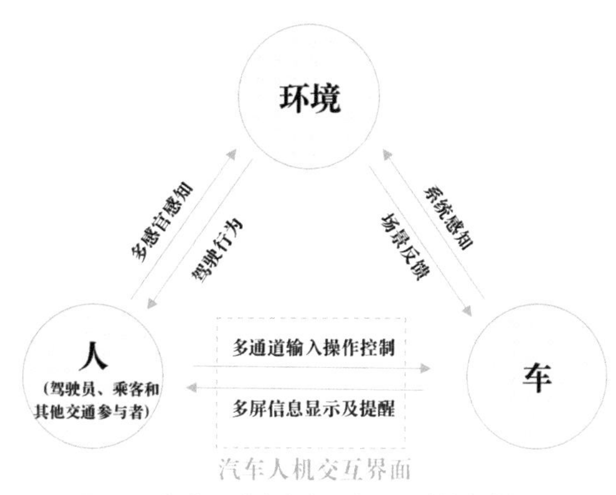


图 7.4 智能网联汽车人、车、环境信息流闭环

在智能网联汽车人、车、环境信息流闭环中：①人通过多感官对周围环境进行感知。驾驶员会监控道路和交通状况、其他交通者发出的信息等，同时通过踩油门、刹车、转动方向盘等方式控制车辆运动，保证驾驶安全。除此以外，驾驶员及车内乘客还追求听音乐、接收消息等娱乐通信体验。交通参与者通过了解当前交通情境而做出正确的行为决策，避免交通事故的发生。②智能网联汽车通过车载传感器，以及网联信号等对人、车、环境等情境信息进行感知，将部分信息通过人机界面显示给驾驶员、乘客和交通参与者，部分信息通过系统的智能决策控

制车辆，同时将本车信息或遇到的状况反馈到网联环境中。③环境随着驾驶员、乘客和交通参与者的行为决策及车辆运动动态改变，实时接收智能网联汽车的信息，同时通过智慧交通系统对海量的交通信息进行分析，实时向智能网联汽车反馈交通道路情况，进行路径诱导及路况异常预警，保证道路畅通，同时也提升用户体验。

人、智能网联汽车和环境构成了典型的人机系统，驾驶安全取决于三者在这一复杂闭环系统中的相互协调作用，协调的失败会引发危急情况，甚至导致交通事故，危及人员安全。以人为中心，通过智能网联汽车人机界面使得驾驶员和智能网联汽车共同感知情境信息，协同决策，营造安全舒适的驾驶体验。在复杂多变的驾驶情境下，作为人与智能网联汽车间沟通桥梁的汽车人机界面需要优先确保驾驶安全，将安全性放在考量标准的首位，促进人与车辆间的相互理解。通过研究人、车、环境三者的交互关系及信息流闭环，不仅要考虑人的当前情境需求，还需考虑人与汽车系统间的交互，使得信息能够在驾驶员和汽车系统间进行双向交流，在恰当的情境，以最佳的方式将复杂的驾驶环境以可视化信息，快速准确地传递给人，从安全性、舒适度、便捷性、效率等多方面提升驾驶体验。

结合 CarLab（同济大学汽车交互设计实验室）多年来针对汽车 HMI 设计所进行的学术研究及实践项目经验，基于人、车、环境动态交互系统，构建出智能网联汽车空间信息设计框架，如图 7.5 所示。

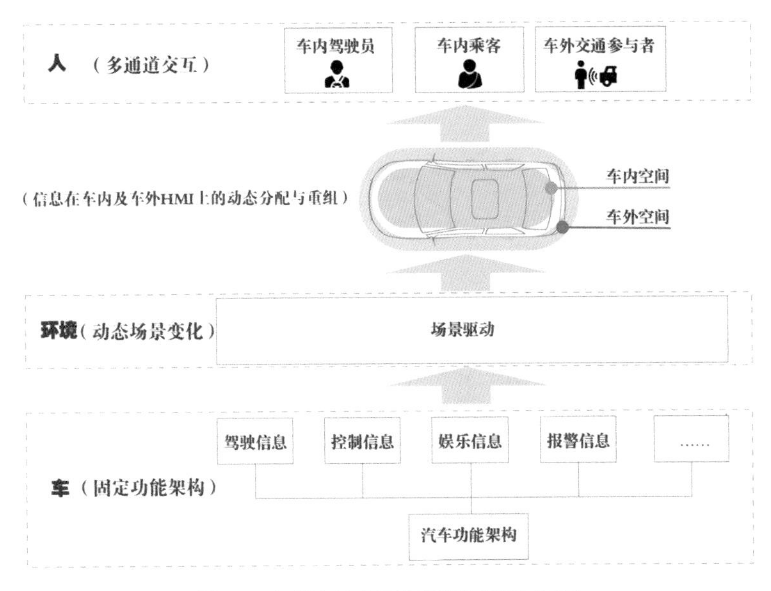


图 7.5　智能座舱空间信息设计框架示意图

在信息设计框架中，“车”指车辆根据车型、配置而具有固定功能信息架构，包括驾驶信息、控制信息、娱乐信息、报警信息等。“环境”指动态变化的车内外场景。“人”指车内驾驶员、乘客及车外的交通参与者。

根据智能座舱空间信息设计框架，虽然整车的功能信息根据车型、配置而具有固定架构，但是信息的呈现受场景驱动，根据车辆所处场景的不同，不同功能信息在车内及车外的空间中分配与重组后进行 HMI 显示。车内驾驶员或车外的其他交通参与者都可以通过动态信息显示与车辆进行多通道交互，从而协调人、车、环境三者实现高效、快捷的信息流动与读取，保证驾驶安全和舒适。

#### 7.2.1.2 车内空间信息分布

从车内 HMI 整体布局设计考虑，首先需要将相似的内容模块化，构建信息模块，同时考虑屏幕之间的信息互动，将信息模块有规律地分布于车内空间。能够有效节省驾驶员的认知资源，提高驾驶员处理信息的效率和准确性。

根据研究实践，总结了车内 HMI 显示空间及信息布局，如图 7.6 所示。车内信息模块分区主要考虑仪表盘、中控屏、副驾驶屏、控制屏和 HUD；仪表盘信息模块主要负责驾驶基本信息、ADAS 信息、导航信息的显示；中控屏信息模块用于显示娱乐信息和导航信息；副驾驶屏为娱乐信息模块；控制屏为空调控制、车辆控制等控制信息模块；HUD 信息模块则主要负责驾驶基本信息和 ADAS 信息的显示。

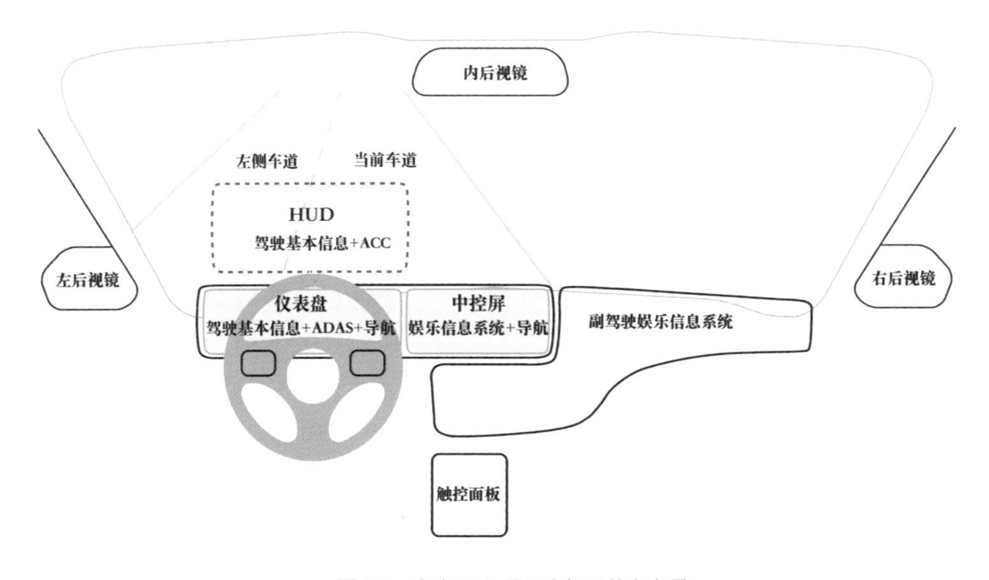


图 7.6 车内 HMI 显示空间及信息布局

在进行设计实践时，需要根据车型及目标用户等的定位，对空间布局及信息模块的划分进行更加具体的设计，这样才能实现更高的安全性和更好的驾驶体验。同时，车内信息的整车空间分布也将为未来的整车 HMI 设计提供方向。

## 7.2.2　智能汽车中的交互理念

### 7.2.2.1　人、车、环境交互理念

交互设计的核心理念是给用户提供良好的用户体验。在进行智能汽车的交互设计时，需要在人、车、环境综合条件下，以驾驶中的安全性和舒适性为中心，以为消费者提供良好的用户体验为核心目标进行整体 HMI 设计，如图 7.7 所示。

图 7.7　人—车—环境交互理念

在通过汽车界面进行交互的过程中，人类的心理活动和行为决策与桌面交互或智能手机交互的相应行为存在很大的差异。形成较大差异的最主要原因是在人车闭环以外的其他环境因素在频繁地影响着整个交互过程，人需要花更多精力在检测周围环境、执行驾驶任务和完成其他非驾驶任务中。更重要的是，人（驾驶员、乘客和交通参与者）、车、环境是影响驾驶安全的主要因素，为了最大限度保证人员安全，汽车人机界面交互设计需要协调人、车、环境所组成情境的系统动态关系。

与传统汽车不同，智能网联汽车打破了人、车、环境间的单向关系，建立起新的双向交互的人、车、环境动态关系，如图 7.8 所示。智能网联汽车交互动态系统中人、车、环境的动态

关系包括人与环境的相互关系、人与智能网联汽车的相互关系、智能网联汽车与环境的相互关系，以及三者的同时作用关系。

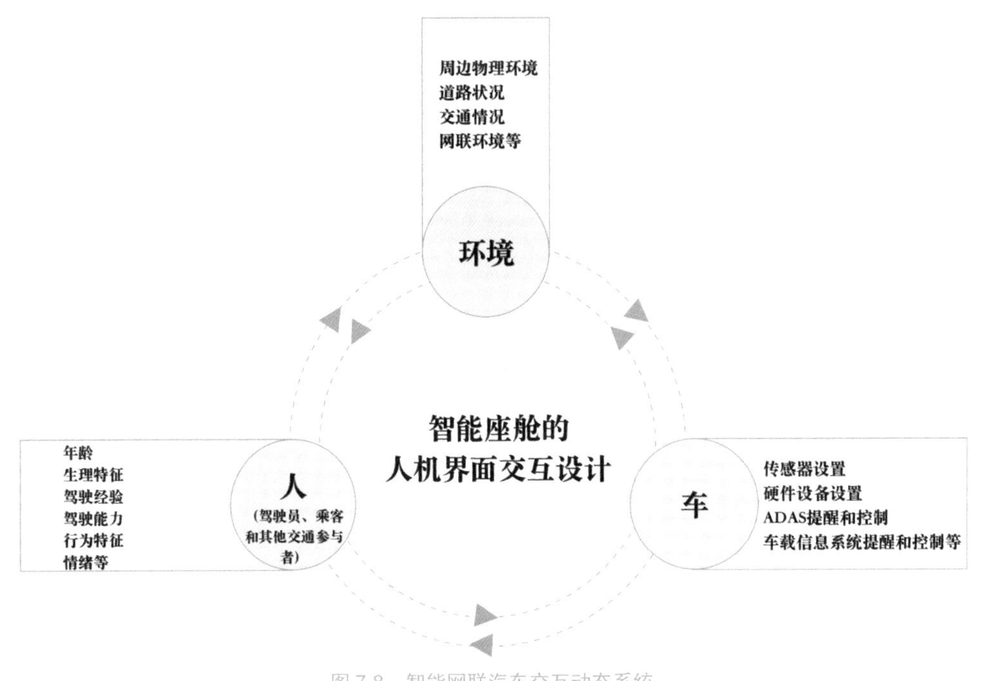


图 7.8　智能网联汽车交互动态系统

在智能网联汽车交互动态系统中：①“人”具有驾驶员、乘客和交通参与者的特质，如生理特征、驾驶经验和能力、行为特征和情绪、认知能力、态度和动机、任务需求和理解、社会角色等；②“车”指的是智能座舱的功能，如传感器设置、硬件设备设置、ADAS 提醒和控制、车载信息系统提醒和控制、车辆运动，以及交互方式属性，如转动方向盘、控制踏板、触控屏幕等；③“环境”指的是影响人和智能网联汽车的周边物理环境、道路状况、交通影响、时间和空间、网联环境、城市信息网络等。

在驾驶员通过汽车人机界面交互完成特定任务的过程中，人、汽车、环境三者在时间和空间中共同起着作用。因此，在汽车人机界面交互设计过程中必须考虑这三者的特征，将其融入整个人机交互界面设计流程中，并贯穿于整个设计的始末，使得人、车、环境的特性能系统地、直接地、准确地作用在把握汽车人机交互界面设计方向上，并且能够最终体现在汽车人机交互界面设计的具体设计输出上。通过将设计流程每一阶段的任务分解为驾驶员、智能网联汽车、环境，实现人、车、环境系统的有效交互，保证系统的安全性及舒适性。

### 7.2.2.2　人机共协共驾框架

“人机共协计算”（Human-Engaged Computing，HEC）的框架理念，融合了东方哲学概念“中庸”的共协交互（Synergized Interaction）思想，代表“人”与“计算机”达到一种最佳平衡状态。HEC 提出了一种以激发人的潜力为立足点，进而促进人与计算机双方共同发展的理论思想。HEC 同样反映了东方哲学的概念，重点在互补的伙伴关系而不是对立的力量上。在这种东方中庸思想下，面对人与车的交互问题，我们提出了一个基于东方中庸哲学概念“阴阳”的，研究人与自动驾驶交互问题的新框架——人机共协共驾，它旨在达到一种人类参与和自动驾驶参与之间最佳的共协交互。“人机共协共驾”框架由五部分组成——完全手动驾驶（Full Human）、完全自动驾驶（Full Automation）、辅助驾驶（Driver Assistance）、人类监管（Human Supervision）和共协共驾（Synergized Driving）。这五种交互形式包含了基于人与人工智能体这两个元素不同的交互形态。根据此五阶段，能划分出人与智能体之间的责任。用 HEAD 框架对此进行诠释，进而更好地展开设计，体现了人与智能体（自动驾驶汽车）更和谐的协作。

图 7.9 阐释了人机共协共驾的理论演变过程及最终框架。最初，研究人车交互都是从人与机器之间连接的界面（Interface）去考虑，如图 7.9（a）所示，人类驾驶员与智能汽车是独立的两个部分，交互存在在两个部分之间接触的线或面。这种考虑方式实则从人和智能汽车两者各自的角度去考虑，没有统筹两者共生的发展关系。人机共协共驾框架以太极的模型引入，揭示了正在发生变革的新的交互方式，最终形成人车交互关系互融互通的交互设计框架，如图 7-9（b）所示。

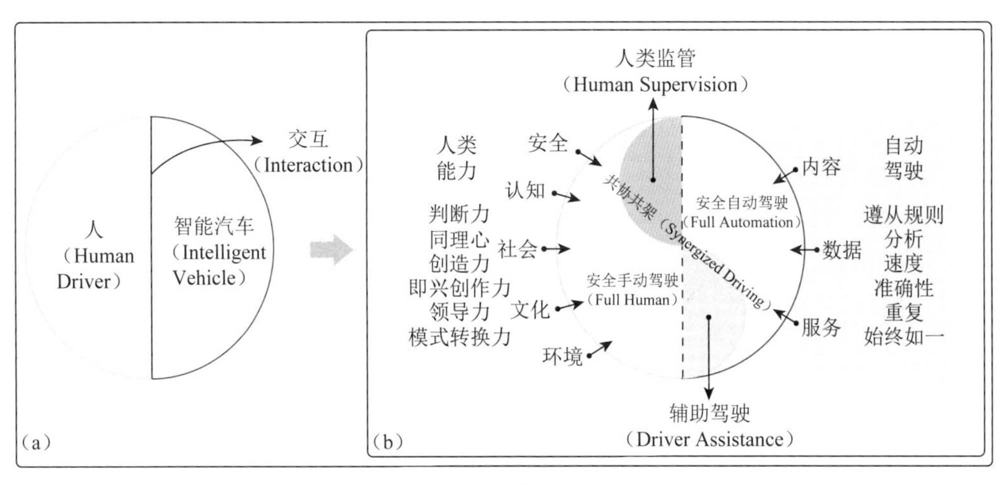


图 7.9　HEAD 的框架演变过程

完全手动驾驶（Full Human）这一部分是完全从驾驶员——人类的角度出发来关注驾驶问题的。人类驾驶员对待汽车将其仅视作一个机械产品，凭着对其与当前所处的环境的认知处理驾驶问题。人还是一个高级复杂生物，在处理驾驶问题时，会考虑“安全”“认知”“社会”“文化”“环境”等众多因素的影响，这也是人与人工智能产品之间的最大的区别。人的智能不是信息化、自动化的产物，人是智慧的，因为人类有以上因素要考量，这成为了智慧的内核和驱动。

而人的智慧之所以比人工智能更聪明，是因为其可能预见到这些人工智能也无法述说的事、物反转和出乎人工智能的意料之外。而在人的智慧下，人有其特有的能力：判断力、同理心、创造力、领导力和模式转化力等，皆是人类成为万物之灵的原因所在。

完全自动驾驶（Full Automation）这一部分是从自动驾驶汽车的智能来看待驾驶问题的。机器有本身卓越的能力：数据处理的能力、数据处理的速度、数据重复能力和数据分析能力。机器要变得智能，离不开“内容”“数据”“服务”这三个方面。内容是由单个人所产生的，单个人的内容对于准确地满足个性化的需求是有益的，但是对大多数人的需求满足贡献不大。因此，群体需要数据，众多数据的累积得到了一个群体的倾向，而这决定了智能未来到底产生什么样的内容和服务好什么样的人和社会。

而自动驾驶固有的能力有：遵从规则、分析、速度、准确性、重复和始终如一。因为它以数理逻辑作为基层，所以当然可以作为人类某些能力的延伸。例如，准确性，自动驾驶可以在极其短的时间做出分析和行为反应，规避掉很多人类的粗心或侥幸心理等所带来的风险。

辅助驾驶（Driver Assistance）是在人驾驶汽车的维度下参与了部分汽车的智能系统。自动驾驶充当人类驾驶员的协助者，帮助人减少一些信息量庞大、重复或烦琐的工作。因为车的传感器、摄像头可以弥补人类感知器官的局限，成为人在生理结构能力上的延伸。汽车的智能系统探测周围环境并向驾驶员传达风险和未知因素，同时帮助人类处理部分信息的转换，但最终由人类来做出决策。并且，遇到机器无法判别的场景或人不相信机器的情况下，都可以由人来接管，人拥有驾驶车辆的绝对主控权。

人类监管（Human Supervision）是在智能汽车帮助完成大部分驾驶任务的情况下参与了人类的监管。人工智能下的智能汽车取代了人类的驾驶工作，网络中的系统不断地执行任务，反馈给人进行审核与监管。人可以从体力劳动，甚至大部分脑力劳动中解放出来。但人工智能的判断有时会与人类的判断相冲突，因为人工智能考虑更多的是实现完成任务的最优解，甚至会为了达到最佳路径时，揣摩人类意图和替人类做出选择。并且，机器没有像人一样深层次的道德、伦理的考虑，因此当人工智能与人类的意见不统一时，人类保有最高决策权。

共协共驾（Synergized Driving）代表所期望的人机（车）交互关系达到的一种最佳平衡状态。在共协共驾中，人和自动驾驶共同沉浸在当前的移动环境内，经历这一段旅程。在这段经历中，人的目的不仅仅是满足达到终点、娱乐等方面的需求，抑或是实现更良好的驾驶绩效，而更强调人的心智是否得到了提升，人与机器是否在心智层面能够高度协同和互惠。太极理念中“S”的涵义也体现出人机协同的过程中是流动的，也意味着在人机交互过程中，参与并提供的或者提升的可能是人类或机器的某一项或几项能力。如车机将其他驾驶员的困境提供给人类驾驶员，这种交互唤醒了人的同理心，此刻，人更关注他人处境，高于自己本身驾驶的目的，这是人类的同理心能力提升的表现。

## 7.3　人机共协共驾下的交互设计案例

HEAD 考虑了在人和智能驾驶系统共同驾驶之中被忽视的人的因素，同时考虑智能系统的能力。本章进一步介绍人与智能系统共协共驾的概念性案例。

自适应巡航控制（Adaptive Cruise Control，ACC）是控制车辆纵向运动的驾驶员辅助系统，是自动驾驶汽车主要功能需求之一，能为驾驶员减轻工作负荷。但目前针对 ACC 功能的交互界面设计参差不齐，会造成人在使用时对自动驾驶的汽车产生困惑或误解，反而工作负荷增加，达不到共协共驾。从 HEAD 框架的思想出发，以 ACC 功能下的切入驾驶场景为例，建立一个人机共同参与的信息架构，进行原型与界面设计，在驾驶模拟器上进行工作负荷的实验，来验证共协共驾有助于减轻人类驾驶员的工作负荷，提高驾驶效率，促进两者共同发展。

### 7.3.1　场景介绍

在关于 ACC 功能的研究中，其他车辆切入是其典型应用场景。将驾驶场景分为两阶段，以辅测车辆（F 车）右侧前轮驶过车道线为分界点，驶过前为第一阶段，驶过后为第二阶段。第一阶段包括两个状态：①巡航状态；②切入状态 A。第二阶段也包括两个状态：①切入状态 B；②跟车状态。在巡航状态下，由驾驶员设定 ACC 设定车速；在切入状态 A 下，F 车开始超车并开始准备切入主测车车道；在切入状态 B 时，F 车开始切入当前车道，此场景变化也可能会影响 S 车驾驶员调整 ACC 设置且影响更大；在跟随状态下，S 车以 F 车的速度跟随 F 车行驶。对于两辆车辆在两阶段中的状态描述如图 7.10 所示。

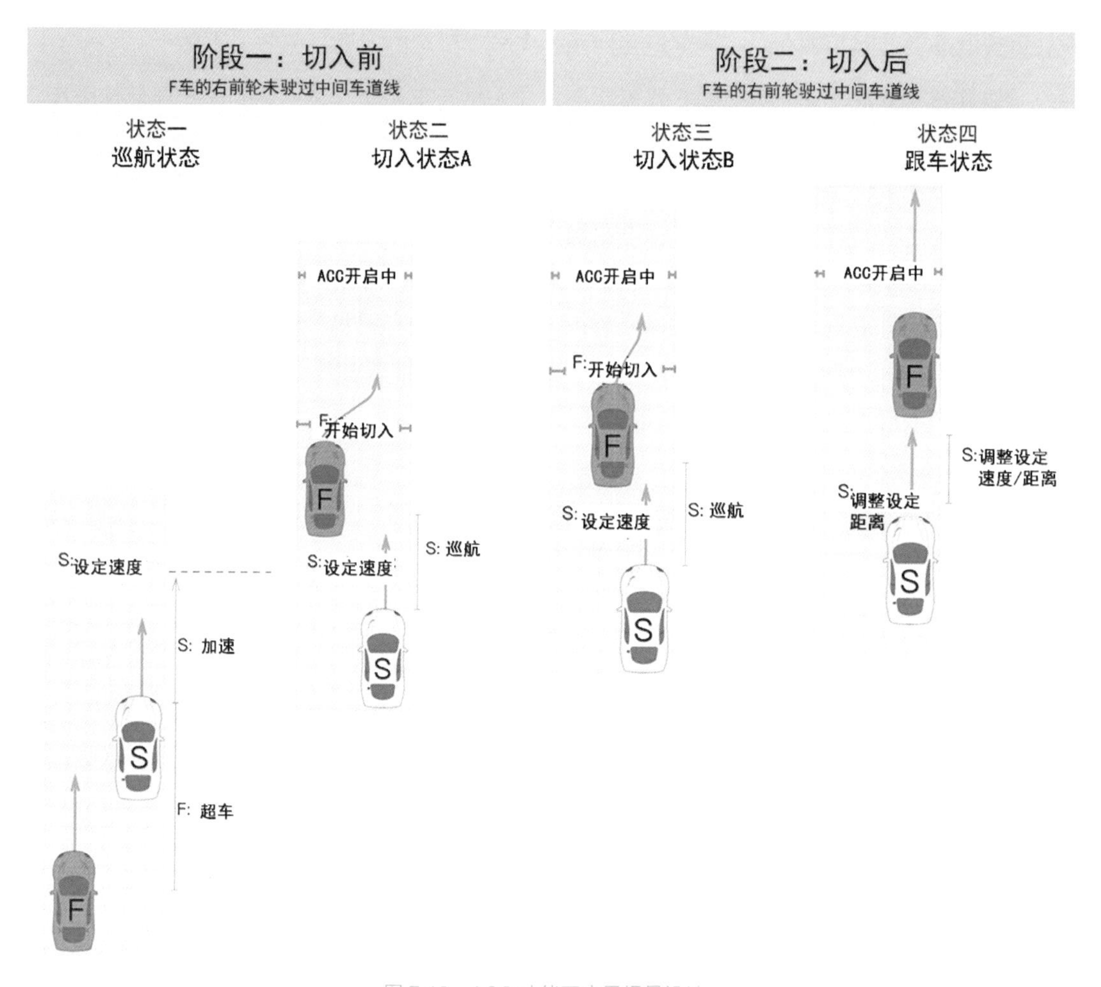


图 7.10　ACC 功能下应用场景设计

## 7.3.2　共协共驾下的信息架构

在 ACC 功能车辆切入的场景中，基于对人类驾驶员认知和交互设计概念的分析，建立如图 7.11 所示的驾驶员使用 ACC 时的操作和认知过程图，用以分析驾驶员在不同道路场景下使用 ACC 的物理操作和认知状态，以便厘清人类驾驶员和自动驾驶分别参与的部分。这使得设计出的界面，能减少由于在自动驾驶汽车环境感知系统降低的情况下，驾驶员对驾驶环境、对车辆 ACC 功能本身处理能力不知情带来的潜在危险，同时也能提高人对车辆的信任，甚至提高驾驶员认知能力。

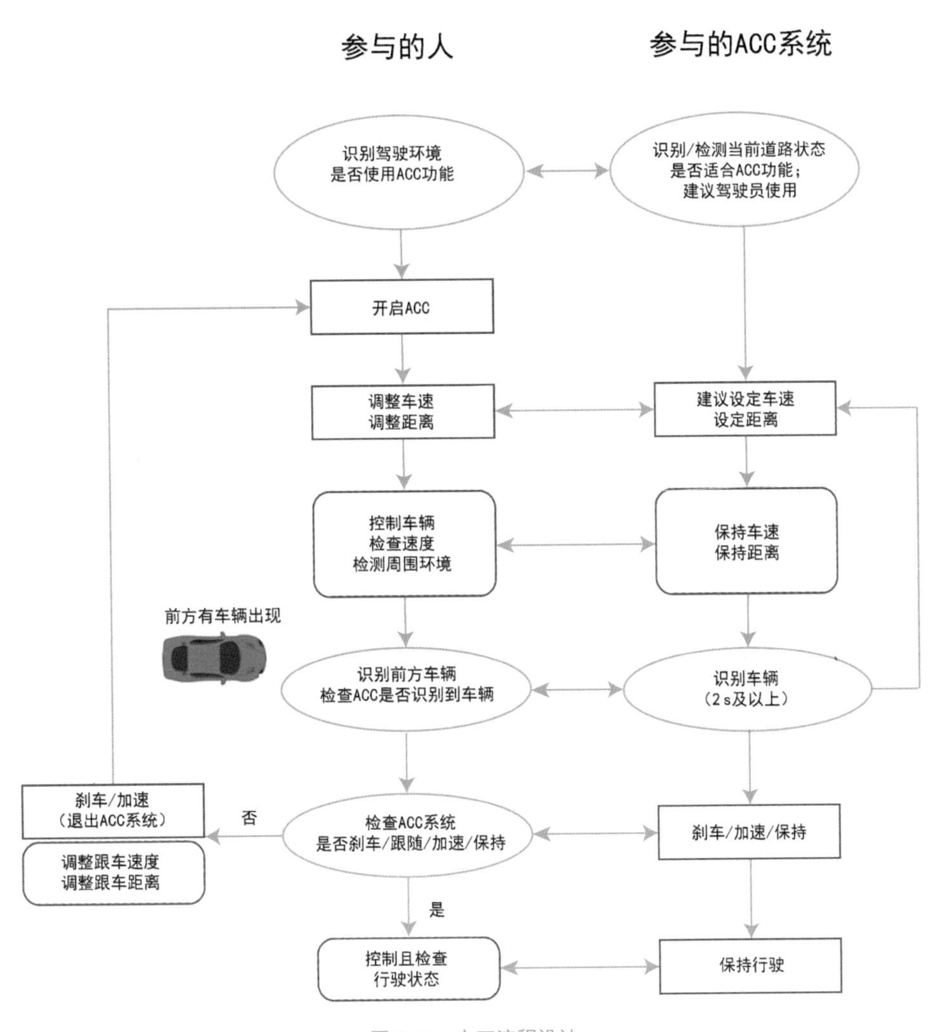


图 7.11　交互流程设计

设计车内动态信息架构的目的是更深入、更准确地寻找典型场景下基于驾驶员认知的 ACC 功能设计点。分阶段、分维度分析驾驶场景，结合驾驶员行为预测，预估在驾驶员执行哪些驾驶任务时需要 HMI 帮助（什么时候信息该出现）；进一步出现什么信息可以平衡驾驶员负荷等，基于增强现实平视显示器（Augmented Reality Head-Up Display, AR-HUD）和挡风玻璃平视显示器（Windeshield Head-Up Display, W-HUD）的显示区域，分析信息出现的时刻、形式，以及两屏的关联互动等问题。外部驾驶环境改变（车辆切入），驾驶员获取来自外部环境的信息，从而根据当下的驾驶场景调整内部功能（ACC），引起一系列车内外信息改变。从时间顺序和不同参与角色维度去分析平视显示器的信息架构设计，在设计方面表现为呈现在 AR-HUD 和 W-HUD 信息元素的关系。

结合驾驶员视觉扫视分析和车辆本身的行驶轨迹，得到驾驶员态势感知监控下车辆的行驶轨迹，此轨迹大概的顺序为左后视镜 / 内后视镜—左侧窗—前挡风玻璃左侧车道—车道线—当前行驶车道，如图 7.12 所示。图 7.12 中原点表示车辆行驶轨迹结点，1 ～ 4 为驾驶员识别范围，4 ～ 6 为驾驶员与车辆共同识别范围，当车辆行驶在 4 ～ 5 区域时，驾驶员和车辆需要做出判断前车状态是否会影响本车 ACC 功能的使用，驾驶员是否需要调整 ACC 设定速度和设定距离，因而在这里将 4 ～ 5 作为重点做设计帮助的区域，帮助驾驶员判断前车运动轨迹，增强态势感知，降低驾驶员工作负荷，及时做出有效判断及行动。

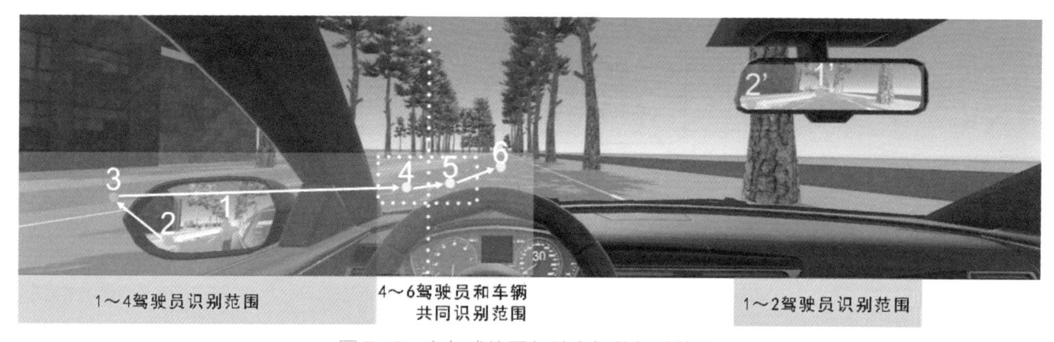


图 7.12　参与式协同驾驶车辆的行驶轨迹

### 7.3.3　平视显示器界面设计及迭代

很多具有自动驾驶功能的车辆都搭载有 ACC 功能，且有相应的 HMI 设计界面，基本信息包括 ACC 设定速度、设定时距，以及车辆识别信息，ACC 信息主要显示在仪表盘上，虽然不同车厂的 ACC 逻辑、设计表现等都有所不同，但已经形成一套较为稳定的设计方案。基于 CarLab 的前期工作，在驾驶模拟器上整合了相同的 ACC 信息，分别显示在仪表上和平视显示器上，作为原始方案，如图 7.13（a）所示。

在原始界面设计方案中，列举了 ACC 功能分别显示在 AR-HUD 和 W-HUD 上的信息、设计表达及动态变化，但存在一定缺陷，例如：没法获得前车运动状态、加减速信息；平视显示器上显示的 ACC 功能的模式不明显，不清楚行车时处于巡航还是跟随模式；当本车对于驾驶环境的改变做出相应回应时，界面未告知驾驶员本车的决策过程及执行情况；时距条的设计易被误以为车辆已从巡航模式转换为跟随模式；识别信息蓝色半弧形识别与蓝色矩形重合，不易被识别；人似乎不能接收 2 个以上实时动态信息。基于上述问题的分析及前期界面中信息架构的梳理，将原始界面设计方案进行迭代，如图 7.13（b）所示。两种方案的设计元素对比如图 7.14 所示。

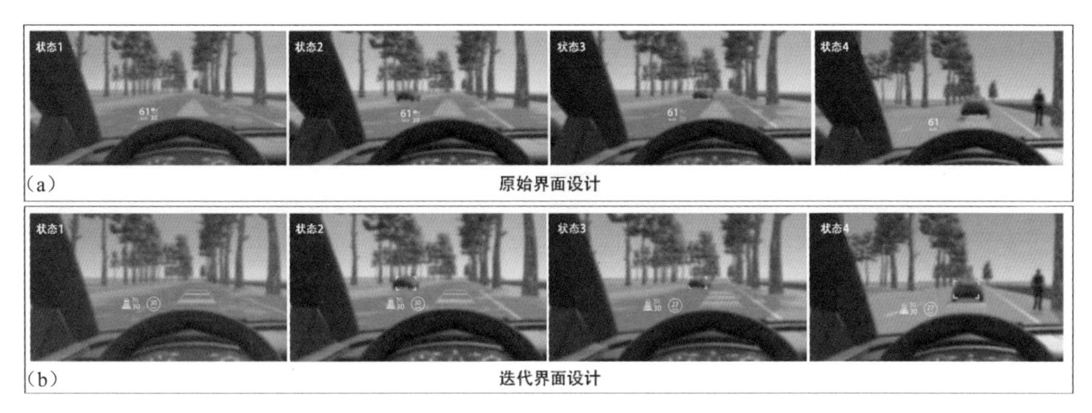


图 7.13　原始界面设计与迭代界面设计

| 信息 | 原始界面设计 | | | 迭代界面设计 | | | | |
|---|---|---|---|---|---|---|---|---|
| | AR-HUD | W-HUD | 动态变化 | 参与的人 | 参与的ACC系统 | | | |
| | | | | | AR-HUD | | W-HUD | 动态变化 |
| 车辆速度 | 无 | 61 km/h | 实时变化 | ① 控制车速<br>② 检查车速<br>③ 检测周围环境<br>④ 控制且检查行驶状态 | 无 | | 61 km/h | 实时变化 |
| 设定速度 | 无 | 30 | 以5 km/h递增/递减 | 调整车速 | 无 | | 30 | 以5 km/h递增/递减 |
| 设定时距 | | 无 | 3档时距，逐一增加/降低 | 调整时距 | Cruise Mode | Following Mode | | 3档时距，逐一增加/降低 |
| 识别信息 | | 30 | 未识别/已识别 | ① 识别车辆<br>② 检查ACC是否识别车辆<br>③ 检查ACC系统是否刹车/跟随/加速/保持 | 预识别 | 已识别 | 30 | 未识别/预识别/已识别 |

图 7.14　原始设计方案与迭代设计方案设计对比

选用 ACC 功能的平视显示器设计方案作为原始方案，与参与式协同驾驶分析基础上的迭代设计方案作对比，在驾驶模拟器上进行试验，对比分析驾驶员分别使用两种 HMI 设计方案下的工作负荷、设计元素问卷等，以此分析动态信息架构和驾驶员工作负荷分析是否对设计有指导作用，可以平衡驾驶员工作负荷，提高驾驶员使用 ACC 功能时的驾驶安全性（图 7.14）。在原始界面设计方案中，列举了 ACC 功能分别显示在 AR-HUD 和 W-HUD 上的信息、设计表达及动态变化。50% 的被试希望获得前车运动状态信息，如前车加减速等；平视显示器上显示的 ACC 功能的模式不明显，在开车过程中，不清楚当时处于巡航还是跟随模式；当本车对于驾驶环境的改变做出相应回应时，例如，前方有车辆切入本车道，本车减速，应通过 HMI 告知驾驶员本车的决策过程及执行情况；30% 的被试看到时距条时，误以为车辆已从巡航模式转换为跟随模式；识别信息蓝色半弧形识别与蓝色矩形重合，不易被识别；工作人员观察发现被试似乎不能接收 2 个以上实时动态信息；当前跟车时距和设定跟车时距，被试偏向于动态显示当前跟车时距，体现调整过程；代表时距的矩形条的视觉效果强烈，应加强车辆识别，弱化矩形。

基于上述问题的分析及前期界面中信息架构的梳理，将原始界面设计方案进行迭代，在设计元素“设定速度”中，相比原始设计方案，在迭代设计方案中，将实时速度信息用空心圆圈出，ACC 设定速度字号增加了 2 像素，在视觉上让速度信息更明确，且把实时速度和 ACC 设定速度做了明显区分。在设计元素“识别前方车辆”中，相比原始设计方案，迭代设计方案中在 W-HUD 上的显示保持不变，当本车已识别到前方车辆时，车辆图示由白色变为蓝色；在 AR-HUD 中，在逻辑上增加了对前方车辆的“预识别”状态，且在视觉上将原始方案中“蓝色半弧形底托”迭代为更加明显的“选框”形式。当本车识别到前方或旁边车道的可能会对本车 ACC 功能使用产生影响的车辆，但此车辆不会改变本车 ACC 功能使用模式，即本车依旧处于巡航模式下，识别信息为白色，即出现白色选框；当本车识别到前方车辆，且前方车辆改变了本车 ACC 使用模式，即本车由巡航模式变为跟随模式，识别信息为蓝色，即出现蓝色选框。

在设计元素“设定距离”中，相比原始设计方案，在迭代设计方案中把五个时距减少为三个时距，在视觉上更能清晰地判断时距增减带来的距离上的改变；在 AR-HUD 中，在逻辑上增加了对 ACC 功能模式的判断，当本车为巡航模式时，时距矩形为空心，当本车为跟随模式时，时距矩形为实心，且 AR-HUD 的时距矩形显示跟随前车的距离实时改变，例如：驾驶员设定时距为三个时距，前方突然有车切入，此时与前车距离突然间变小，时距显示为一个时距，当本车车速降低，恢复到三个时距时，驾驶员原始设定的三个时距完全显示在路面上，在 W-HUD 中，时距显示为驾驶员设定时距，不随实时时距改变而改变，准确提供给驾驶员原始的设定信息，因而在迭代设计中，时距信息在 AR-HUD 上和 W-HUD 上的显示有可能是不同步的，取决于当时的驾驶场景；在视觉上，相比原始设计全实心的设计，迭代设计弱化了矩形的显示，增强了透明度，增加了渐变效果。在设计元素“对 ACC 功能模式的判断”中，相比原始设计方案，在迭代设计方案中，在“识别信息”和“时距”设计元素中都增加了对于 ACC 功能模式的判断。

### 7.3.4　共协共驾下的交互界面设计建议

HEAD 基于其发展，考虑人的驾驶能力和自动驾驶能力之间协同相互作用，为评估自动驾驶研究和开发提供了新的和更广泛的标准。基于案例的结果和框架的内容，得出关于人机协同交互的建议，帮助纠正自动驾驶场景设计中的疏忽。

（1）充分考虑人的能力。如之前的框架中所述，人具有人工智能所没有的许多能力，如判断力、同理心、创造力、领导能力等。基于对驾驶员的认知和当前状况判断的分析，在 ACC 功能的插接场景中，如上述情况所示，建立了驾驶员和 ACC 系统接合部件的流程图。分析驾驶员在不同路况下的物理操作和认知状态下对 ACC 的使用。这使得设计的界面可以减少由于驾驶员对驾驶环境的无知，以及车辆 ACC 功能本身的能力所限而导致的潜在危险，并且还可以提高人们对自动驾驶的信任度。

（2）在时间和角色维度中寻找设计机会。从时间阶段和角色维度中分析驾驶场景可以帮助找到界面的设计机会。结合人类（驾驶员）行为预测，通过对驾驶场景进行阶段和维度分析，可以估计驾驶员在哪些驾驶任务下需要界面的帮助；也就是说，可以找出何时显示信息及需要哪些信息驱动程序。然后，根据屏幕之间的显示区域，出现信息的形式，并可以分析多个屏幕之间的交互。在上面的示例中，根据阶段顺序和不同参与角色的维度来分析显示的信息体系结构设计。在设计方面，它表示为 AR-HUD 和 W-HUD 信息元素之间的关系。在时间的维度上，辅助车辆在插入场景中的多个屏幕之间留下一系列具有不同识别范围的运动轨迹。在参与的人员和参与的自动驾驶的协助范围内，分析两者之间的信息流有助于驾驶员提高态势感知并及时做出有效的判断和行动。

（3）考虑设计界面以提高人与技术的共同能力。人和智能汽车都应根据其种类特性进行充分开发，根据对存在的自觉感知更好地集成，并应为人类存在的意义而加以利用。因此，在设计界面时，任何一方的能力都不容忽视，更大程度的协同互动产生的结果将以维持人类的福祉为最终目的。

结合以上建议，透过 HEC 视角，发现目前的智能汽车发展主要关注两个层面，即身体行为层面和思维理性层面。

（1）身体行为层面，随着汽车内硬件产品从机械到电子、单屏到多屏覆盖，驾车目的从驾驶转向娱乐一体化，汽车交互方式从被动变为主动等诸多方面的发展，这些首先极大满足了人车之间人体工学和感官认知上的交互潜力。例如，符合人的运动控制和认知习性是智能汽车交互的基础核心，关系到人对车辆的基本操控。此外，智能汽车交互系统通过激光雷达、相机等传感器捕捉车辆周围环境的信息，如道路的宽度、转弯的半径和车辆的距离等，并将这些信息通过车内的显示屏、声音和振动等方式传达给驾驶员，帮助驾驶员更好地掌握车辆的状态，减轻驾驶认知的负担，使驾驶员在驾驶时更加安全、舒适和便捷。

（2）思维理性层面，除了人在身体行为层面对汽车的操控上的可用性与易用性，智能汽车交互的发展也在帮助人在思维理性层面有所突破，对于业务的重新思考会带动驾驶者对于“驾驶”“出行”，甚至“生活方式”等基本观念的理解和变化。其中浅层次，如车辆属性、路线规划、驾驶心理学等；而深层则是重新理解汽车作为一种生活工具的可能性。例如，智能泊车系统的出现改变了人对于汽车被动行驶的刻板印象。同时，智能汽车交互系统通过算法分析，还可以协助驾驶员更好地理解和分析复杂的驾驶情况。如果智能汽车检测到前方出现了行人，智能汽车交互系统可能会向驾驶员发出警告，并在必要时自动采取措施，从而避免发生交通事故，这需要智能汽车交互系统具备良好的逻辑分析和情景处理能力。

上述两个层面支持了使用智能汽车时绝大部分的需要。然而，在当下时代，人们之所以对智能汽车赋予“下一个机会”这么高的期待，绝不仅希望车局限于驾驶这一场景。汽车作为整体性环境，应当通过探索更多可能性，结合 HEC 的认识去帮助实现人的完整性。当人们沉浸在驾驶座舱内，享受各种各样的服务时，似乎很难感受到超出身体、认知以外驾驶经验的目标。然而当这类任务目标（如希望快速到达目的地）被过分强调并简单唯一化后，实际上人也经历了一个被目标所掌握并异化的过程，从而造成大量的潜在问题，例如路怒症——人的情绪被目标、竞争所激发并不断极化。理想中的人车共协关系不应当仅仅是简单地使用和被使用的关系，而是能够认清单一目标感的短暂意义不受其控制，去感受人的心智层面在车作为一种环境内的体验和意义，因此，提出另一个潜在方向。

心灵感性层面，智能汽车有望通过其独特场景帮助人脱离目标感的控制，转向人全方面能力的激活与提升，如同理心、正念等。其中，同理心的发展可以帮助人类解决如路怒症等内在问题。作为思维活动的一种身体性反应，路怒症不应该简单地被视作情绪的发泄，而是当人被出行过程中的某个强烈意志所控制，却有悖于现实时所产生出的激烈情绪。而当智能汽车能帮助激发驾驶者的同理心，使驾驶者将他人的情绪感同身受、本性层面得以连接，其注意力就可能不会完全被驾驶目标所支配，路怒症也就有消解的可能性，并长期有益于驾驶者作为人的发展。

总之，汽车科技的进步不应仅仅被限制在思考人的驾驶体验中，而是将其作为一个生活场景来以发展人为目的，从而找到人车之间一种理想的共协关系。

# 第8章 信息交互与人机共协计算

信息交互（Information Interaction）一直是信息检索（Information Retrieval, IR）、人机交互和信息科学领域最重要的课题之一。秉持着一种“天生的交互性”（Inherently Interactive）（Savage-Knepshield & Belkin, 1999），信息交互代表了“人们与信息系统之内容进行交互的过程”（Toms, 2002）。同样，通过理解人与人之间的信息交互方式，对于设计智能信息系统界面也至关重要（Brooks et al., 1986）。

在信息交互的研究范围中，诸如激发信息交互的方法（Belkin et al., 2003）、支持信息交互设计的模型 / 技术 / 系统 / 应用程序（Yuan & Belkin, 2010; 2014; Yuan et al., 2015; Sa & Yuan, 2020; 2021; 2022），以及影响用户对信息交互设计感知的因素（Begany et al., 2016）或信息搜索行为（El-Maamiry, 2020）等都是广受关注的研究课题。例如，通过模拟试验方法（Wizard of Oz）对比基于语音和触摸手势输入的口语搜索界面与文本输入搜索界面，通过分析转录的访谈数据，研究者发现信息交互方式的差异影响着用户的行为感知，体现在系统整体、易用性、速度，以及用户信任度、舒适度、乐趣因素和新颖性等各方面（Begany et al., 2016）。

此外，HCI 和 IR 的研究人员也根据其专业分享了信息交互对于未来社会影响的研究议程，包括：数据科学如何促进对潜在病例和危机的更有效和及时的反应，并开发一个可靠和可信赖的信息环境（Xie et al., 2020）；如何帮助弱势群体及时获取数字信息，例如，通过支持面向老年人的服务机构（Fingerman & Xie, 2020）等。相关从业人员迫切需要思考有助于应对紧急情况的信息交互方法。

上述工作表明，信息交互的研究范围是受到社会与特定时代的相应要求和关注逐渐形成的（Harrison et al., 2007）。而这种“由特定社区的成员共享的信仰、价值观、技术等的整个集合……作为模型……用于解决常规科学的剩余难题”（Kuhn, 1970），则成为了规划问题一般视角的研究范式。信息交互的第一次重大范式转变发生在 20 世纪 80 年代，从以系统为导向扩展到以用户为中心（Dervin & Ninan, 1986）。在面向系统的传统范式视角中，研究人员通过评估信息系统的性能（如速度、准确性和带宽等），专注于开发信息检索的输入和输出方法，以确保能够有效和高效地检索基本信息。而随之而来的以用户为中心的研究范式，研究人员则试图在用户与信息交互时改善用户体验和用户满意度为着力点，将考虑扩展到非工具因素，如人的情绪，以及其他主观体验指标，如满足感、愉悦感和可信度等（Hassenzahl & Tractinsky, 2006）。与此同时，一些新范式也提出如何建立一个连接人、信息、行为、技术和环境的生态框架（Nardi & O'Day, 1999; Marchionini, 2008；Fidel, 2012）。

然而目前，正如一些研究者评论的那样："研究者仍然倾向于以信息搜索为中心……使人不禁怀疑人类的信息交互是否已成功地过渡到一种生态视角"（Tang et al., 2019）。在移动计算和强大的人工智能（AI）两大新兴技术趋势的推动下，基于自然语言处理（NLP）和计算机视觉（CV）的各种移动模态支持设计出更丰富的信息交互输入和输出方法。然而，由于没有具体对于人类及其体验的进一步理解和技术发展的指导方针，过去的研究范式发展逐渐失去了目标，对设计者来说也开始变得模糊，技术的发展从完善人类需求变异到满足人类欲望。这一点在广泛存在的信息交互中尤为明显。意识到人类的复杂性及其自我意识的逐步觉醒，人机共协计算（HEC）认为，基础的驱动力的构成已不是人在信息交互上的可用性及效率问题，而是人如何能在信息交互中提升其对于信息本身的根本判断能力等。希望通过人机共协计算与信息交互的结合，能够构建一个更加以人类心智提升为中心的交互方向（Ren et al., 2019; Wang et al., 2020）。

## 8.1 信息交互的传统关注范围——以语音检索为例

大约 15 年前，语音检索还"不是一个众所周知的技术"（Crestani & Du, 2006）。随着人工智能技术的深入发展、自动语音识别和自然语言处理能力的不断提高，语音检索已经成为人们生活的一部分，相关功能也已经成为主流搜索引擎（如谷歌、百度等）和移动电子设备（如智能手机、智能手表等）必不可少的一部分。人们对语音交互检索的需求日益增多，同时对语音交互的质量要求也越来越高。与此同时，人工智能与人机交互之间也有了越来越多的交集。各类语音助理（Voice Assistants）（如 Siri、Google Now、Cortana、Amazon Alexa 等）应运而生，同时也衍生了很多研究方向（Guy, 2016）。例如，利用基于日志数据研究用户的语音检索行为（Schalkwyk et al., 2010; Kamvar & Beeferman, 2010）；分析用户在遇到系统错误时的检索策略（Jeng et al., 2013）；对话语言界面（Spoken Language Interface）和传统文本输入界面的用户比较（Yuan et al., 2016）等。其中一些结果如下：①任务类型对使用对话语言界面的用户查询行为（User Query Behavior）有重要影响（Yuan & Sa, 2016）；②用户对系统的熟悉度

（Familiarity）、是否有趣（Fun）和创新性（Creativity）都是影响到用户对语音系统感知度的因素（Begany, Sa, & Yuan, 2016）；③使用对话语言界面会导致交互行为，如迭代次数、保存和查看过的网页数目等，较基线系统（Baseline System）大幅减少（Yuan & Sa, 2016）；④语音质询（Spoken Queries）比文本质询（Textual Queries）更长（Yuan & Sa, 2016），这也验证了过去研究中发现用户对不同模式系统的行为和感知方面的差异（Crestani & Du, 2006），但另一方面也有证据表明，用户对于能够与系统进行语音对话感到并不舒适，同时认为语音输入是不够成功的（Patel et al., 2009）。

如上所述，从人机交互的角度来说，研究人员比较感兴趣的是语音媒介如何影响用户的语音检索行为，这些研究包括而不限于：对于语音查询和文本查询的比较；查询重构策略；在语音对话检索中的非语音暗示；语音交互中用户与设备交互的对话模型设定；用户在实际使用语音系统中的用户体验等。

下面通过一个实际案例展示传统用户语音检索行为（Voice Search Behavior）的调研内容，希望通过下述的考量点来明确传统信息交互的关注范围。

### 8.1.1　问题描述

使用传统文本输入检索系统时，键盘和鼠标可以针对现有查询进行任何类型的查询重构（Query Reformulations）。而当使用语音检索的时候，则需讲出完整查询。这个过程可能产生新的识别错误，并且增加用户的认知负荷。识别错误（Recognition Error）可通过研发和提高自动语音识别技术（Automatic Speech Recognition, ASR）得以改进。另外，局部重构查询也可能会是一个有效改正识别错误的方法，但当前的语音信息系统并没有给用户提供机会对当前输入的查询进行修改。

问题需求调研通过在线问卷进行，希望通过调查用户对于语音检索系统（Voice Search Systems）的语音检索功能的综合使用（General Usage）和对系统的感知（perception）来检测用户的语音检索行为。同时，这项研究也强调了用户对于语音查询重构的需求。它基于这样一个假设，即对用户来说，一个语音系统如果没有提供查询重构的功能就是一个有缺陷的系统。在此假设基础上，研究人员主要归纳了三个研究问题（Sa & Yuan, 2021）。

RQ1：用户是如何进行语音检索的？

RQ2：用户是如何感知语音检索的？

RQ3：用户使用语音检索时遇到了哪些问题？

## 8.1.2 调研讨论

从问卷结果来看，用户对于语音检索的使用频率远不及对于键盘检索的使用。但用户很喜欢语音检索的方便性。分析发现，用户不喜欢语音检索的主要原因可以归咎为系统错误和无法更改质询。下面详细介绍研究方法和问卷调查结果。

在线调研由五部分组成，包括人口统计信息、检索背景及经验、电子设备的使用情况、语音系统使用和语音检索场景分析。其中，前四项都包含 3 ～ 5 个问题，用来收集用户的基本信息。在场景分析部分，设计了用户对于语音系统的简易使用性和可用性方面感知度的主观问题，例如，在什么情况下用户更喜欢用语音检索，用什么设备、什么样的环境、自己还是和其他人在一起；用户成功进行语音检索的频率有多高；关于语音检索，用户喜欢哪些、不喜欢哪些；用户想增加什么样的特征到信息检索系统等。在问卷的最后，用户也需要描述近期或印象最深刻的语音检索经验。具体来说，用户可以讲述检索的内容，以及检索是否成功或者失败等。而这方面的内容可以帮助收集到现实生活中关于语音检索相关的实例。问题的设计大多数是基于著者团队过往的研究成果（Yuan et al., 2013; Begany et al., 2016），以及相关文献调研（Kamvar & Baluja, 2010; Google, 2014）。使用谷歌问卷设计和收集结果，问卷链接被发送到著者所在大学的教职工和学生的服务列表上，以及其他校外的服务列表上。

### 8.1.2.1 被试背景

总共收到 64 份完整问卷。在这 64 个被试中，38 位女性（59.38%），28 位在 20 ～ 29 岁（43.75%），46 位是白人（Caucasian, 71.88%），28 位已获得硕士学位（43.75%）。详细的人口统计信息参照表 8.1。

表 8.1 人口统计信息

| 问题类别 | 选　项 | 回答人数 | 回答百分比 /% |
| --- | --- | --- | --- |
| 性别 | 男性 | 26 | 40.62 |
|  | 女性 | 38 | 59.38 |
| 教育程度 | 高中学历 | 1 | 1.56 |
|  | 大学学历 | 16 | 25.00 |
|  | 硕士学位 | 28 | 43.75 |
|  | 博士学位 | 15 | 23.44 |
|  | 其他 | 4 | 6.25 |

续表

| 问题类别 | 选　　项 | 回答人数 | 回答百分比 /% |
|---|---|---|---|
| 年龄 | 20 ～ 29 | 28 | 43.75 |
| | 30 ～ 39 | 16 | 25.00 |
| | 40 ～ 49 | 9 | 14.06 |
| | 50 以上 | 11 | 17.19 |
| 种族 | 非洲裔 | 1 | 1.56 |
| | 亚洲裔 | 12 | 18.75 |
| | 白种人 | 46 | 71.88 |
| | 西班牙裔 | 2 | 3.13 |
| | 其他 | 3 | 4.69 |

其中，46 位被试填写了工作头衔（71.88%），包括工程师、研究助理等职位；34 位是学生，专业方向包括图书和信息科学、公共健康、历史、物理等。日常中，61 位被试使用笔记本电脑（95.31%），57 位使用智能手机（89.06%），43 位使用台式电脑（67.19%），36 位使用平板电脑（56.25%）。22 位同时拥有这 4 种电子设备（34.38%）。关于搜索经验，被试回答包括多久会使用一次网络检索、最喜欢的搜索引擎，以及是否用过查询建议等。

64 位被试都是每天访问搜索引擎和网站。其中，谷歌（Google）的使用最频繁，有 58 位被试使用（90.63%），其他搜索引擎有必应（Bing）、百度（Baidu）、谷歌学术（Google Scholar）等。每日检索行为而言，63 位被试用台式或笔记本电脑进行检索（98.43%），46 位使用智能手机或平板电脑（71.88%）。此外，还有 13 位每周两到三次使用智能手机或平板电脑进行检索（20.31%），三位被试从未使用过智能手机或平板电脑进行检索（4.69%），值得一提的是，这三人也从未有过自己的智能手机。除此以外，个别用户还使用 iPod、工作站、和智能电视进行语音检索。当被问到关于语音辅助系统（如 Siri）的使用情况时，41 位被试回答使用过此类系统（64.06%）。其中，31 位用过苹果 Siri（75.61%），22 位用过谷歌 Now（53.66%），另外 3 位用过微软语音产品（7.32%）。

#### 8.1.2.2　交互行为

在所有被试中，25 位从未用过语音检索（39.06%）。有被试提到，其只用键盘输入的原因是："我感觉用键盘输入进行检索很舒适""我更喜欢打字，又快又简单"。此外，一些被试有语言问题，担心自己有口音会导致系统没法识别查询。其中一位提到"我认为系统不会明白我想说什么，因为英语不是我的母语。我担心系统不会听懂带口音的英语"。还有一部分被试不用语音检索的原因是不想打扰到周围的人。很大一部分被试提到没必要做语音检索，其中一位讲道“我从来不觉得需要用语音检索”。

如表 8.2 所示，尽管 39 位被试用过语音检索，但是其中只有 3 位每天检索（7.69%）。大约一半的被试很少使用语音检索。语音检索的成功率很低。这 39 人里，只有 1 位每次都能够成功地进行语音检索（2.56%）。17 位认为大多数语音检索是成功的（43.59%）。18 位觉得只有一部分语音检索是成功的（46.15%）。

表 8.2　语音检索频率、成功的语音检索和中途放弃的语音检索情况

| 问　　题 | 选　项 | 人　数 | 人数百分比 /% |
|---|---|---|---|
| 语音检索的频率 | 每天 | 3 | 7.69 |
| | 一周两到三次 | 10 | 25.64 |
| | 一月两到三次 | 7 | 17.95 |
| | 很少 | 19 | 48.72 |
| 语音检索成功率 | 每次 | 1 | 2.56 |
| | 大多数语音检索 | 17 | 43.59 |
| | 有一些语音检索 | 18 | 46.15 |
| | 从来没有 | 3 | 7.69 |
| 放弃语音检索或转换位键盘输入的频率 | 每次 | 2 | 5.13 |
| | 大多数语音检索 | 14 | 35.90 |
| | 有一些语音检索 | 22 | 56.41 |
| | 从来没有 | 1 | 2.56 |

关于如何进行语音检索的问题，在用过语音检索的 39 位被试中，32 位曾经使用智能手机进行语音检索（82.05%），11 位用平板电脑（28.21%），5 位用手提电脑（12.52%），只有 2 位用台式电脑（5.13%）。与键盘检索类似，34 位用户使用谷歌（87.18%）进行语音检索最频繁。表 8.3 显示了用户进行语音检索的场景等。

表 8.3　语音检索场景情况

| 问　　题 | 选　项 | 人　数 | 人数百分比 /% |
|---|---|---|---|
| 哪里进行语音检索 | 在房间里 | 22 | 56.41 |
| | 开车时 | 19 | 48.72 |
| | 走路时 | 15 | 38.46 |
| | 使用公共交通工具旅行 | 1 | 2.56 |
| | 其他 | 4 | 10.26 |

续表

| 问　　题 | 选　　项 | 人　　数 | 人数百分比 /% |
|---|---|---|---|
| 何时进行语音检索 | 独自一人时 | 26 | 66.67 |
| | 当有熟人在旁边时 | 11 | 28.21 |
| | 当有陌生人在旁边时 | 1 | 2.56 |
| | 没注意到谁在旁边 | 8 | 20.51 |

图 8.1 列出了所有的语音检索话题。这些话题是从 DMOZ（http://www.dmoz.org/）的热搜分类中选择出来的。可以看到，参考（reference）类话题是最频繁的。休闲、新闻、娱乐和购物也是用户频繁搜索的话题。然而，比较严肃的话题，如社会、健康、地区性和商业等，用语音检索的比较少。在用户对语音检索的感知方面，调查了用户进行语音检索的原因及偏好（表 8.4）。

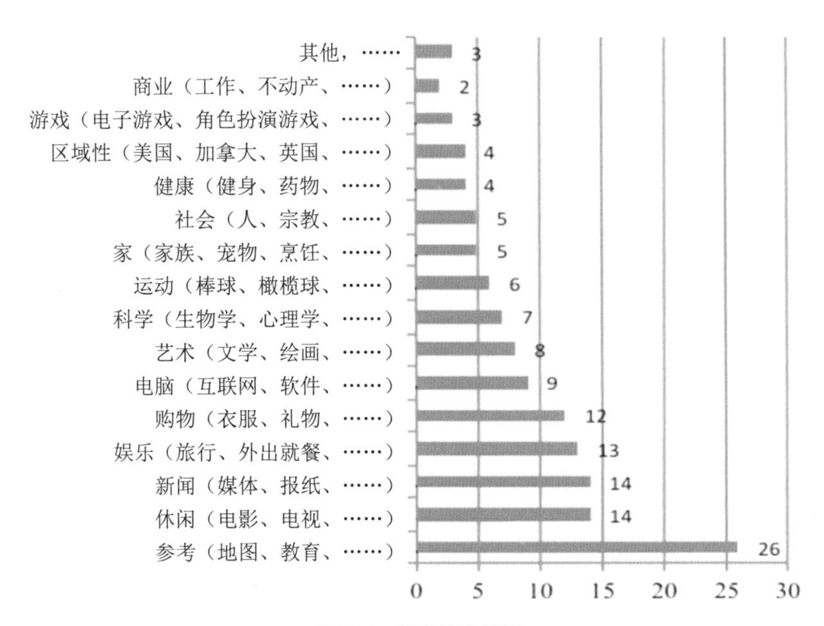


图 8.1　语音检索话题

（参见 Sa & Ning，2021，p.44）

从表 8.4 可以看出，用户愿意使用语音检索的最常见的三个原因是：“手上拿着东西，不方便打字”（24 位，61.54%）；“好玩”（14 位，35.90%），和“不想打字”（13 位，33.33%）。其他不太常见的原因包括没有可用的键盘在手边（7 位，17.95%）和键盘很难用（4 位，10.26%）。

表 8.4 用户对语音检索系统的感知

| 问题 | 选项 | 人数 | 人数百分比 /% |
|---|---|---|---|
| 为什么进行语音检索 | 手中在做别的事情，不方便打字 | 24 | 61.54 |
| | 好玩 | 14 | 35.90 |
| | 不想打字 | 13 | 33.33 |
| | 没有键盘可用 | 7 | 17.95 |
| | 键盘不好用 | 4 | 10.26 |
| 喜欢语音检索 | 很方便 | 22 | 56.41 |
| | 好玩 | 11 | 28.21 |
| | 很快 | 8 | 20.51 |
| | 更喜欢说话，而不是打字 | 3 | 7.69 |
| | 其他（我不喜欢） | 4 | 10.26 |
| 不喜欢语音检索 | 系统错误 | 34 | 87.18 |
| | 不能更改查询 | 16 | 41.03 |
| | 不确定发音是否正确 | 12 | 30.77 |
| | 太慢了 | 9 | 23.08 |
| | 不能复制、粘贴 | 6 | 15.38 |
| | 其他 | 2 | 5.13 |

在用过语音检索的用户中，超过一半认为语音检索很方便（22 位，56.41%），11 位认为语音检索很有趣（28.21%），8 位觉得语音检索很快（20.51%），4 位表示不喜欢语音检索（10.26%），大多数用户抱怨系统会出现错误（87.18%），超过 40% 的用户认为“不能更改查询”是语音检索的一大缺点，12 位用户认为其发音是一个隐忧（30.77%），9 位觉得语音检索太慢了（23.08%）。

在问卷的最后，用户被要求提供成功和失败的语音检索案例各一个。其中成功的案例可以归纳为两类，包括得到地址和获得事实信息：用户曾有过用语音检索成功得到餐馆地址或商业地址的经历；事实信息包括天气、菜单、电影放映时间、橄榄球比赛时间、一支歌曲、商业单位经营时间等。实例如下。

- “比如，电影里的明星是谁，或哪一年发生了什么事情。”
- “做菜的时候寻找配方。”
- “我让 Siri 找一个商业单位的电话号码，然后拨打 Siri 提供给我的号码打通了。”
- “这个餐馆的电话号码是什么（非连锁餐馆）。”

不成功的案例：“当质询长度过长时”“当旁边有人的时候”“对电话讲语音”等。一些用户同样给出了具体的答案。

- “搜索一个具体的技术词汇，比如说 spoliation 是比较困难的。”
- “搜索一个历史上存在的具体的人总会产生一些与输入词汇音似的语音答案（例如，与职业相关的词汇，像“农夫”“裁缝”“弓箭手”“面包师”；与其他名词或动词读音相似的词汇，如“野兔”“培根”“打电话”“哈丁”“咖喱”“扭伤”。我现在都用键盘搜索这些词汇。”
- “搜索关于约翰·缪尔（John Muir）的历史性信息。”
- “哪天是全国哈巴狗日（national pug day）？”
- “我也尝试做了类似于短语搜索的语音检索，希望把词汇用引号标注。但我当时在开车，最后我不得不把车停下来，用键盘输入。”
- “我想知道圣母大学（University of Notre Dame）的橄榄球比赛成绩。语音检索结果是搜索与圣母大学相关的信息，然后给出该大学有关橄榄球的历史，而没有给出我想要的最近比赛的成绩。”

### 8.1.3　初步结论

以上调查和结果初步探索了用户使用语音检索的行为，和对语音检索系统的用户感知度。从传统信息交互的需求角度来讲，这些结果显示用户愿意尝试语音检索，但是自动语言识别技术还有待提高；也可以进一步设计相关的技术来满足这些需求。然而，从一个更广泛的人的视角入手，单就信息交互的某一具体方式进行探索是不够的，也忽略了信息内容如何塑造人对于自身和世界的观念，将人心智提升的可能性隔离了在了计算开发之外。因而，在讨论传统的技术手段和需求前，需要为其找到更为基础的语境为信息交互指引方向。

## 8.2　人机共协计算视角下的信息交互

随着计算技术和数字服务的快速发展，以及信息基础设施的快速建设，人们能够从电视、广播、社交媒体和各种互联网渠道获取信息，技术在现代日常生活中发挥着不可或缺的作用。然而新技术同时也是一把双刃剑，也可能伤害人际关系和社会发展。例如，为了人类健康和福祉的利益，过度的公共监督（WHO, 2020；Lee, 2020）有可能对人的隐私和自由造成负面影响；此外，个人言论空间的扩大与责任缺失也为假新闻的传播、恶意攻击和偏激观点打开了大门，而这些言论比以往任何时候都更加使人困惑、难辨真假（Rainie et al., 2013; Eyal, 2014; Phillips, 2015）。

所以面对未来一个阶段的信息交互议程，挑战不在于传统视角下信息的输入输出方式设计，因为人们已经过度接触了无处不在的信息，而在于如何识别和抵制日益泛滥的操纵性虚假信息（Tang, 2018）。研究人员需要帮助用户来综合评估信息（Tang et al., 2019），进而做出明智的决定。然而，尽管传统的技术行为，如信息的过滤、检测与审查可能有助于提高信息质量，但这些手段仍然有限，因为它们本身很难提高用户自身的信息素养。针对这种情况，研究人员应关注的问题是，如何才能确保人们不仅对通过数字媒体找到的信息感到安全和满意，而且可以克服获取公众基本信息的障碍。帮助人们将有用和可信的信息与谣言、假新闻和欺诈性通信区分开来，促进其思想和性格的健康和发展，从本质上加强人们对有缺陷的媒体内容和技术负面影响的防御能力。

人机共协计算（HEC）旨在提高人机交互和信息检索研究人员在开发信息交互技术过程中对增强用户心智，使其具备信息处理能力的认识。通过促进用户内在能力的激活和逐步增强，使其能够将真正有启发性的信息与周围的噪声区分开来。以此为基础，希望研究人员通过寻求新的方法和见解，最大限度地发挥技术的积极辅助作用，并尽可能减少对人造成潜在消极影响的因素，实现人与技术之间的共协交互（Ren, 2016; Ren et al., 2019）。只有当设计师充分意识到其技术不仅可以增强，而且也有可能在定性或定量层面削弱人类先天的能力和潜力时，才能最终调和出真正为用户福祉着想的明智设计决策。

通过人机共协计算与信息交互的结合，旨在：

（1）提高研究者对未来信息交互发展潜在困境的认识；

（2）为重新思考信息交互的进一步发展提供新的视角；

（3）从理论、原则和实践三个方面考虑为研究人员提出研究议程，呼吁探索利用数字技术增强人类内在能力的途径。通过对于以上议题的把握，人机共协计算希望能为提升用户识别真实内容的能力寻找潜在的解决方案，并根据用户的个人情况来对应评估和使用。

期望 HEC 的观点能够为研究人员和从业者设定一个明确的目标，即如何促进创新以具体和逐步地提高人类的能力完整性；另外，研究人员能够真正理解到这一意义，以探索更多的原则和方法来实现和扩展这些议程，从信息交互的角度作为进一步扩展 HEC 方法论的案例研究。相信这个新的视角将为信息科学领域的下一个交互范式转变作出贡献。

## 8.3 未来发展议程

从人机共协计算角度出发解决潜在的信息交互问题，如谣言、假新闻、网络暴力和成瘾等，寻求面向“共协态”的计算技术来帮助理解、激活，并逐步增强人类心智能力，使人具备合理处理信息的能力和状态，而非直接将开发工具性质的特定技术解决方案作为最高优先级。为实现这一目标，基于 HEC 的考量，在理论、原则和实践三个方面提出了十二项信息交互的未来发展议程（Wang et al., 2020），作为开放性问题供相关研究者思考。

### 8.3.1 理论层面

理论层面是基于 HEC 理论在定义和组件方面提出的（Ren, 2016; Ren et al., 2019），重点在于如何扩展对人类和信息的理解、阐明相关关键词，以及在信息交互的上下文中考虑一个新的交互概念框架。按照 HEC 的观点，期望研究人员可以重新考虑当下的 HCI 设计范式，从注重内容体验转向对人类能力提升的设计。希望借此可以统合微观和宏观观点，从而创建更全面集成的界面概念、定义和应用关键因素，如“共协态”“共协交互”等，然后考虑如何在迅速变化的技术和社会背景下，扩展传统的人类和信息模型，同时保证一种可持续性。为建立一个概念性思维框架，首先需要明确几个前提。

（1）宏观意义上，应如何补充或扩展当前关于人类和信息模型的 HCI 范式，建立一个涵盖各层次问题的关键字结构？现有的概念框架在促进以人为本层面上关注于哪些内容？其中哪些局限性需要解决、修改或替换？

（2）从 HEC 角度来看，如何为新的设计关注点和潜力排列优先级？

（3）在综合考虑哲学、心理学、传播学、经济学等领域的观点后，如何进一步在信息交互中还原“共协用户”的完整性，描述其对于信息的真正需求？

（4）传统设计如何理解和解决数字信息内容问题？是否能够在更好地识别技术因素的积极潜力和消极影响后，在其之间找到权衡，寻求更为合理的“中间道路”？

（5）如何识别、评估和分类信息对人类的价值？或以怎样的标准将不同类型的信息加以区分？

### 8.3.2 原则层面

原则层面基于 HEC 理论中的设计原则提出（Ren et al., 2019），要求阐明人类的能力完整性，以帮助设计师意识到用户作为信息交互的核心，从而使人在访问信息并与之交互时意识到其自身能力。同时，必须谨慎评估应用或开发其中的技术因素，因为人们已经历并证明了谣言、恶意攻击和成瘾的影响，以及它们是如何通过传统工具和实践形成和传播的。为了实现共协交互并避免对于人类价值的削弱，HEC 期待研究人员和从业者意识到并扩展这些原则。

（1）在理解和设计信息交互的过程中，设计师应超越传统范式中对于人类认知、行为和绩效等功能性因素的考量，以提升人类内在心智能力为着力点而设计。

（2）建立一种有意识的动态方法来实现学科内和跨学科的目标、价值观和道德规范。一方面，要正视设计和创新可能产生对人的负面障碍（相克态）（Ren et al., 2019），甚至于超出设备或系统设计的原本任务和初衷，例如，计算机对儿童心智能力的负面影响等；另一方面，技术应赋予人意识、成长并因此自我实现的能力。

（3）信息界面和交互设计具有超出其工具意图以外附带的社会和教育效果。这些附带的观念和影响逐渐塑造了用户与信息和生活本身互动的方式。交互设计应与各自的人类价值观保持一致，以在真实的人类环境中和长期产生最大利益，而不是仅仅关注短期流量。

### 8.3.3 实践层面

实践方面将“共协计算机”视为充分发展共协交互的必然结果，即构思和开发专门用于增强人类心智能力的计算设备是 HEC 理论的一个特定组成部分（Ren, 2016; Ren et al., 2019）。这方面涉及如何根据 HEC 原则和优先级重新思考信息交互设计中的任务、评估方法和未来应用。期待对于以下问题的回应。

（1）如何扩展对传统信息交互任务的理解，如搜索、检索或发布，以及如何建立和促进这些任务背后的人类的真正意义或目的？

（2）如何在信息交互的“共协态”设计中重新定位具体的技术属性和人为因素？

（3）如何制定面向“共协态”信息交互的定性和定量指标，以评估对人类的长期影响，从而生成关于潜在积极或消极因素的实用指南？

（4）如何开发具体的应用程序或方法来优化现有设计，例如，当前的社交媒体建构方式，能否为服务于人类内在能力的技术方向实现新的信息应用或表现形式？

## 8.4　总结

基于 HEC 思考提出了关于理论、原则和实践三方面的十二项研究议程，其中理论方面主要关注如何提升和扩展对于人类的理解，进而形成一个关于“信息交互”的概念框架；原则方面要求在设计交互时更多地关注对于人的能力完整性的塑造；实践方面列出了关于如何重新思考信息交互相关基础任务和评估方法的开放性问题和方向。以上的认识都是希望关注人类如何在与信息和技术交互时维持和提高心智能力，以帮助设计师重新思考信息交互设计的建构和表现方式。人的能力提升不仅涉及其外在身体表现，还涉及其内在能力和整体价值观的发展，这可能是人类面对未来强大技术免受退化的基本方法之一。

综上所述，引发上述议程和讨论的关键问题是当交互和信息内容越来越不可分割，如何为 HCI 研发者，尤其是在信息交互方向、制定合适的评估标准，以应对世界的快速发展，并将信息交互与人类价值和生存保持一致。2.2.2 小节介绍过艾伦 • 凯对“人类普遍性”的理解（Merchant, 2017），即所有的人类文明都可以自然演化出的能力（如语言、故事和基本工具等），以及某些文明选择性或条件性演化出的“非普遍性”（如写作、进步和基于模型的科学等）。作为设计进步的评估标准，工具应促进人类“非普遍性”的能力演化。在讨论电报优于电话的例子中，艾伦 • 凯认为电话仍延续着人类普遍性能力的口头语言，而电报促进了“非普遍性”的写作艺术。这种观点并没有忽视某种新工具或交互的重要性，而是更侧重于以一种新的视角去理解本可以做得更好的地方。同样，Dynabook 作为艾伦 • 凯 50 年前的核心思想，受恩格尔巴特（Engelbart, 1962）和西摩 • 佩珀特（Papert, 1980）的影响，其被理解为一个媒体平台来帮助儿童实践“边做边学”，使儿童能够自主检验信息，从而成为“媒体游击队”，而不仅仅是发明一台新的计算机（Kay, 2011）。根据 HEC 的观点，发展例如正念、洞察力等人类内在能力是人类通向成熟的基础，而未来极具潜力的评估标准将建立在重视浅层和深层“共协态”之上。

对于“共协计算机”的进一步实践或案例研究，信息交互由于其广泛存在的普适性，可能比其他交互形式更有潜力去发展人类的心智能力。然而，由于内容信息、技术和交互三者的迅猛发展使其过于紧密地纠缠在一起，以至于很难揭示它们之间的清晰边界，这也对研究者从大量模棱两可和误导性信息中学习理解和区分有意义的内容提出了巨大挑战。尽管如此，研究者和其他从业者仍需在重新思考和设计信息交互时，意识到其对用户的道德和教育责任；当然，在这种意识背后，更重要的是通过相对客观的方法，例如，通过呈现信息源的透明度等，来防止过于主观的建构方式对用户的干扰。

研究人员应通过技术为人类“信息免疫力”和“媒介素养”的发展作出贡献，这是实现深层次共协交互的重要一步。人机交互和信息检索的研究社群可以尝试在不同方向上（如信息媒体、远程医疗、远程教育、服务设计和可视化等）以更具吸引力的表现形式构思和开发这些议程，从而在政府、社区、个人和企业之间促进建立更加高度协同和连贯的关系，维护个人、社会和文化价值观的完整性，帮助人类在解决现实世界中问题的同时改善心智模型，助力于人机交互和信息检索领域的下一个范式迁移。

# 第 9 章 设计人机社会中的人机共协关系

## 9.1 设计概述

当下，设计正处于迎接巨大变革的阶段。受到科技蓬勃发展的影响，例如人工智能、大数据、物联网、云平台、个性制造和智慧生产，设计对象的呈现方式有了极大的不同，设计主体的行为模式也有了较大的变化。

出于这些变化，设计师需要重新思考新的设计逻辑，从最早的“以物为中心”进行产品设计，到“以问题为中心”通过设计来优化生活中的问题，再到“以用户为中心”来满足人们深层的需求。如今需要一个新的设计思考方向，为未来设计师和设计研究者准备新的设计研究思路和议题。

这些新的设计变革从设计创新的深度和广度探索设计研究的深化及设计实践的延伸：从设计创新的深度来说，包含 / 涵盖一些侧重设计范式的人工智能与下一代用户体验，或是侧重理念的思辨设计与批判性设计；从设计创新的广度来说，包含侧重设计影响的未来设计与社会设计，以及和侧重设计价值的设计创新与企业家精神。

### 9.1.1 设计的概念

设计不只是对制品的装饰问题，设计是一项十分复杂的任务。著名艺术家莫霍利 • 纳吉（Moholy Nag）定义“设计”为：“以某一目的为基础，将社会的、人类的、经济的、技术的、艺术的、心理的多种因素综合起来，使其能纳入工业生产的轨道，来对制品进行构思和计划的技术。”伴随着科技的发展，设计的对象和范围也从产品扩展到了信息、服务等领域。

如今提到“设计”一词时，公众更容易想到的是其人文、美学的一面，在大多数人的印象里，设计与美往往画上了等号。伊莱 • 布莱维斯（Eli Blevis）等在 2006 年提出了公众的设计概念与设计师的设计观之间的差距。他说：“我们被设计的东西所包围——从我们吃饭的餐具，运送我们的车辆，到我们互动的机器，我们每天使用和体验设计的人工物。然而，大多数人认为设计师只是针对其他人构思的东西做表面处理”。实际上，设计师的工作是为一些已经存在的事物创造一些新的变化，或让它朝着更积极的方向改变。设计师能够找到合适的、最优的、能够改善现状的途径，即“把现状转化为优选状态”（Murray, 2011）。

因此，设计在本质上是一种积极的“创造”行为，无论是从零开始构建，还是对已有的事物进行优化，都是一种创造。它是一个结构化的创作过程，所有的产品与服务都是被设计的。卡内基·梅隆大学（CMU）的设计学科教学中，对设计的定位是“通过设想、规划和构建的行为，把部件组成复杂的整体，使之适合于人类的交流、产品、服务、环境或系统。”

## 9.1.2 设计的三个阶段

到目前为止，现代设计经历了三个阶段（图 9.1）。

图 9.1 现代设计的三个阶段

（1）设计 1.0——传统设计。传统设计指的是涉及物理世界中的物件设计，起源于工业革命和之前几千年的酝酿。核心是通过一整套正确的方法去打造出完美精致且完整的作品。在工业时代，设计师们主要围绕“物”的本体开展设计，围绕“生产—消费”去解决问题，可以被称为“设计 1.0”。

（2）设计 2.0——设计思维。设计思维是指设计组织如何学会通过思维方法实现合作创新，是用户体验设计的核心，是为满足与用户个人相关的创新需求而诞生的思维模式。进入信息时代，设计从关注“物”转向关注“人”，随着传统设计的制造与执行力逐渐饱和，人们开始关注创新力和体验，围绕“以人为本”的理念提供解决方案，因此设计思维得到重视，被视为“设计 2.0”。

（3）设计 3.0——计算设计。涉及任何涵盖处理器、存储器、传感器、执行器和网络的创造性活动。随着全球化引发的社会与科技变革，计算机及其他相关技术的蓬勃发展逐渐得到设计师的重视，设计师开始使用技术作为设计材料。如何在智能时代，运用跨界思维的方法与开放创新的手段，去解决可持续发展的问题和社会共性挑战，被称作“设计 3.0”。“设计 3.0”要求更全面融合科技开展跨学科的研究，设计和 HCI 也进入更加紧密合作的时期。

虽说传统设计、设计思维、计算设计三个阶段是顺应时代发展和科技进步逐渐演变而来，但不代表当前时代设计师就只专注于一个领域的设计，反而是这三个领域相辅相成能诞生出更多创新的设计概念。例如，传统设计与设计思维部分重叠，虽然在实践方法和最终成果上有所不同：传统设计产生的是一件实际可触的工艺品，设计思维的目标则是多人达成的共识。但这两个设计理念的重叠意味着可以用设计思维来影响传统设计的实践。一些著名的设计咨询公司例如 Frog Design、IDEO 等，都是将设计思维与传统设计融合的成熟设计团队。

传统设计与计算设计总是被认为是设计的两个极端，互相无法重合，实际上并不是这样的。虽然计算设计的核心在于计算机、网络等技术，其产物通常为数字化的，而传统设计以物理工艺品为主，更关注设计师自己的表达，但计算设计的产品也包含了部分传统设计的元素，如手机、笔记本电脑、智能家居等产品，都是融合了传统设计领域与计算设计领域的案例。尤其是智能家居，需要在满足计算设计（即功能体验）的基础上又符合舒适的传统设计外观。因此这两个领域在实际的设计实践上也有许多的重合。

随着科学技术的进步，以计算为中心的社会发展趋势必将促进设计学科发生根本性的变革，非物质的信息将成为设计的本体，因此需要建构新的设计理论、设计思维、设计方法和程序，以及设计美学方式和设计评价准则，形成一个适合非物质社会发展趋势的新的设计学科体系。跨学科的实践对推动未来设计的发展有着重要的作用，同时也要关注设计与科技和文化的进一步融合。

### 9.1.3　设计范式的转变

设计类型的发展也为设计方法、设计范式带来转变。设计范式的转变与目前人类社会的发展、互联网、大数据、人工智能等息息相关，同时带来了巨大的机会与挑战。设计师需要将这些新兴技术转化为用户的生活体验方式，人类才能更好地享受技术给生活带来的改变。所以设计师的设计目标也在不断提高，不止满足于解决现有的问题，而是要考虑到可持续、改变生活、影响未来等更高层次的目的，设计师自身的素养与能力也需要不断变得丰富和专业化。

1. 设计能力的转变

随着人工智能等技术的发展，设计师已有许多烦琐的工作可以交由计算机执行，例如，能够自动生成海报的阿里巴巴 Lubanner，能够自动抠图的 Adobe Photoshop 插件，能够模拟字体的 Fontphoria，等等。得益于这些软件技术，设计师有更多的时间集中于创造力、设计思维、共情等软能力，用于探索新的用户体验，设计师的设计能力培养从绘图、建模、制造等生产能力，逐渐转向创意、共情、思辨、批判等软能力。

对于设计师来说，“人类智能”相较于“人工智能”的真正价值显然不是计算、逻辑、算法，而是创新、权衡、决断。算法只是思维方式的具体表现，创造力的来源仍是思维，尤其是设计思维。技术不是真正的挑战和威胁，设计思维是驾驭技术工具的真正“智能”（Fang, 2018）。

2. 设计规范的转变

随着语音界面、手势界面和机器学习驱动的用户界面的传播，人们变得较少通过实体行动对设备进行操作选择。由于新的传感器技术带来了不一样的新硬件载体，设计规范也有所转变，逐渐形成了语音设计规范、手势操作规范等新的设计原则。

同时，对于用户来说，如今产品可操作的选择也变少了，因为机器学会了根据过去的行为模式来推断用户的意图。作为设计师要能够承认并消化这种变化，去反思它给生活带来的影响，并有意识地决定是否要让这种变化继续下去（Iyor, 2018）。

虽然设计的发展历史相对较短，但是设计师已经总结了不少关于如何应对新范式的经验。当再次面对新范式时，所有设计的利益相关者都需要重新审视和参考这些经验，以便翻开设计演变的新篇章。设计师需要积极探索新的设计方法和流程，而不是墨守成规地故步自封（Lee, 2018）。

## 9.2 设计与人机共协计算

人机共协计算的概念由共协用户、共协计算机、共协交互结合组成，通过“计算机激发人类心智能力的提升，进而达成人机之间共协交互”这一理念，为设计师在进行人机交互设计时指明了一个清晰的方向。基于人机共协的概念，设计师能够尝试跳脱出技术驱动的未来场景设计，走向人本思辨的未来场景设计。

设计师围绕着人工智能、人机共协计算，重新审视设计与科技的关系，重新定义人工智能与下一代用户体验，并尝试把人类的软能力（如同理心）视作产品与服务设计的核心要点。希望能够用设计的方式驱动创新，建立人机社会的新概念，并用企业的力量推广到世界，改变人们的生活。将设计与人机共协结合在一起，旨在帮助设计师找到更优的产品方案，产品与服务将不再只是技术发展下的工具，而是能够与人类能力结合，以技术与人性互相增强的产品创新。

### 9.2.1　人工智能与下一代用户体验

随着人工智能发展的成熟化，未来一定将改变用户的生活方式和行为，当然这是一个慢慢渗透的过程。目前弱人工智能无处不在，然而从设计角度来看，它缺乏同理心和对美的理解。大多数人会认为人工智能是一个以理性、标准化为核心的产物，但从设计师的角度而言，它应该具备一定的随机性以符合人们感性的需求。有了新兴技术作为基础，交互体验不再单一化，而是可以调动多通道、多维度来进行人机交互。人机交互的形式将越来越广泛，设计师要能够把握其中的平衡度，从用户为中心到从人和机器的场景出发，虽然设计上会更多地考虑技术因素，但产品体验的主动权还是需要掌握在用户手里。

1. 人工智能与计算设计

目前人工智能越来越多地应用于图像生成领域，展示了技术是如何影响艺术和设计的，又称为计算设计。在产业界，许多公司正在尝试运用技术来辅助艺术和设计创作，微软发布的 panda 3D、谷歌开发的 dream machine、IBM 研究的电影自动剪辑技术等，都在操作层面减少了艺术家的投入，使其可以更沉浸于创造中，用人工智能运算的方式为设计师进行重复性工作。而在图像合成方面，机器不仅能产出结果，也可以展示其“思考”的过程。例如，运用 GANs（生成式对抗网络）技术合成鸟类图像的案例。在该案例中，机器识别人的需求，学习大量真实鸟类照片后，生成生动的非自然界存在的“真鸟”照片，与此同时，机器也会展示其运作机制与模型。通过对结果的筛选和对运作模型的优化，二者的交互作用，人工智能图像生成领域得以 / 正在快速发展。

2. 设计代理的特性

设计师越来越多地使用机器作为“代理”（agency）开展设计工作，就像计算设计中提出的一些根据“可编程的美学标准”（programmable aesthetic criteria）来美化作品，事实上这表示着设计师放弃了创造力的一部分。对于艺术创作的表现，一些不可预测的变化和缺憾有助于设计师表达其主观性和艺术性，所以当从创造的角度来审视计算机辅助设计时，这些计算机系统应该植入随机性，让创作更加开放、可变，让计算不“完美”。同时，在优化用于模仿艺术风格的工具时，不仅要对艺术作品的风格本身进行学习，也要考量艺术作品创作时潜藏的社会背景、心理模型、用户体验等，用更复杂的模型来缩小数字设计和艺术创作中的差距（Amit, 2018）。

3. 交互美学与人工智能

虽然讨论美学时，通常会考虑视觉审美，但随着技术发展，设计美学将从触觉、听觉等更多感官进行综合干涉，以便人们通过身体运动来体验这种具体的交互审美品质。即使这种具体交互的界面是不可见的，人类对它的身体体验仍然是可描述的和实在的，因此在交互设计领域，对美学的讨论显然应该纳入更多维度。

随着人工智能等技术的发展，产品的功能性表现、外在表现、技术表现都会受到较大的影响。可以预见在未来，由有形、可视和可控的交互设计中所提出的交互美学，其考量范围可能无法涵盖基于人工智能的产品和服务的特性（Lim, 2018）。因此，设计师要重新定义人工智能影响下的下一代交互美学与用户体验。

4. 以智能代理为中心的设计

智能代理在未来人机交互中的角色可能会带来以代理为中心的设计方法。在人的感知维度，当人与机器交互时会更注重物理接触和所处的环境，同时人类会产生一定程度的移情，将情感强加给机器。在智能代理的设计层面，智能代理适合应用于注重功能实现的场景，其与人的相似度，包括外观、智能等，应取决于应用的环境和场景。在挖掘以智能代理为中心的设计应用场景时，要以人和代理及两者所共处的场景为中心开展研究，在研究时运用社会科学的研究手段有助于聚焦设计问题。在科技伦理方面，物联网场景下的信息与数据将会大量自动上传，设计师要确保信息的开关始终掌握在人的手中，并始终从人的角度出发，设计对人有益的代理产品（Johan, 2018）。

当人工智能影响到设计师，并催生出下一代用户体验时，设计师往往会不知如何应对这一变化，而强行从技术发展的角度去适应它。然而我们更应该意识到人工智能能够为设计师带来能力的转变，负担大量的设计工作，让设计师能将关注点放在更需要人类软能力的地方，如审美、移情、创造、思辨等。移情设计、思辨设计、批判设计等不同的新兴设计概念也逐渐进入到大众的视野中。

### 9.2.2 移情设计在产品与服务中的价值意义

在设计的三个发展阶段中，设计师从关注功能逐渐发展为关注用户，不仅在产品的功能、外观等设计中考虑用户在实际场景中的真实需求，还要考虑用户的情感因素。实际上，情感因素不仅影响人们的情绪，也对理性思维至关重要，情绪会引导人类的行为决策，即使是理性的分析也需要情绪输入（Dalvandi, 2013）。

在如今以新科技为主的设计界中，潜藏了一个在人类需求中十分丰富并充满互动场景的领域——“移情需求”。移情需求指的是消费者在与产品长期接触和使用中，持续增加对产品的感情，而对产品产生归属感与认可感。产品与服务的特性不但包含功能性、功利性、审美性，它们依靠用户的关心和重视来存活，与用户相互依赖。

在进行产品与服务的移情设计时，设计师主要关注消费者对物体的情感反应，这种情感反应很大程度受消费者过往经验的影响。由于人们与世界的互动和回应在很大程度上取决于经验，因此在进行设计时，设计师应该将消费者设计到“故事”中，成为产品与服务的共同创造者，而不是迟钝被动接受的观众（Chapman, 2012）。移情设计可以分为设计和使用两个阶段，设计时邀请消费者作为共同设计者参与进来，通过实验测试以观察并利用其移情反应。在产品生产后的使用阶段中，消费者不断对产品产生移情，与产品共同成就，这一过程也是设计的一环，能够帮助设计师观察并适时调整产品。

如今，移情设计已大量用于智能产品与服务的设计生产中。移情是社会互动的一个关键组成部分，情感推理在社会交往的认知研究中扮演着越来越重要的角色。人类在社会交往中不断地评估彼此的情境，相应地调整自己的情感状态，然后通过表达同理心的行为来回应这些结果（McQuiggan et al., 2007）。人类总是将互动对象人格化（Ishiguro, 2008），智能产品从功能、形象、行为等方面都很容易被人类看作一个“个体”，智能产品的自主性让用户更认真地对待，它们就像对待人类一样（Van Allen, 2018）。研究表明，情商对团队合作至关重要，比技术能力还关键（Luca et al., 2001），同理智能主体与用户的移情设计在某些场景下甚至比功能、技术还要重要。

情感在人类认知中发挥着核心作用，因此应该在智能主体中发挥同样重要的作用（McQuiggan et al., 2007）。面向智能产品与服务的移情设计时，设计师观察到用户经常给具有拟人化特征的机器赋予人格个性。为了了解用户感知的机器个性是如何影响用户行为的，不同专业的研究者做了大量的工作来研究机器个性、用户个性和任务之间的关系。例如，多项研究发现，用户喜欢具有强大、一致个性的计算机；用户更愿意向一个严肃、自信的人工智能面试官倾诉和倾听；用户更偏爱知性、中立的女性语音助手等。

实际上，移情设计被看作人机共协理念的设计衍生。移情设计强调通过产品与服务来引发人们的情感反应，激发用户天生的软能力，从而形成一种有机、积极的合作关系，让用户与产品共同成长。在移情设计中，虽然也是进行产品功能与形象的设计，但设计师的关注点并不在产品本身，而是在用户。设计师以用户的情绪反馈为出发点进行产品设计，并将每个环节层层相扣到用户与产品的移情反应中。

### 9.2.3 从人际社会到人机社会

人工智能技术的发展使人机交互呈现出了新的状态，人机交互不只是设计交互功能与人互动，而是基于 AI 技术，人开始直接地与产品对话，即“伴随着日益增强的自主性和敏感性的交互作用进行”（Damm, 2012）。人与人工智能的交互关系也经历过不同阶段的探索，从替代（人工智能取代人类）到增强（人类和人工智能相互增强），再到组合（人工智能和人类被动态地组合在一起作为一个集成单元）（Dellermann et al., 2019），引发了人机关系的新探讨。

我们的社会由人和人组成，是一个人际社会。但随着产品与服务越发的智能，它们跟人的关系从工具变为协作对象，甚至能与用户产生情感共情体验。此时我们的社会将从人际社会转变为一种产品与服务参与到社会中的人机社会。作为设计师，我们要走在这一趋势的前沿，用设计的方法来对人机社会的人机关系、伦理问题、行为模式等进行定义。

在人机社会中，人机共生是一个必然的趋势。在自然界中，两个不同的生物体以亲密合作的方式生活在一起，甚至结成紧密的联盟，这种合作模式就叫共生。智能技术使人们对待产品与服务不再以主体对待客体的方式，而是以主体对待主体的方式（Cheng, 2019），人机也就自然而然的形成了共生关系。

最早提出人机共生概念的是里克莱德（Licklider），他假设计算机与人类合作，通过执行任务来建立共生关系。他将共生系统与半自动化系统进行了区分，自动化系统中机器仍然是作为单线程的工具来使用；而共生系统中，计算机在促进公式化思维的同时，需要能够在不依赖预定程序的情况下，做出决定并在控制复杂情况方面与人类合作（Licklider, 1960）。他还特别指出，人机共生与“机器增强人类”是不同的。也就是说，计算机需要表现出人与人团队中的共同特征，才能成为优秀的人机共生团队合作者（Chakraborti et al., 2017）。在人工智能时代，“人机共生”意味着人和人工智能“类人”形成了共生共在的社会关系（胡术恒等，2020）。由于人工智能的发展目标是让机器越来越像人类，而人类由情感和智力的驱动，人际社会中处处存在着情感共情，设计师应从设计的角度思考如何在人机社会中建立相似的共情体验，以构建符合文化、伦理、道德的人机社会。

从技术的角度，面向越来越像人类的人工智能，如今，情感计算专家已经可以通过面部识别、语音识别、生物电信号等方式量化人的情感，并开始尝试通过算法模拟人类情感，催生出“人工移情”（Artificial Empathy）这一研究领域（Yan et al., 2019）。已经有许多实验证明，能与人进行共情体验的人工智能要比没有共情能力的人工智能更讨人喜欢、值得信赖（Brave et al., 2005）。然而，人工智能可以真正拥有情感吗？实际上，人工智能着重于让机器用算法来理解人类的情感并给出适当反应，让人机发生共情（Chandran et al., 2022；Dalvandi, 2013）。换言之，人工情感与其说是在机器人内部模拟人类情感体验，不如说是激发人类与生俱来的共情能力而使人类使用者将某种体验状态归之于机器有了情感。

因此，人机共情实际上是基于人机共协的理念，通过人与机器的有机交互过程，将人类与生俱来的共情能力及计算机技术的算力结合在一起，通过两者的有机结合来不断提升人机共情体验。从设计视角探讨人机共情体验时，视角仍然要回归到“人”本身中，从人的角度来思考如何激发人类的共情感受，并以此来对人工智能进行进一步的定义。

### 9.2.4　设计创新与企业家精神

面向未来的产品与服务设计，最终仍然要落到企业中，设计师应用设计的手段来对人们的生活直接进行优化，因此设计创新是时代发展的必然需求，这也与企业文化的发展有着密切联系。足够强大的企业才能引领用户的生活方式，通过创造各类产品来影响人们的社会生态。同时，企业的战略方向也决定了产品目标和设计语言。而社会生态也需要不同的资源、多样化的群体共同参与，这些群体的参与使得更多的人成为创造性问题的解决者，而不是问题的产生者。所以当下的社会需要通过科学创新、教育创新，才能建立持续不断的生态体系，依靠思想、设计、技术的流动实现可持续未来发展。

从 20 世纪 90 年代中后期设计在互联网产业中开始萌芽，到近年设计在企业中起到了更大的作用，能够通过设计进行决策并创造价值。在设计与科技紧密结合的过程中，为了应对企业乃至社会的变化，设计的周期性和竞争力也在不断发展。在此基础上，设计产生了更多切入企业发展的机会点和可能产生的红利，设计管理变得十分重要。在公司中，设计师如何去控制项目进展，整合各方资源，保证项目成果是其设计能力的组成部分。设计的能力维度应该是设计技能和设计管理能力结合。在设计生产行业中，许多企业使用创新设计工具箱让用户有效地参与到设计活动中。在参与式设计过程中，设计师同时也要扮演用户的角色，所以在创新设计工具包中嵌入专业设计知识，便于用户参与设计迭代过程（Daniel, 2018）。

对于企业来说，设计创新的真正方式是在产品中融入对用户需求的深入洞察，将设计语言由内生发出来，呈现出产品的样貌，这样的设计才更加趋近于“最优解”。为了达到这样的境界，企业必须为设计师赋予更高的话语权。不止于重视“设计”，而要将“设计”作为企业的战略核心，以设计驱动品牌成长。同时注重“用户、产品、供应链和零售渠道全链条”的商业模式，强调打造“爆品”，产生话题，以流量经营为核心的病毒式传播方式。最后产品要能启发用户的“生活模式（Life Style）”，通过产品的设计理念引领生活方向，实践消费民主化（Su, 2018）。

由于地理距离、文化差异、学术研究、政府政策、创新举措及教育体系之间的巨大障碍等现实复杂性，如今应对全球性挑战，运用创造力改变世界问题的努力大多是孤立的。清华大学国际开放教育中心倡议设法在世界各地分散的群体之间建立交叉联系和集体智慧，在学习者和创新者之间实现临界质量，并提供无摩擦的思想交流和资源流动的机会。现在是全世界变革者就共同发展一个开放的联合生态系统达成共识，并积极行动起来的时候，以促进创新者的学习、分享、合作、项目建设为共同目标，最终实现可持续发展的未来（Xu, 2018）。

## 9.3 人机共协设计实践

### 9.3.1 设计思维

设计思维是指设计者在设计过程中利用的思维模式和方法。设计思维一词最早在 Peter G. Rowe 的著作 *Design Thinking* 中被正式提出，描述了在建筑和城市规划中系统性的设计方法。其后，David Kelley 以其作为核心思想，在设计咨询机构 IDEO 中成功商业化。2004 年，David Kelley 在斯坦福大学创立 d.School，并将设计思维作为核心理念进行推广。设计思维秉持以人为本的设计理念，是一套创新式解决问题的方法学，一般包含以下五个步骤（图 9.2）。

（1）移情（Empathy）。强调在具体情境中研究用户体验，运用移情或同理心去体会用户有哪些痛点，将这些痛点列为待解决的问题，可以提供更好的服务或产品。

（2）定义（Define）。通过多视角研究用户需求，提炼出需要解决的问题，确定设计目标。

（3）设想（Ideate）。尽可能多地去产生创意，思考项目可能涉及的人、事物、环境等，为创建的问题提出可行的解决方案。

（4）原型（Prototype）。根据设想，用最短的时间和成本做出解决方案，使用快速原型可以更好地展示想法和验证需求。

（5）测试（Test）。设计思维是迭代的，对产品原型进行评测，从普通用户和专家用户得到反馈，有利于提出改进方案。

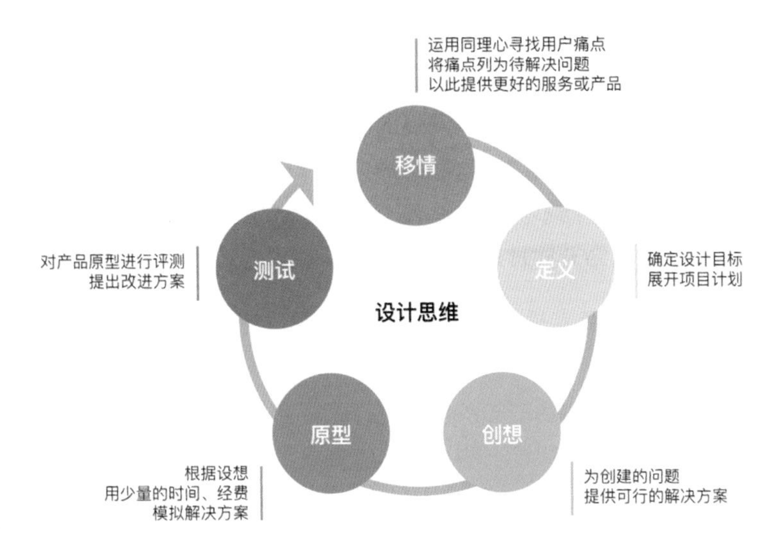


图 9.2　设计思维的五个步骤

设计思维是一种最基础的设计思考模式，它诞生的初衷是总结一套成熟有效的、可复制可回溯的设计工作流程，帮助遵循这套流程的设计师站在用户的角度提出解决方案。实际上许多人机交互研究者、发明家、企业家在日常的工作中已经下意识采用设计思维五个步骤开展工作。

最初，设计思维的目标是以用户为中心的设计理念（User-centered Design）。通过站在用户的角度设计能够解决某一问题的产品。而随着设计逐渐拓展到不同的领域，设计思维的目标也有一定的发展，例如，以社区为中心的设计、以商业为中心的设计、以服务为中心的设计……这样的改变使得设计思维不再把“用户”作为目标对象，而是把“社区”“商业”“服务”作为目标，提出优化解决方案。

人机共协计算是一种理念而非具体的流程模型，因此它与设计思维可以作用在不同方面，互为补充。可以将人机共协计算作为设计思维的主要目标，即以人机共协计算为中心的设计（HEC-centered Design），称之为“人机共协设计”。这样运用设计思维流程就从单纯解决用户的需求问题，转变为如何在满足某些需求的同时还能增强用户的软能力。在实际设计的过程中，移情（Empathy）阶段就需要设计师不仅要理解用户，还要理解人机共协计算理念下的用户需求。

### 9.3.2 思辨设计与批判性设计

思辨设计、批判性设计不以解决问题为目的，而是打破现有的思维固化，让用户发现和思考设计的意义进而产生反思。在科技飞速发展的同时，人类接受新鲜事物的禁锢不断被冲破，随之而来的是更多的社会和伦理问题，这时思辨设计能让人看清事物的本质，也能在快节奏的时代下慢慢寻味。试想一些产品不会强行介入生活，而是随着时间的推移引发人们对生活的关注，这样的方式反而更能触发大家对于生活的理解。

思辨设计与批判性设计对人机共协设计的意义不在于产生某些有实际运用价值的设计想法，而在于将富有想象力的信念灌输到人们的日常生活中，激发其对各种可能性或可替代方案的想象，激励其为了争取现实生活中的多样性而打破常规。目前很多新的产品设计理念其实都来自批判性思维与思辨性思维，通过一些视觉化的方式来表达观念，但在其背后是故事支撑着理念的传达。

当今，数据比以往任何时候都更大规模和更快地被生成、访问、操作和共享，这也向设计界提出了更复杂的问题，设计师开始用思辨性的眼光来看待数据过量所带来的长期影响，例如一种采用数据的思辨设计方法——“慢科技”。“慢科技”是一种创新的用户与数据、技术之间的关系，它的特点是不要求用户直接地关注或与技术产品有积极的互动，而是在人们的生活背景当中使用，通常这些产品不给用户提供更多控制，而是在漫长的时间里，微量而持续地和用户产生交互。奥多姆（Odom）教授在论文中介绍了“慢科技”的几个案例：每个月打印 4 或 5 张照片的 Photobox 应用，通过调节节奏旋钮来随机播放音乐的 Ollie 播放器、18 小时下一步的 Slowgame 棋类游戏等。慢科技试图探索一种不同的人与技术的关系，不是将技术作为一种解决问题的手段，而是与人生活在一起，影响用户的生活（Odom, 2018）。

思辨设计与批判性设计运用在人机共协设计中，帮助以别样的思考方式思考人机有机交互关系，为人机共协提供各种新的想法。在 Odom 教授的慢科技案例中，他不把设计产物作为工具，而是要求人与产物共同生活，并在一个更长的时间尺度中衡量价值。开展人机共协设计实践时，不妨也通过思辨设计与批判性设计的方式尝试寻找新颖的角度，试着找到没有被人们注意到的人机共协交互关系。

### 9.3.3 设计未来

设计未来是将设计学与未来学相结合的设计理念，于 2020 年开始得到设计学科的重视。面对新时代的全球化新挑战，人们开始追求应对不确定性未来的能力，以增强社会与产业韧性。设计师从以物为中心、以用户为中心，到以社会为中心，进行了不同阶段理念的转变与实践。而如今，面向不确定、不可知的未来，设计师开始追求以未来为中心的设计（图 9.3）。

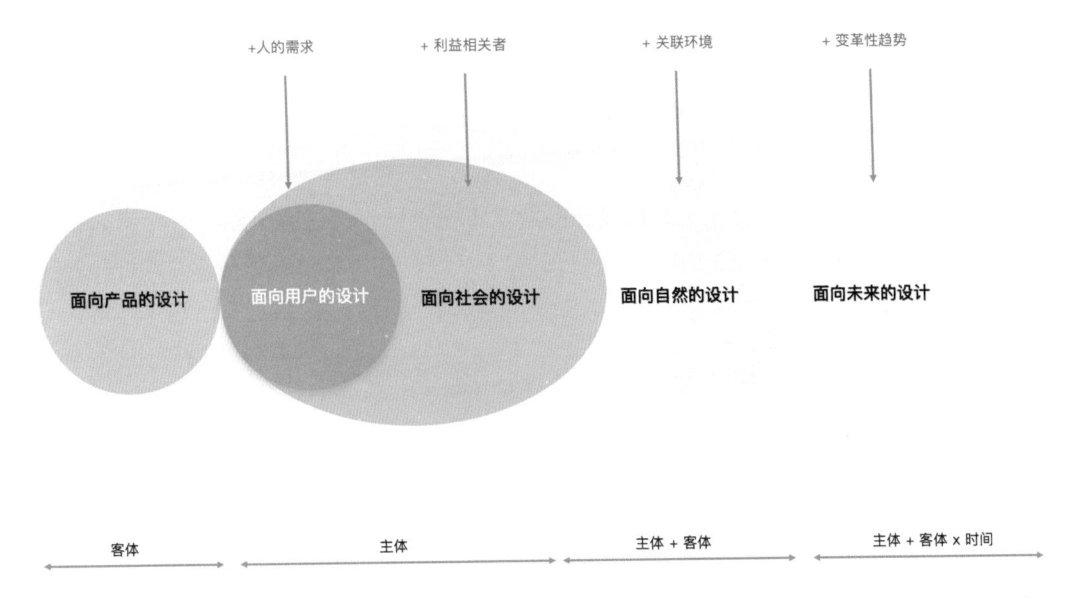


图 9.3　设计发展历程：以未来为中心

以未来为中心的设计通过对未来的合理分析预测，并站在用户的角度思考未来世界的形态，来进行产品与服务设计。拥有以未来为中心的设计能力可以帮助设计师绕过技术难点，用一种未来、思辨、前沿的角度思考人类与机器、智能、技术、环境、社会的关系，产生出既有社会价值，又有未来可持续性的人机共协设计。

设计未来以设计学、未来学、预测学为基础，将未来思维（Futures Thinking）融入设计思维，从技术预见转向设计预见（Design Foresight），从人文视野展望未来研究，在产品与服务中融入对世界观、价值观的社会人文视角宏观思考；为设计赋予时间变量，将演变过程与趋势视为设计的有机组成，为设计思考和实践注入未来思维，帮助创造者通过未来审视当下设计与技术发展路径。

在以下的设计未来实践案例中，设计团队以“未来居所”作为命题开展对未来的讨论。通过基础的未来学工具，设计者对未来的社会、科技、经济、环境、政治因素展开讨论分析，并以未来迹象三角作为思考模型找到三种未来居所的可能性：共享化、情感化、可持续。最终基于这三个未来角度，大胆构思未来居所形态设计（图 9.4）。

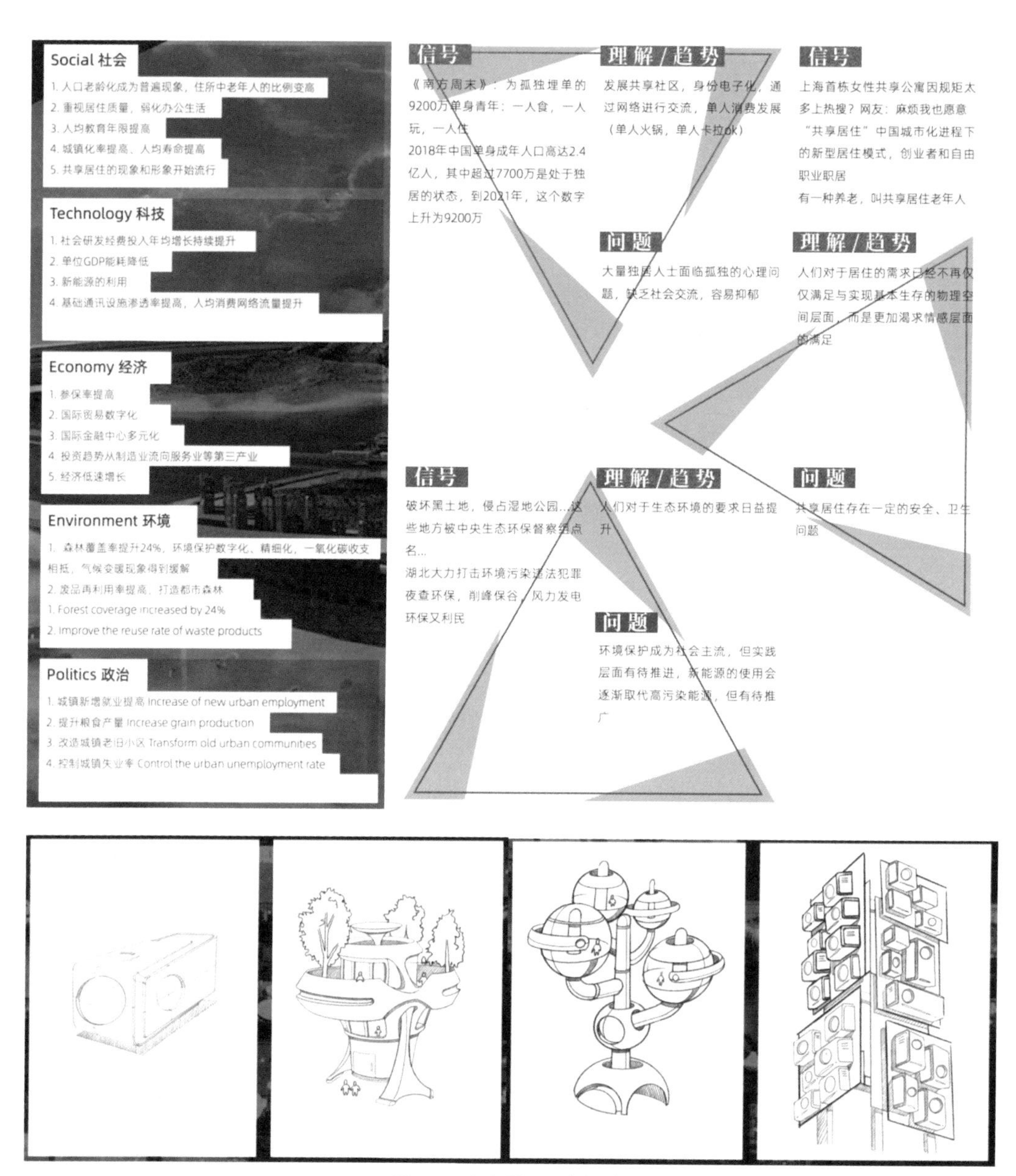


图 9.4　未来居所形态设计

设计未来是一种站在宏观的角度预测多种可能的未来的方法。它的理念并非单纯为了解决当下的问题，而是从人类可持续发展的角度开展思考。因此从设计未来视角下产生的设计产品，并不一定能解决某一具体的问题，而是能够启发并引导人们寻找未来路径的产品概念。

设计未来关注未来广泛的启发性、反思性，通过未来引导当下的行动。设计未来的理念与方法可以帮助人机共协设计增强未来的属性，以未来分析的方法定义未来人与技术发展可能的关系。反过来，人机共协的理念也可以帮助人们对未来有所判断，把这些多种可能的未来反推到当下以支持眼前的设计行动。

虽然设计未来产生出的成果一般是偏向思辨性、叙事性、概念性的作品，并不一定是实际落地的产品与服务方案，但却可以以设计师的力量带领大众对未来进行发问，培养大众应对未来的软能力。

### 9.3.4　共情共生设计

设计师在开展设计时，往往采用已掌握的知识去创想设计方案。然而，设计师其实无法完全掌握不断发展的新技术，尤其是核心的人工智能技术。大多的设计师认为人工智能难以用于绘制概念草图和原型设计（Yang et al., 2020），在设计的过程中，非技术背景的交互设计师很难想象和构建含有人工智能技术系统的原型，即使是设计一些简单的人工智能应用程序，也有产生设计推理错误的可能，并影响后续的开发、造成用户体验问题，有时甚至会引发严重的道德问题或导致社会层面的后果。

让设计师全面了解技术手段并不是良策，对于设计师来说，如何绕过技术带来的思维限制，从而开展人机共协设计才是所要达成的目标。共情共生设计是一种以人机共生共协为角度来思考人与产品关系的设计理念。它不只是将产品与服务看作解决问题的工具，而是从用户与产品之间的关系来定义人机共情共生模式。这种设计思考模式使得设计师不把关注点放在“如何解决问题”上，而是更注重“人机之间的关系”，因此设计师着重考虑的目标从“实现手段”转移到了“关系构建”，并能产生一些更加新颖的设计方案。

共情共生设计的核心是理解人类在人机系统中的最优、最理想的角色，并以此为基础界定人机共情体验。根据人类与人工智能在设计过程中的参与比重、强度及重要性，提出三种共生关系。

（1）弱渗透率。AI 以自动化计算为主，在人机协作中的参与感较弱，人机共生主要依靠人的主动性进行操控。此阶段的共情共生关系具有以下特点：需要提前预设所有情况及对应的具体反馈内容；需要人为不断调整以适应新的挑战。如智能家居、自动驾驶等产品。

（2）中等渗透率。人机有一定的协作关系，AI 能够主动感知用户的状态进行反馈，同时 AI 有一定的学习能力能够不断进步。具有以下特点：能理解人的处境（面部识别、情绪分析、身体语言、声音模式、累计数据等）；能根据人的变化给予相应的反馈；连续性 / 持续性的体验；人和机器都会不断得到进步。例如，语音音箱、智能伴侣等应用都属于中等的共情共生关系。

（3）强渗透率。AI 在智能产品及服务中占据主导位置，人只需对 AI 系统进行维护即可。计算机在完成日常工作的同时还可以主动进行判断、决策。此阶段的人机关系：AI 可以对事情独立地做出决策及反应；可以自由调动多方位的数据，并进一步处理；自主感知、自动执行；能够完全模拟人工情感，给人非常真实的共情体验。出于技术原因，强渗透率关系目前只在未来产品概念设计、科幻作品中能发现。

在以上的三个维度的共情共生关系中，并没有一个“最佳答案”。不同程度的共生关系适用于不同类型的活动或不同类型的需求。同时，即使在同样的活动下，基于不同的价值观、文化背景，人与机器将产生不一样的协作需求，共生关系、共情关系也会与之不同。我们试着帮助设计师能够站在“人”的角度找到不同场景中人机系统中的最优、最理想的角色，通过一些设计思维方式，帮助设计师以思辨的角度设计未来产品与人的关系。

## 9.4 挑战与展望

对于设计学科，面对未来复杂性的最大挑战是缺乏对未来的想象力（Angheloiu et al., 2020），以及设计师对人类能力的全面意识。尤其新技术手段发展层出不穷，设计师在人工智能技术方面也面临着新的挑战：底层技术很难学习并掌握，更难理解何时、如何及为什么应用这些技术（Van Allen, 2018）。

与人工智能相关的设计难以推动的最大原因是人工智能很难作为一种设计材料，运用难以理解，输出产物也难以解释。尤其是当前的设计教育也几乎没有提过如何把人工智能技术纳入设计中。设计师也缺乏与相关技术团队合作的原型工具，设计师有响应式 Web 原型服务的工具，以及可以轻松在智能手机上模拟应用行为的工具，但其没有任何工具有助于快速原型化人工智能产品，并了解人工智能响应对交互的影响（Dove et al., 2017）。

然而对于人机共协设计来说，人工智能技术至关重要，虽然与用户进行有机协作并不一定要基于人工智能，但这类人机共协关系往往在智能产品中更多见。在人机共协设计中，我们尤其关注人工智能与人类的互补性。

（1）人类和人工智能技术可以共协处理决策的不同方面。人工智能能够很好地解决复杂性、逻辑性的问题（使用分析方法），使人类能够更关注于创造性和情感性的能力问题，并更多地关注一些不确定性和模棱两可的问题。

（2）即使是人工智能具有竞争优势的最复杂的决策，也可能包含不确定性和模棱两可的因素，而人类可以继续在几乎所有复杂情况下发挥作用，当人工智能在面对不确定性和模棱两可的情况时，能够通过人类的能力来引导（Jarrahi, 2018）。

在进行人工智能产品的设计过程中，设计师发现即使是简单的人工智能应用程序也会出现难以预测的推断错误，这些错误会影响预期的用户体验，有时甚至会引发严重的道德问题或导致社会层面的后果。人工智能技术对设计师开展人机共协的挑战可以分为下列五点（Yang et al., 2020）。

（1）理解技术的能力。设计师很难理解新兴技术能做什么不能做什么，设计相关专业学科也几乎不会介绍具体的技术发展，设计师只能靠自我驱动来学习、理解，但经常会造成理解错误等问题。

（2）通过草图进行发散性思维的挑战。由于设计师很难想象人工智能产品和服务，也难以用草图来表示，并进行思维发散。人工智能技术驱动的交互可以适应不同的用户和使用环境，并可以随着时间的推移而进化。即使设计师理解了 AI 的工作原理，也很难想出许多具有流动性的新体验。

（3）通过迭代原型和测试的挑战。用户体验设计的一个核心实践是快速原型化，即为了评估交互设计的体验结果，制作低成本的原型并投入测试，不断改进设计。然而设计师在处理人工智能产品时很难做到这一点。如果要呈现正确的人工智能原型来充分理解人工智能产品的错误和意外后果，那么需要耗费较高的成本，然而，它也因此失去了快速迭代原型的价值，并且不能帮助团队避免过度投资于不可行的想法。

（4）跟 AI 工程师合作的挑战。对设计师来说，与工程师进行有效合作具有挑战性，由于专业、工作模式相差较大，双方缺乏共享的工作流、边界对象或共同的语言来构建协作。

（5）设计交互过程中的挑战。设计师努力为人工智能不可预测的输出设置适当的用户期望。同时设计师还需要考虑并设想设计的伦理、潜在的偏见或社会后果。

面对这些挑战，设计师有三个方向可以来突破并跨越：一是提高技术素养，积极学习了解前沿发展的技术，从根本上学会如何运用新技术手段开展人机共协设计；二是采用未来思维、思辨性设计、批判性设计手段，直接绕过技术以开展创意，这种方法并不考虑任何一点实际技术因素，往往会产生异想天开的设计概念，但对创意的产生极其重要；三是通过设计面向智能产品的原型工具来帮助设计师更好地对人工智能产品开展设计、原型、测试工作，这些原型工具需要许多设计研究者不断开展研究工作，逐步积累。设计师需要开拓视野来适应如今的技术发展，积极学习新概念，并尝试从更多不同的设计角度来开展设计工作。

# 第 10 章
# 设计权利话语示能，赋能全球流动性共协态

本章以设计创新、科技创业和科技出海为主题，从设计和商业层面来探讨共协态（Engagement）。在这个全球互联的世界，随着社会越来越多元化，设计师需要有全球战略眼光和全局设计思维。2019 年以后，越来越多的中国创业者意识到全球化不只是商业版图的补充部分，更是企业发展的核心问题。就计算机交互技术产品而言，企业增长战略与互联网网络效应（Network Effect）密不可分，如何走向全球以及如何占领价值最高的市场都是亟待解决的问题。

本章以示能（Affordance）概念为中心，探讨如何通过技术的使用功能、文化观念表达、在权力赋能层面上与不同族群的文化生活方式相结合，从而设计面向人机共协的创新科技。在移动社交时代，如何更好地打造产品独特的价值主张（Value Proposition）来赢得海外市场，在全球技术竞争和创新中引领风骚。因为与文化多样性和文化敏感度相连，本章也可视作上章提到的批判性设计分析的一个案例。

## 10.1 案例背景：社交通信平台的全球竞争

本章著者 2012 年出版的《跨文化技术设计》（《Cross-Cultural Technology Design》），以 2003—2006 年间在美国和中国短信（SMS）使用的跨文化定性研究为案例，探讨了以手机短信技术为基础的本地化设计的可能性和策略。研究发现，文化层面本地化用户体验（Culturally Localized User Experience，CLUE）价值是技术出海和本地化设计的一大痛点。以短信使用为例，虽然中美用户呈现出明显的使用差异，但是手机制造商并没有提供任何本地化的软件设计来支持本地用户，而是仅仅在手机中预装了一个简单的短信程序。事实上，给用户提供文化层面的用户体验价值是一片巨大的蓝海。腾讯的成功就与 QQ 出色的本地化设计密不可分。在以色列人推出的 QICQ 的基础上，QQ 的用户名采用了电话号码式的用户名，简单好记，又比拼

音更适合南方众多方言的现实土壤，成功地将 QQ 推进到各类下沉市场。

2009 年社交通信软件 WhatsApp 在美国硅谷发布之后大热，它的成功引来了很多全球范围的追随者。来自不同文化背景的各种移动聊天应用程序陆续出现，这些免费下载的应用程序提供了多模式通信服务，包括文本、图像、视频、音频剪辑和位置数据等，使用智能手机的网络流量，独立于服务商网络，用户不需另付费用，从而广受欢迎。有感于此，2012 年末，著者开始关注研究环太平洋经济圈科技公司发布的四大社交通信软件——美国的 WhatsApp、韩国的 KakaoTalk、中国的微信和日本的 LINE（连我）（按发布日期的顺序排列）。这四个社交媒体平台具有相似的技术核心，结合了手机短消息和社交网络服务功能，同时还呈现出与当地文化和社会技术条件相契合的独特功能，引领着全球移动 SNS（社会性网络服务）的发展。当时这三个亚洲社交通信软件都进入了美国市场。从全球化创业角度看，美国市场有较高的创新溢价和品牌溢价，占领美国市场是企业全球化的重要一步。

四大移动通信软件当时各自占领了细分市场。以截至 2013 年基于 iPhone 应用程序的市场份额为例，WhatsApp 在拉丁美洲、欧洲和中国香港市场蓬勃发展，微信以 79％的渗透率领先中国大陆市场，KakaoTalk 以 94％的渗透率主导韩国市场，LINE 占有日本市场的 69％（Onavo, 2013）。凭借在本地市场上的快速登顶，这些产品都渴望成为移动平台上的下一个脸书（Facebook）。WhatsApp 在 2009 年发布 Beta 版，一年后正式发布，在全球市场上具有先发优势。另三款东亚移动程序先后走出国门，逐鹿全球市场。

很快，中英科技媒体开始用“移动通信软件大战”一词描述这一现象（Martin, 2013; Lukman, 2013; Xu & Fan, 2014）。选择比较研究这四个软件出于以下因素：①起源于不同文化背景；②与当时市场上的领先应用（例如，总部位于加拿大的 Kik 和源自以色列的 Viber）相比，产品设计带有当地文化特色；③当时都是本国最受欢迎的社交通信软件；④在其他软件还在 App Store 中“刷存在感”的时候，这些软件开发商已经通过广告和媒体渠道逐鹿全球市场；⑤地理位置便于著者进行质性研究的田野调查。

身居西雅图，给著者提供了观察不同文化的用户如何使用这些程序的有趣视角。作为美国太平洋西北地区新兴技术中心，西雅图一直是来自日本、韩国、越南和中国等地东亚移民的传统目的地。近年来，又有了来自墨西哥、索马里和其他国家地区的移民和难民先后涌入，所以这些社交通信软件在当地不同社区中广泛使用。很快，著者发现用 WhatsApp 是和来自墨西哥的园丁交流的利器，用 KakaoTalk 与韩国妈妈约儿童聚会最方便，在微信志愿者小组上认识了更多的华裔朋友，来自中国香港的第二代移民学生告诉著者，她特别喜欢玩可爱的 LINE Café 游戏。当然这些社交应用的流行此消彼长。例如，孩子幼儿园的老师来自伊朗，她告诉著者，自己从 Viber 转向 LINE，因为用 LINE 打语音电话给伊朗的亲友通话质量更好——那段时间恰好是 LINE 积极进军中东市场的时候。

随着时间流逝，社交通信软件的全球格局也发生了巨大变化。刚开始时，KakaoTalk 在竞争中处于领头羊地位，对微信和 LINE 的设计影响很大，在 2014 年还曾被美国商业媒体 CNBC 视作 WhatsApp 的有力竞争者（Holliday, 2014）；但是其全球扩张不尽人意，功败垂成。相比之下，模仿它的 LINE 于 2016 年 7 月在纽约证券交易所和东京证券交易所同时上市。此外，当著者开始此项研究课题时，Facebook Messenger 并不在研究视野之内，因为当时它在美国并不流行。但依托于 Facebook 平台，后来其成为了本地和全球最受欢迎的社交通信软件之一。

表 10.1 比较了这四款社交软件用户增长的历史数据，其中两个是日活用户（DAU）10 亿俱乐部成员：WhatsApp 在 2017 年 7 月获得这样的体量（Stein, 2017），微信在 2018 年底达到了相同的里程碑（C.Lee, 2019）。

表 10.1　四种社交通信软件月活跃用户（百万）比较

| 社交软件名称 | 发布地 | 推出日期 | 2013 年 10 月 | 2015 年 3 月 | 2017 年 8 月 |
|---|---|---|---|---|---|
| WhatsApp | 美国 | 2009 年 11 月 | 350 | 700 | 1200 |
| KakaoTalk | 韩国 | 2010 年 3 月 | 100 * | 48 | 49 |
| 微信 | 中国 | 2011 年 1 月 | 235.8 ** | 500 | 938 |
| LINE | 日本 | 2011 年 6 月 | 190 * | 181 | 214 |

资料来源：TheNextWeb（Russell，2013），Statista（2015，2017）。
注：* 表示注册用户，不是月活用户；
** 截至 2013 年 7 月的数据。

## 10.2　全球视野设计简述

在这个全球连接的世界中，设计实践不再限于一时一地的当地性。而且，在当今更强调包容性和多元化的全球社会，全球设计素养不仅是跨文化和全球项目的设计师的必备技能，而且是每位致力于为用户提供最好体验的设计师都需要了解的。本节简单介绍全球视野设计的理论框架。

## 10.2.1 全球化及其特质

全球化是“一个旨在建立全球相互联系和相互依存的经济、政治和文化体系的过程”（McMillin, 2007）。在这一过程的基础上，全球视野体现了相互联系（interconnectedness）和相互依存（interdependence）的特征。其中相互联系是全球化的核心特征。这个概念指出尽管具体事件的发生和变化在各地是如此不同，但它们是紧密相关的。相互依存则显示了局部与总体间是如何互动及影响的。

相互联系性和相互依存性这两个特质获得了“以发展为导向的人机交互社群（HCI4D）”同仁的广泛认同。例如，来自南非的西奥菲勒斯和比德韦尔（Winschiers-Theophilus & Bidwell, 2013）指出以非洲为中心的本土人机交互范例的原则是“所有人的相互联系”和“整体观”。巴基斯坦设计师艾哈迈德·安萨里（Ahmed Ansari, 2014; O. Marins & de Oliveria, 2014）也写道，“技术的政治、经济、社会和文化影响永远不会局限在本地，而始终是全球性和系统性的，它们会波及并影响您一生中可能从未认识或见过的人”。

以本章关注的社交软件为例，来自以色列的QICQ和美国硅谷的WhatsApp都深刻地改变了人与人之间联系方式和情感交流模式：20年前的中国年轻人社交生活并不需要在朋友圈建立人物设定（人设），现在哪里的年轻人不需要做这些？

## 10.2.2 核心概念：以设计为导向的示能和权利话语示能

示能（Affordance）和价值主张（Value Proposition）是全球视野设计的两个核心概念。

### 10.2.2.1 示能概念的溯源

示能概念最早源自吉布森在生态心理学领域的论述（Gibson, 1979），其描述了环境、生物体和活动之间的三元共存互补关系（Dourish, 2001; Baerentsen & Trettvik, 2002）。本章中的“示能”指的是“人工物”（Artifact）在使用中所带来的行动可能性，这种可能性将人工物与人的实践行为连接且锁定，呈现出物质因素与话语因素在技术使用过程中融合的具体结果（Sun, 2012, p.72）。示能从人工物被使用的交互过程中产生，是交互的属性特征。

### 10.2.2.2 工具示能和社交示能

示能是文化层面本地化用户体验（Culturally Localized User Experience, CLUE）设计框架的关键组成部分，包括工具示能和社交示能。工具示能指技术人工物在具体情境中能让用户做什么，提供了什么样的使用价值；社交示能则与用户的历史文化时空相连，指人工物能给用户提供什么样的文化和情感价值。

以 WhatsApp 为代表的社交通信软件为例，其有以下工具示能：私聊、群聊、共享联系人信息、位置共享、语音聊天、视频聊天等。这样的工具示能不只 WhatsApp 有，微信、LINE 和 KakaoTalk 都有，事实上所有聊天软件都有。

但是为什么众多功能相似的社交通信软件都只停留在手机的应用工具商店，却不能走得更远呢？而为什么本章分析的四个社交软件能得以引领国际潮流呢？这就是社交示能的重要性所在。在不同文化语境和国际市场，能将这些软件细分的，正是其社交示能，比如微信的红包功能，微信的红包既可以作为新年或节日礼物赠送，也可以当作群聊小游戏来活跃气氛，提高参与率。下节会有具体分析。

示能框架（工具示能和社交示能）重塑了人机交互领域流行的示能概念。传统的人机交互示能概念（Norman, 1988; Gaver, 1991）停留在以软件功能为代表的底层交互模式上，以工具性为主。例如，手机短信的示能是速度快、安静，让用户悄无声息地与朋友联络。但是在全球设计领域里，研究者发现这样的示能模式只看到工具层面的示能，没法对不同文化情景下的用户需求有的放矢地设计，社交示能的提出填补了这个缺陷。正如吉布森最初的示能概念描述了环境、生物体和活动之间的三元关系一样，这个示能框架强调了用户、技术和使用实践活动的社会文化环境的三元协同。这个导向与第三章所述的人机共协计算的整体性（Wholeness）原则是一致的，称为以关系为导向的示能观。事实上，吉布森当年提出示能概念的目的正是为解决现代心理学中意识与行动的二元对立趋势问题，希望能从整体性的框架下更好地理解心理动机及生物体与环境的互动融合关系。

这个以关系为导向的示能框架也提供了批判性设计的创新机会。21 世纪初，英国社会学家哈奇比（Hutchby）敏锐地观察到示能概念彰显了“局限性和可能性的共存机制”。他指出，这样的共存提供了在技术决定论和社会建构主义（Social Constructivism）的两个极点之间寻求和解的可能（Hutchby, 2001）。这样的“局限和促进特质”使示能概念更有延展性。时至今日，示能概念早走出了心理学和人机交互领域，在社会科学和人文科学领域激发了深入的讨论，在传播和媒体研究、技术传播、社会学、文化研究、组织研究和数字人文科学等学科获得广泛应用，帮助提高并改善以人为本的设计实践。

此处需要区分两种不同类型的示能概念：基于特征描述的示能概念和以设计为导向的示能概念。前者指的是以技术属性为前提的、以功能来划分的示能框架，如社交媒体帖子的便携性和图像性。短视频因为简短、易于转发，触发了互联网文化迷因（Meme），是各种“网络梗”的良好载体。便携性和图像性的特点虽然准确地描述了微博或抖音的技术属性，但是不足以启发本地化导向的设计工作。本章重点研究的是以设计为导向的示能概念，这个框架以使用实践范式为主导，强调了用户、技术和使用实践活动的社会文化环境的三元协同，有助于设计人员找到全球化语境下的用户需求并在设计过程中确定设计目标的优先级。

#### 10.2.2.3 权力话语示能

在工具示能和社交示能基础上，本章介绍的以实践为导向的全球视野设计更将示能看作是一种对话性的权力话语关系（Sun, 2012; Sun & Hart-Davidson, 2014）。首先，“对话性在这里是关键特征，因为示能来自人工物、用户和活动的环境”（Sun, 2012）。作为一种对话性的关系（Bakhtin, 1981），示能的产生源自日常使用和社会文化影响之间的相互作用。例如，研究发现某些日本用户喜欢用推特（Twitter）来写小日记。他们通常把推特帐户设置为非公开帐户，推文仅对一小群朋友开放。考虑到在推特进入日本市场之前，博客用作个人日记已经在当地很流行，那么用推特来写微型博客日记也是很自然的发展。其次，因为这样的示能是物质因素与话语因素在技术使用过程中融合的具体结果，它反映了本地的社会文化诸种话语关系，展现了对本地的权力结构的高敏感性，所以它是革命性的示能，旨在变革和解放。从这个层面上看，技术特征不可能是中立的，总是带有自己的倾向性和价值观。特别是在全球化的背景下，跨文化设计本身就是“斗争场景”（Feenberg, 2002），是主体意识日增的本地用户与特定技术人工物背后的全球资本势力的权力博弈过程。

权力话语示能剑指这样的设计问题：在这个日益全球化的世界中，应该如何设计一款技术人工物，让多元化用户觉得方便好用、有情绪价值，并且公正赋能？设计本身就是赋能的过程，一个技术的设计产生，通常是权力的分配与再分配。典型例子就是健康码，绿码、黄码、红码给人们分配了不同的行动权力。

技术赋能的过程不可避免会使某些群体享有特权，而另一些则处于不利地位。同时权力的分配可能永远不会对称。以众筹创业平台为例，一项关于众筹项目创始人的研究报告指出，众筹平台对外向型人格的创始人更友好。因为外向型人格的这类人更乐意在网上公开展示自己，更熟练营造网络人设，因此更容易吸粉，建立庞大的粉丝圈；而不具备这样人格特征的人则在众筹创业平台上举步维艰。

#### 10.2.2.4 价值主张

价值主张是关于某一提供的产品或服务将如何使其客户受益的精练陈述。企业说到底其实就是价值观的传递系统，所以价值主张对创业者和风险投资者来说是一个核心主张。它通过专业修辞策略来呈现技术特征，让不懂技术的用户迅速理解技术特征。价值主张同时还需要传达产品或服务的创新价值，以便将技术创新顺利地推进到全球文化循环（Cultural Circuit）中。

价值主张就是创业者和企业家必须要讲好的故事，只有讲好故事，才能打动风险投资人，吸引全球不同文化的消费者。

权力话语示能简化了从设计到使用的过渡，有助于与本地利益相关者共同创造价值主张，进而推动技术产品和人工物在全球市场的增长。

## 10.3　设计权利话语示能，打造全球化产品价值主张

本节将具体分析创新企业如何将物质因素与话语因素有机融合成权力话语示能，然后将其表达为全球化语境中本地化使用实践的价值主张。成功的价值主张必须涵盖本地特有的文化韵味，又与国际风尚接轨，符合上一节所说的相互联系相互依存的全球化特质。从这个角度看，权力话语示能把设计、创新和全球文化消费都有机地联系在一起。

### 10.3.1　设计风格比较：简单性与复杂性

前文所述的四个社交通信软件均具有以下消息传递和聊天的核心功能：即时消息传递、群聊、共享联系人信息、位置共享及自定义聊天界面的墙纸；它们之间的不同是，西方软件 WhatsApp 仅专注于聊天功能，而其他三个亚洲应用程序所做的远远不止这些（图 10.1）。

多年来，WhatsApp 一直专注于应用程序的单个任务，即消息传递。其后更新也是聚焦于此：后来添加的功能包括语音消息、视频消息、多媒体文本、群消息、位置共享和桌面客户端。与之相比，三款东亚应用除了具备上述所有消息传递功能，有些甚至比 WhatsApp 更早创建了某些消息传递功能。例如，微信的语音通话功能在 2011 年左右推出，比 WhatsApp 类似功能早发布两年。因此， 尽管 WhatsApp 比微信早进入东南亚市场，但是语音通话功能帮助微信在东南亚获得了很大的市场份额（Xu & Fan, 2014）。确实，语音信息功能在识字率低的地区是“大杀器”。以阿根廷市场为例，2013 年 8 月发布的 WhatsApp 语音通信就因为契合当地文化交流风格（Paul, 2015），帮助 WhatsApp 强势突起（Horwitz, 2013）。

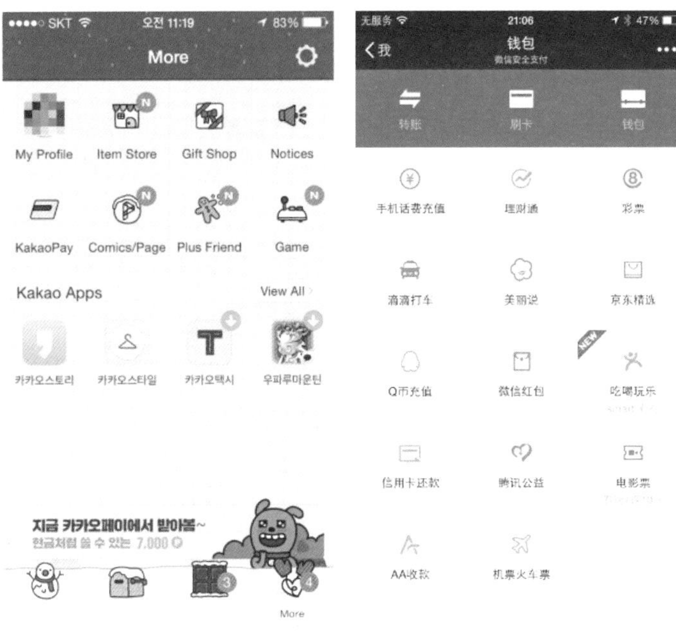

图 10.1　东亚应用设计复杂度模型①

对三个亚洲应用而言，发短消息只是“这盘大棋”中的一小部分，其功能不仅限于帮助更多人免费聊天，还在于引流用户到一个更广大的在线世界。在这个世界里，用户可以用聊天应用来支付账单、赠送礼金卡、订出租车、订外卖、玩游戏、看动画片，以及阅读和充当博客平台。尽管这在如今看来是显而易见的设计路径，但是在当时西方设计界却是有很多争议的。科技媒体 TechCrunch 在 2015 年报道：“亚洲的社交通信软件早就成为游戏、相机应用程序、多媒体等综合平台好几年了”（Russell, 2015），《纽约时报》则报道说这些应用提供了“更深刻、更丰富的体验”（Tabuchi, 2014）。

这种设计上的差异可以追溯到东亚人和西方人之间不同的认知风格（Nisbett & Masuda, 2003）：西方认知风格更多地关注焦点对象，而东亚风格则更多地关注情境中的上下文信息。一位前微信设计师将这种差异归因于不同的软件设计的方法——简单性与复杂性方法（Grover, 2014）。

### 10.3.2　从权利话语示能到文化可持续的价值主张

在全球市场竞争中，这四款社交应用携带自身隐含的意识形态和价值观，以独特的话语权

① 图 10.1：屏幕截图取自 2015 年的在地田野调查，从左到右：Kakao Talk、微信和 LINE。

力示能与本地化设计者共同创造了具有本地文化意味的价值主张，成为其产品服务在全球创新的重要一环，“各领风骚”，可见物质因素与话语因素的无缝融合在全球视野的技术设计中是何等重要。

#### 10.3.2.1　红包仪式和移动支付

从社会文化实践的角度来看，示能是人们要维持、产生和转变的文化实践，也是人们要遵循、破坏和建立的社会秩序。微信的红包功能就是一个价值主张如何与本地文化消费融合的成功案例。微信在 2013 年就推出了移动支付功能，但是使用微信支付的用户并不多，直到微信将支付与发送红包的古老社会实践联系起来后才开始普及。发红包是一种古老的中国习俗，在农历新年期间大家会将红包作为祝福和爱的象征送给自己的长辈、孩子和下属，红包也是婚礼和毕业典礼等特殊场合的喜闻乐见的礼物。在这个例子里，微信红包的工具示能就是微信平台上的移动支付功能，同时这个工具示能也有机地结合了社交示能——发红包的古老民俗。为了吸引更多人参与，微信还添加了游戏功能：用户还可以将红包“扔”到微信群，通过设置随机或相同金额的奖金，将其变成多人参与的抽奖游戏。结果，在微信群中发红包已经成为一种新的社交习俗。当新人加入一个职业微信群，发红包是大家喜闻乐见的破冰活动。或者当群成员招募群友参加问卷调查，红包也是很好的激励及感谢方式。这样的价值主张成功地将数百万的手机用户转换为微信支付的用户（微信支付是目前中国两种主要的移动支付方式之一），并且仅在一个假期就改变了人们的移动支付习惯。截至 2018 年 5 月，微信支付每月有 9 亿活跃用户（Jacobs, 2018）。有趣的是，红包功能最初是在阿里巴巴的在线购物服务中引入的，尽管它也沿袭了传统的文化习俗，却没有像微信那样培养出有趣的新社交实践，因此效果不如微信。值得一提的是，在微信的开发公司腾讯，每年农历春节后上班排队拿创始人首席执行官马化腾的红包是腾讯一景。

微信的红包案例表明，权力话语示能是从当地文化实践中产生的人与技术的关系。所以应该把文化实践活动作为设计创新的一个单元，从社会实践的角度来孵化社交示能。

#### 10.3.2.2　引爆新的流行文化：卡通表情包和粉丝社区

就日本的 LINE 而言，其独特的话语示能和价值主张使其成为日本社交媒体市场的领导者，跑赢了推特和日本版脸书。自 2011 年发布后，两年内它就跃升为日本最大的社交媒体平台和增长最快的通信媒体，并获得了高额利润来支持全球扩张（Acar, 2014）。截至 2018 年 11 月，它一直是日本最受欢迎的社交通信和社交网络应用程序（Statista, 2019）。尊重并与当地文化实践保持同步，帮助 LINE 击败了日本版脸书、推特和其他社交媒体服务。

LINE 的成功之处是通过在社交通信平台上发布动漫表情包（亦称为虚拟贴纸或数字贴

纸）辅助文字表达方式来获得用户。日本文化向来重视含蓄的交流方式，这也许可以解释为什么表情符号和绘文字在 1990 年代率先出现在日本。表情符号（Emoticon）是由字母、数字和标点符号的组合来表达情感，例如 :) 和 ;=)，绘文字或表情文字（Emoji）则是完全图形化的表情符号，用来表达一系列情感状态，包括不同的笑脸，及诸如蛋糕、爱心和彩虹之类的交流内容。随着绘文字的走红，数字通信行业给不同的绘文字分配了“unicode”作为行业标准，更促进了其在国际电信工具上的传播。与绘文字相比，LINE 的表情包并没有与之对应的“unicode”，而是更大的图像文件，为文字叙述提供了全尺寸的字符，以传达更复杂和微妙的感觉和情感。LINE 最先发布的表情包有一对情侣角色，Cony 是一只活泼又情绪化的兔子，Brown 是一只严肃但敏感的熊，这两个人设可说是直达都市宅男宅女的内心，广受欢迎。因为日本用户素来对卡通和动漫很迷恋，当 LINE 创新地将卡通表情包整合到自己的通信平台后，引爆了一种新的交流方式，用户可以不需要打字，直接选择表情包来表达自己的情感，而且人们只用表情包就能进行整个对话。时任 LINE 首席执行官出泽刚（Takeshi Idezawa）称，表情包的发布可视为 LINE 的“转折点”（McCracken, 2015）。

LINE 的革新性的价值主张并不止步于此，其还把表情包的虚拟角色引入线下，来培养粉丝社区。这些角色不仅作为扩展为用户下载的主题界面和主题人设，而且延伸到离线世界，成为“LINE 老友”周边、卡通和游戏的新产品系列（见图 10.2）。不久，LINE 在东亚和北美大都会地区（如东京、首尔、香港、台北、上海和纽约）先后开设了实体店“LINE 老友咖啡厅和商店”，用以吸引用户和粉丝见面（Sun, 2016）。LINE 的文化价值主张如此成功，以至于该公司在其主页上将其角色定义为 2016 年“亚洲第一人设”，到 2018 年宣传口号升级为“全球人设品牌”。LINE 与流行文化的联系和融合远不止销售毛绒玩具和周边：它是最早使用大规模电视广告占领海外市场的社交媒体公司之一。LINE 在印度和西班牙都取得了巨大成功，在这些市场上超过了 KakaoTalk（Yi, 2013）。它在热门的韩流电视连续剧《来自星星的你》的产品植入吸引了大量的国际下载。LINE 表情包角色也随着流行文化的发展而演变。LINE2018 年春季发布了新一代 LINE 老友的八个新角色 BT21。这个角色系列与举世闻名的韩国男团（防弹少年团 BTS）合作，八个卡通角色代表七个个人成员人设，和一个团体人设。防弹少年团也参与了设计过程（Sheffield, 2018）。

技术的设计和采用会相互影响，而其他竞争对手通常会遵循成功的设计功能。LINE 的卡通表情包和实体商店的设计做法很快被 KakaoTalk 复制，KakaoTalk 并将其表情包角色称为“Kakao 老友”。图 10.3 是一个巴西用户的 KaKaoTalk 聊天截图。这个在首尔留学的女用户注意到她的韩国朋友喜欢使用不同的表情包来在社交平台打造人设。她自己最喜欢的动画表情包是棕色的小狗 Frodo 和他的女友蓝猫 Neo，因为她与巴西男友聊天时经常使用。Frodo 和 Neo 之间的可爱情节帮助其表达了感情并保持了横跨大洋的异地恋。自然她也买了情侣俩最喜欢的 KakaoTalk 老友毛绒玩具。著者采访的一位 KakaoTalk 开发人员也指出，韩国用户特别喜欢那些表情包。根据一些用户的说法，与白领风格的 LINE 老友角色相比，Kakao 老友角色看起来更具异国情调和想象力。它们是韩国日益兴起的“稚成人”（Kidult）文化的一部分，深受喜欢儿童工艺品的 20 ～ 40 岁成年人的欢迎（Kim, 2016）。

以上的田野调查实例展现了社交通信软件的设计和开发如何与当地的文化风俗、科技使用习惯密不可分，植根于本地文化的设计在全球化过程中又是如何互相影响促进的。 权力话语示能说明在这个全球化时代中技术、文化和设计的诸种复杂性。

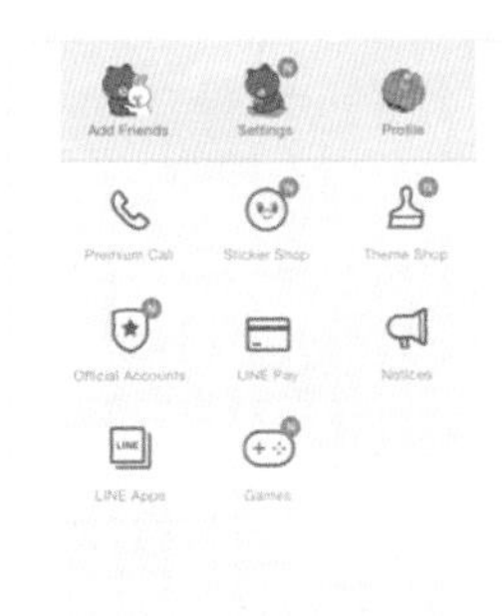

图 10.2　LINE 老友的权力话语示能如何孵化新文化消费[①]

① 图 10.2 左上方：以 LINE 老友人设 Brown 和 Cony 为主题的界面设计（2015 年）；图 10.2 右上方：首尔新沙洞的 LINE 老友咖啡馆的购物场景（2015 年）；图 10.2 左下方：东京原宿 LINE 的门店，游客在入口向 Cony 致意（2017 年）；图 10.2 右下方：纽约市时代广场 LINE 老友门店展示的新上市 BT21 LINE 老友卡通周边（2018 年）。

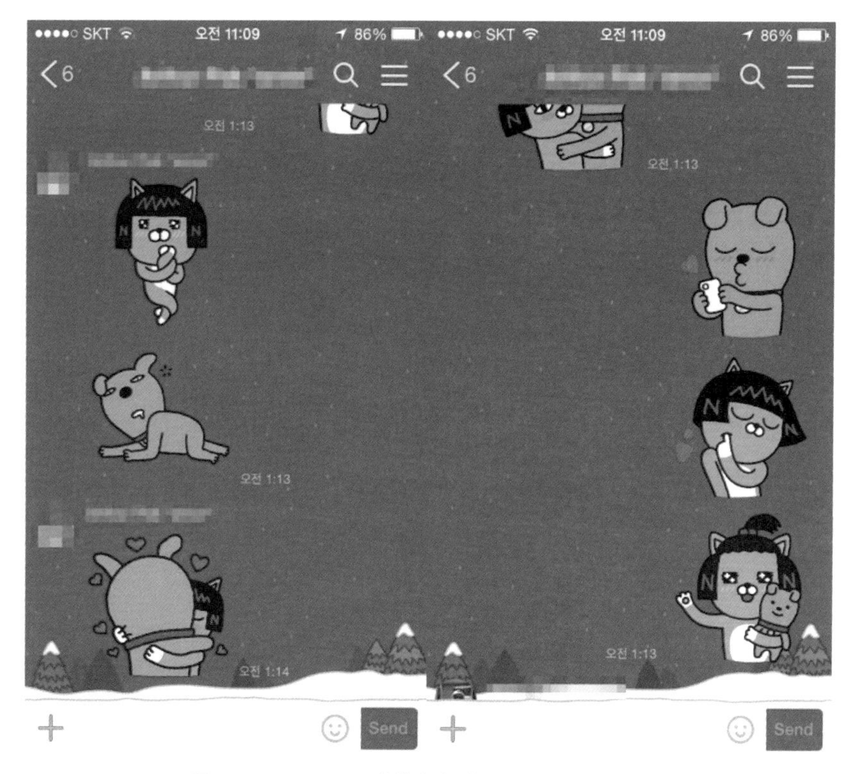


图 10.3　KakaoTalk 表情包促进了国际异地恋的交流

最后用一个有关 WhatsApp 的有趣插曲来结束本节。在 2015 年田野调查期间，著者多方尝试与 WhatsApp 团队联系，希望能从他们的角度了解其国际化设计观点，但从未成功。恰逢那年在硅谷有个学术会议，著者决定使用其网站上列出的总部地址去踩点观察，毕竟以前也当过新闻记者。经过一番周折之后，著者发现那家市值 190 亿美元的企业提供的公司地址只是一个 UPS 邮箱号码！那是个夏天的午后，著者站在硅谷腹地一家不起眼的 UPS 商店外面不知所措又无比震惊。坦率地说，著者是被店主赶出来的，因为店主不让拍邮箱照片。对于一个打造全球新社交通信平台文化的科技公司来说，这非常"不文化"。而相对地，著者两个月前坐在温暖明亮的 KakaoTalk 总部做采访时，明亮的黄色公司品牌色仿佛让整间 KaKaoTalk 公司笼罩在动感而友善的青春激情下：新的社交方式、新的文化价值观、新的可能……回到 WhatsApp 案例，后来著者从多个信源获悉，WhatsApp 团队被脸书买下后依然保持着秘密作业的风格，就是在脸书工作了很长时间的老同志也很难联系到他们。当三款亚洲应用努力与全球流行文化链接及互动的时候，西方的 WhatsApp 保留了最初的极客风格，这样的坚持解释了它们为什么只专注于短消息传递功能。

## 10.4　全球流动性的共协态：参与和赋能

上一节以全知叙事视角介绍了四种社交通信应用的示能和全球竞争的总体发展情况。本节将切换到用户视角，探讨成功的社交应用如何实现共协交互设计，在全球化的文化体验中打造自己移动主体身份。重点从用户的参与和赋能两个角度来看。

本节用户数据来自著者 2014—2017 年期间，在美国西雅图、中国杭州、日本高知和东京、韩国首尔和德国亚琛所进行的多地点国际田野调查项目（Sun, 2020）。前四个站点分别位于四个移动应用的起源国，第五个站点用来提供更丰富的讨论和对比度。这些地点由小城镇、中型城市和大都市地区组成，以描绘出多元化的地点和全球流动性。实地调查包括实地访问和半结构化访谈。为了加深对当地文化的了解，著者观察了在研究地点的公共交通工具中手机使用情况。从本地用户收集的数据源包括定性的采访笔录和人工物，后者包括参与者手机界面的屏幕快照，用来补充采访笔录，便于更好地了解参与者的日常使用习惯。著者一共采访了 30 位本地用户：日本 6 位、韩国 7 位、中国 6 位、美国 5 位和德国 6 位。其年龄从 21 岁到 49 岁不等，平均年龄为 25 岁，其中大多数是大学生和职场白领。其中有 18 位是女性。每次采访都以面谈的形式进行了 30 ～ 45 分钟。除非另有说明，否则本章所报告的在中美日韩的田野调查主要在 2015 年春夏之间进行，而德国的田野调查则在 2017 年夏季进行。

田野调查旨在揭示围绕全球流动的宏观和微观层面上的新关系和互动（Urry, 2007; Büscher & Urry, 2009; Fraiberg, 2013）：流动性如何在文化上构成，如何在技术上介导，并在全球范围内如何相互联系？此处的全球流动性（Global Mobilities）概念是在英国社会学家厄里的新流动范式（New Mobilities Paradigm）基础上结合文化层面本地化用户体验（Culturally Localized User Experience, CLUE）设计框架生发整合而成的。

移动社交通信应用的价值定位必须在技术移动性和文化流动性方面与用户的生活体验契合互动，从而孵化出各种形式的社交示能。用户使用的社交通信应用与其本地生活密切相关。所有中国参与者的主屏幕上都发现了 QQ 与微信。对于日韩参与者，通常会在其主屏幕上找到诸如脸书和推特之类的应用程序。对于美国用户，脸书、照片墙（Instagram）和色拉布（Snapchat）之类的应用被发现用于社交网络（SNS），通常比 WhatsApp 更为频繁，因为后者在美国并未广泛使用。来自德国的参与者将 WhatsApp、脸书和照片墙一起使用。对于拥有更多国际联系的参与者，可以在其主屏幕上找到更多的社交网络应用。图 10.4 是三位国际学生早晨 11 点左右的截屏：在美国的中国香港女学生（U5）、韩国的巴西女学生（K5）和德国的西班牙男学生（G1）。主屏幕上的红点表示针对不同社区的许多交互活动。

（a）　　　　　　　　（b）　　　　　　　　（c）

图 10.4　三名国际学生的主屏幕①

C2 是一名 27 岁的中国男性参与者，他同时使用 QQ 和微信。他从 16 岁就开始使用 QQ，多年来 QQ 一直是他的主要通信工具。微信则用来与父母交流，他是因为要和父母联系才下载使用微信的。他对 QQ 有深深的依恋。对他来说，QQ 代表了在他成长过程中建立的所有联系，对他具有特殊的意义。从工作角度来讲，用 QQ 更方便进行与工作相关的任务（如截屏和传文件），而且 QQ 的桌面客户端比微信的客户端更方便。事实上每当他在计算机上工作时，他都会打开 QQ 桌面客户端。其他一些中国参与者也同意 QQ 更正式，更适合专业工作，而微信更适合私人和非正式交流。

用户对某个社交运用的选择是物质因素的也是具身的（Embodied）。25 岁的德国留学生 G1 来自西班牙，他排名前二的社交媒体应用是 WhatsApp 和电报（Telegram），后者是 2015 年以来在西欧广受欢迎的应用。有趣的是尽管两个应用程序在界面，设计风格和功能上看起来都非常相似，但他说自己觉得电报更亲切。从物质角度看，电报为大学工程专业的他提供了更强大的桌面客户端和更好的图文件传输支持。另外，这样的选择也与他的流动性人生的具身经验紧密相关。他从小就读于西班牙的德语国际学校。在成长过程中，他和他的德语学校同学们

① 图 10.4（a）在美国的香港人（U5）；图 10.4（b）在韩国的巴西人（K5）；图 10.4（c）在德国的西班牙人（G1）。

就知道他们与其他当地的西班牙孩子不同，他们将要离开家乡远赴德国上大学，过不一样的人生。他回忆道："我在电报上遇到的每个联系人也几乎都在 WhatsApp 上，但是我们从来不会通过 WhatsApp 进行交流……很长时间我和多年交往的朋友们一直只用电报……他们是我多年老友。如果您看这里联系人菜单，他们全是西班牙人。其中一些人在这里（即在这个城市），一些人在西班牙，一些人在德国其他城市。"

两名美国参与者的社交通信应用选择则与赋能的话语权力示能相关。两名学生都是来自弱势群体的第一代大学生，他们的父母几十年前以难民身份移民到美国。对于他们来说，高效的群体交流是优先考虑原则，这就是为什么他们都用了 WhatsApp。22 岁的旁遮普参与者（U2）一家六口，文盲父母辛苦打工，让他和三个姐姐都接受了大学教育，大姐还拿到了博士学位。作为当前美国政治文化环境中边缘化群体，WhatsApp 的群聊功能极大地增强了他在美国和加拿大的大家庭的群体凝聚力。他在 WhatsApp 上拥有三个家庭聊天群：一个大家庭群，一个核心家庭群（他的一家六口），一个用于大家庭的年轻成员进行社交和保持联系。他解释说，对家人的尊敬是他族裔的重要美德。在这方面，WhatsApp 的团体交流功能帮助用户在全球流动情况下保持其移民家庭的牢固联系。

使用某个社交通信平台也通常是社区的选择，例如，用来维系具有独特文化的小型宗教社区。21 岁的穆斯林教徒（U4）表示，WhatsApp 在社区的年轻人中得到了广泛的使用："WhatsApp 发群消息很方便。这就是为什么我们经常使用它。"他们在 WhatsApp 上成立了多个群来为社区服务，例如，在采访前他们刚建了一个开斋节礼物交换小组，以庆祝斋月结束。社区对信息交流平台的选择并不是随机的，在脸书发生了多起隐私泄露丑闻之后，与脸书的 Messenger 相比，社区领导人对 WhatsApp 信息隐私保护条款更加信任，尽管 WhatsApp 也属于脸书公司："我不知道他们是否阅读过 WhatsApp 的免责声明。但是他们知道 Facebook 有权获取用户在 Messenger 上发布的信息。依此类推，还有其他可能导致未来问题的其他责任，因此他们不想用 Messenger。"

全球流动在决定人们对社交通信软件的使用起着重要作用。一个用户的社交应用的数量和种类通常表明她的流动体验是多么复杂和全球化。在所有参与者中，正在美国留学的 21 岁中国香港学生（U5）（参见图 10.4 的最左侧屏幕）的手机上拥有最多的社交应用和消息提示。在采访中，她报告脸书上有 634 位联系人，WhatsApp 上有 213 位联系人，微信上有 214 位联系人、LINE 上有 151 位联系人。在进行采访时的一个清晨，她收到了来自多个消息传递平台的多个消息。她于 2010 年左右在中国香港开始使用 WhatsApp 与当地朋友聊天。之后，她又下载了微信与中国大陆的朋友交流，并在美国读大学时使用 LINE 与中国台湾和日本的朋友交流。事实上，使用具有文化特色的社交通信应用是接触国际文化和获取全球经验的好方法。著者在德国碰到一位 LINE 用户，她早年有在日本留学经历，回德国后一直在参加当地的日本文化俱乐部活动。

科技使用本身是文化消费的一部分，需要与用户的生活方式产生共鸣（Sun, 2012），从而达到共协态。由全球流动性引发的各种社交通信应用情境让著者回想起之前的科研课题中一个烧脑的设计问题："我们如何能成功地设计 ICT 人工物，既能满足广大的文化多元用户群体，又能尊重个性化的使用需求？"具有文化敏感性和文化可持续性的设计的最终目标是设计出适应用户生活方式和当地 ICT 生态的科技人工物。在创新的科技成为日常生活工具的一部分时，越来越多的人意识到人机交互技术已成为"软件通信商品，并且在它们之间进行选择更像是在洗发水或蛋黄酱的品牌之间进行选择，而不是选择某组功能或产品。我们选择的是一种生活方式"（Bogost，2017）。从这个角度上说，赢家通吃的传统网络效应并不适用于这些技术文化商品。

从技术基础架构方面来说，使用多个社交通信应用是一种刚需。当今的移动社交应用程序和移动社交网络服务是根据推荐算法构建的，这些算法通常遵循"相似性定律"（Crawford, 2008），几乎没有考虑到文化差异性。其后果是信息茧房、带围墙的花园和回音室，这些看不见的墙局限着人。U4 描述了他的受 WhatsApp 和脸书 Messenger 围墙约束的两个朋友圈子。一个是同族裔朋友圈，建立在 WhatsApp 平台上，他和朋友们社交、玩电脑游戏并一起制作 YouTube 视频。他也加入 WhatsApp 群从事宗教服务和娱乐活动。另一个是大学同学圈，几乎每个同学都有脸书账户，因此他使用脸书 Messenger 与学校的朋友一起做作业、做课题。在这里，民间习俗的交际（Barton & Hamilton, 1998）与学院派制度化的交际并存，代表着由于全球流动而引发的不对称权力关系。

## 10.5 如何协调差异设计中的文化多样性和文化敏感性

从社会文化实践的角度来看，示能是要维持、产生和转变的文化实践，也是要遵循、破坏和建立的社会秩序。本章从示能的角度追溯四个社交通信应用的发展。在探索文化构建和技术介导的全球流动过程中，讨论本地化导向的权力话语如何在全球竞争中为先锋企业带来文化上可持续的价值主张，讲好故事，帮助文化多元用户群体实现个体价值，助力其确认全球流动性的身份。

社交通信应用课题也彰显了全球设计难题：作为当今的全球文化多样性现实的一部分，设计师应该如何应对文化多样性和文化敏感性之间的撕扯（Sun & Getto, 2017）。当著者在 2012 年启动该项目时，很高兴看到深具文化敏感度的东亚社交通信应用的出现。但是，随着这些应用程序成长为国际平台，“成也萧何败也萧何”，其自身的文化敏感性使东亚应用程序在它们各自的文化圈内获得了立竿见影的成功，也限制了它们在全球范围内的发展，并将其限制在其文化独特的社区中：如本章所述，只有居住在该大型文化圈中或与其关联的用户才会使用或必须使用它们。《华尔街日报》称他们为“本地化主导的通信应用”（George-Cosh & MacMillan, 2015），也许“文化主导的通信应用”会更准确。事实上，KakaoTalk 的用户增长之所以停滞不前，就是因为它无法吸引韩语社区之外的用户或韩流无法触及的用户。而且一些设计功能使移动社交消息平台比脸书等在线社交网络服务更加封闭。例如，即使某些受访者不是其脸书朋友，也可以看到对脸书朋友的帖子的所有评论和反应。但是在微信朋友圈里，用户只能看到自己的朋友联系对某个帖子的回复，即互动，而看不到所有人对帖主的互动。在这种情况下，用户没有机会与新关系建立联系，而只能与现有关系加强联系。LINE 首席执行官出泽刚表示，LINE 的价值主张就是“更加封闭和私密”（McCracken, 2015），其他东亚社交平台也希望向其全球用户传递此项价值主张。

对于弱势社区，如 U2 和 U4 的案例所示，虽然社交平台帮助其提升了群体凝聚力和参与性，但其也被局限在自己的角落，缺乏有效的方法来表达自己的声音并进一步建立联盟。著者对 U2 和 U4 的情况表示理解，因为自身在美国微信上观察到的华人平权团体也有类似沮丧：在不同的语言系统、认识论秩序和话语结构之间进行折中的“左右腾挪”本身就很难，更难的是无法同时实现群体的凝聚力（就文化敏感性而言）和联盟建设（就文化多样性而言）。为了超越本族裔社区，人们必须在更主流也因此更制度化的平台上进行交流，如脸书或推特。但是，即使在那里，目前的社交平台设计并不支持多种声音的公众讨论。以推特为例，其开始就是“社会经济分层”的（Murthy, 2011），在马斯克入主后更加极化，很多知识分子相继离开该平台。诸如此类的平台化继续以数字方式推动社会关系的“数据化”和“商品化”（van Dijck, 2016; van Dijck & Poell, 2016），进一步巩固了结构性不平等的现状。这表明需要一种超越“相似性法则”的新算法来构建更开放和更具包容性的在线社交网络。正如谢勒（Sheller）主张的那样，流动性本身是“社会正义问题”（Sheller & Rendon, 2017）。人有否可能既拥抱全球文化多样性，又具有文化敏感性，在全球社会中为弱势人群倡导包容性支持？期待能找到一个更高的层级看待这两者，而这可能来自于对于人类完整性和本性的理解，通过这样的人类共性来包容个性。

另外，当著者深入研究这些社交平台在不同文化圈的表现，看到了一些希望。这个全球竞争的案例表明，硅谷设计不再是宇宙中心，当前的设计模型已被一种参与式模型所取代，这种主体参与不仅是由用户本地化（Sun, 2012）促成的，也可以通过更开放的技术设计过程得到更广泛的促进和支持，如以下示例所示：四个社交平台相互影响并相互作用（例如，LINE 创新的卡通表情包被 KakaoTalk、微信和脸书 Messenger 模仿再创造改进，如今表情包亦成为社交软件的必备功能）；独立的社交通信应用发展为多边平台，以邀约、激励和包容更多参与团体。在这种情况下，设计、使用和创新之间存在着越来越多的联系。

总体而言，这些个体的社交通信应用构成了一个全球技术组合（Global Technology Assemblage）。根据法国哲学家德勒兹和瓜塔里（Deleuze & Guattari, 1987）的说法，组合是建立在块茎的隐喻上的，反映出“反等级的，具有互连性，异质性和多样性的特征”（Bawarshi, 2015a, p.193）。这种不同层次的思想是去殖民主义方法论的一部分。这个块茎的比喻有助于“以更动态的方式思考主体，表演和反应场景”（Bawarshi, 2015a）。可以看到，这些东亚社交通信应用对西方设计惯例提出了严肃的挑战，并进一步让“民族国家与地方到全球之间的关系变得复杂”（T. Miller & Kraidy, 2016）。而这些例子进一步传达的问题在于，人与技术之间的共协交互必然要考虑工具、社会文化和人类共性层面的共协，缺失了任何一环，都可能造成设计上的不周全；另外，权力话语示能本身作为一种人机之间关系的描述，揭示了通向共协态的一种可能的人机联结方式，但在一种全球视野下，如何能使其更进一步从一种强调文化上的抑或人机间的权力比较的上下关系，发展成为真正面向人类完整性的共协交互，也是未来需要探索的重要课题。

第11章
# 结论

写作本书的火苗始于2020年初的人机共协计算国际研讨会（The International Workshop on Human-Engaged Computing 2020，IWHEC 2020）期间，参会的本书著者一致赞成人机共协计算的理念，同意同著此书。但新冠疫情等诸多因素使得成书滞后。而在这三年多来，恰好又涌现出了大量新概念和技术产品，如数字货币、元宇宙、Web3.0、ChatGPT大模型等，此外，人的普遍焦虑与层出不穷的社会问题、网络上虚假消息、网络暴力等问题却似乎并未因技术的不断前进得到本质好转。越面对这些现状，我们就越感觉到HEC理念之价值，在当下技术爆发之际，这样的思考对人类的生存和未来更加重要，因为技术本身可能会过时，而通过基于人机共协计算的交互技术提升全人类心智能力的愿景和必要性不会过时。在这期间，我们也将HEC相关思考通过国内外各种报告讲演（如IWHEC系列国际会议等）和公益活动（如心智提升讲坛等）进行传播，不仅收到HCI相关研究者，还有国内外其他领域学者们的共鸣和集思广益。

本书著者皆为世界华人华侨人机交互协会会员[①]，在其相当一部分经历中，或求学于国外，或任教于国外，或频繁交流于国内国际间。而在这些经历与华人华侨的身份之间，不可能不进行一种文化比较和感悟，尤其是在人机交互这个既研究“人”也研究“机”的领域内，思想上的整体变化是发生于单纯的技术建构之前的，包括了对各种冲突的不断理解——科学与哲学、人文与技术、东方哲学与西方哲学、发现与发明、不同思想流派和研究手法之间的差异……而这些想法共同塑造了HEC。文中所引的外向突破和内向突破，放在人机交互语境下，如果说今天在与计算和信息有关的各领域所开发出的AI和新技术是（基于西方式的思维的）人类改造自然的外向突破的话，那么HEC所强调的（基于东方式的思维的）技术最后回归的一定是去支持人的内向突破，找到人的一种非物质的理想状态。而当下技术的过度繁荣和复杂将人排除在外，让人回归其本质越来越困难。当我们在讨论HEC的核心理念时，对东方哲学思想有一些体会的读者可能更理解我们的想法，我们只是把东方哲学思想融入传统的以认

① http://icachi.org/

知、身体为研究指向的人机交互而已。

为了定位 HEC 思想贡献所在，本书第一部分第 1 章介绍了人机交互的宏观定义，第 2 章介绍了人机交互的宏观范式发展和一部分先驱者的思想渊源，因为我们认为今天计算机领域乃至世界图景的整体发展都离不开当年的这些工作，而其背后如何思考更是需要领会的，以从中发现更进一步的创新线索。

第 3 章提出了人机共协计算，其旨在实现人机之间最大化的共协交互和最小化相克态，明确识别、激发和增强人类各层次能力、回归人的完整性，使人意识到其兼具内向超越和外向超越的潜力。HEC 考虑的核心是人，在思考什么是人的理想状态过程中，我们提出了“共协态”（Engagement）这一概念，描述一种“心流似的、有意识的、旨在提升的”内在状态；进一步，提出了人类能力层次“身性、理性、感性和本性”，前三者代表了互相补充的人类能力的三个面向，而当技术使人能够对此三者产生充分的意识，人就有可能产生面向能力的提升——人能够以其本性为基础，自由地使用其能力、进而恰到好处地使用技术，其主体性不会滥用或被支配，称之为“共协用户”；而在此间，称为“共协计算机”的技术的角色则是应当如何设计来支持人回归其本性，与人之间达成一种“生命体验”上的共协交互。第 3 章的末尾列举了三条有关“人类完整性”的设计原则，第 4 章列举了未来方向等。

第 5 ～ 10 章介绍了多位著者在其研究视角上与 HEC 结合的技术案例或思考。其中，第 5 章介绍了 Human-Engaged AI，通过三个案例表明数据驱动的 AI 如何帮助人在微妙的心智感受上更加形象化地表达其自身，破除交互作为一种传统行为方式的刻板印象；第 6 章介绍了注意力调节框架在交互式冥想（PAUSE）上的应用，借鉴东方文化中“太极拳”（Tai Chi）的质感，通过多模态反馈的协调帮助用户进入正念；第 7 章介绍了关于“人机共驾”理念的思考，作为未来重要的交互场景，如何辩证看待智能汽车、智能座舱、自动驾驶中的人机交互，超出传统的行为与智能等标签，发展人的能力将成为下一个关注点；第 8 章列举了 HEC 视角下对未来信息交互的一些建议，当技术与信息日渐模糊的边界发展出形形色色的信息造成对人的困扰，已然超出了传统技术层面信息检索的关注范围，而更需结合 HEC、传播学、哲学等方面去帮助提升人的心智，从而使其具备某种“信息免疫力”；第 9 章介绍了设计在当下范式发展上与 HEC 的共通之处，并展示了未来设计的可能方向；第 10 章介绍了 HCI 文化研究中权力话语示能和共协态的关系，当这种权力话语示能超越了传统的工具示能和社交示能，也代表着 HEC 日后需关注在协调人类文化层面的共性和个性间合理描述到“共协态”这一共通点。

以上内容构成了本书对于 HEC 理念的表达，同时我们也相信，随着对 HEC 研究工作的进一步加深，我们将在今后给出更明确更深刻的理解。然而，我们需要再强调一次，HEC 和

HCI 的定位关系是什么？从狭义角度看，HEC 对 HCI 的三个基本要素——人、机、交互——分别赋予了新的内涵，且进一步提出了共协态、相克态、人类能力层次等新的概念，赋予 HCI 未来更多值得探索的设计空间；而从广义上看，HEC 可以看作是 HCI 的下一个浪潮和更加庞大的领域，比起关注身体和认知层面的传统 HCI，HEC 将其目的上升到了心智层面，而这背后则是 HEC 的一套哲学基础。

本书期待能够引发列位读者更进一步和更细致的思考，以便同行及不同领域的人可以从各自的视角出发看到其工作的价值。但作为一个整体性思考框架，我们也有两点需要说明。

（1）尽管本书给出了一些参考文献，然而尤其是第 3 章，我们却未能穷尽相关参考文献。这是因为 HEC 作为一种思想，实际上建立在大量前人的智慧、洞察和知识框架上，其中包括且不限于东方哲学和西方哲学、心理学、人机交互、计算机科学、软件工程、社会学、人类学、传播学、历史学、管理学等，甚至可以说，只要涉及人的领域体系，描述人的境况，就必然就会引起 HEC 的重视。而正因如此，我们也希望能够不断将更多的领域学习整合进 HEC，找到其中相通的部分（例如，我们提到的人的共协态和能力层次）进行连接，通过建立一个关于“人的大模型”的意识来映照出未来的界面形式。

（2）尽管本书给出了 HEC 框架理论及一些 HEC 的实践案例，但 HEC 理论和其他任何理论一样，永远是动态的，需要不断完善和发展，HEC 的实践方面还没有描述成一个操作系统级别的框架，但是我们认为这有相当的前景，其架构的基础并非功能或工程，而是在界面的每一个元素之上对应反映出人的观念与能力如何发展的过程，在一个“正”念的过程中进而激发人的意识和觉悟，自觉朝向其本性及完整性回归。我们期待此基于 HEC 理念的设计将成为下一代计算平台的认识基础。

本书提出的人机共协计算仅提供了一些思考的起点，相信其仍有巨大空间有待扩展和挖掘，期待读者、各领域学者和社会各界朋友交流、批评和指正。HEC 希望能够站在人类生存和可持续发展的视角去思考人类和技术的理想未来，通过多学科文理交融、东西方思想互补，建立整体性认识，成为技术设计研发的平台。此外，如果说目前的技术研发更多基于西方思想框架关注人类“体”（身性或身体）、“智”（理性或智力）层面的建构，那么 HEC 的新的维度——“心”（感性和本性），不仅会产生新的可能性和创新，而且会为“体”和“智”探寻到新的意义，期待对各位读者和各领域学科（特别是人工智能、设计、数字媒体等领域）的发展带来启发，共同从一个宏观的角度去改善人的境况，探寻光明。

# 致谢

## 第一部分：

人机共协计算（Human-Engaged Computing，HEC）概念的初步工作是在2013年完成的。自那以后，许多杰出的同事对这项工作（广义上讲已发展成HEC事业）给予了宝贵的意见和支持。通过和来自世界各地的同事及学生们的不断讨论，我们互相加深了对人类和计算机之间关系（特别是交互关系、交互技术）的理解。

任向实要十分感谢本书的其他著者，是他们的积极支持和鼓励促成了这部著作的出版。任向实要特别感谢他的博士生王晨，王晨不仅对全部书稿进行了统筹管理，对各章内容给出修改建议，更是通过我们之间的不断讨论，以及他自身对HEC的深入理解，把HEC相关概念和思考向前推进了一大步。

十分感谢在百忙之中拨冗做推荐序和推荐语的各位老师和同事：程子学、顾宁、廖赤阳，戴国忠、任福继、徐迎庆、刘迪、陈东义、程鹏、胡军、余瑾。

非常感谢戴国忠老师对本书的关注和支持，他对书稿整体给出了积极的肯定，对一部分章节名称和内容给出了具体的建议。非常感谢程子学老师，自2021年一同发起“心智提升讲坛”公益事业以来，程老师十分赞同和具体支持人机共协计算的理念，从人类和技术的理想关系的哲学、教育等层面，到具体的共协交互的实现方法等一同研讨、切磋，期待未来能把相关内容写入下一个版本里。感谢廖赤阳老师对“心智提升讲坛”公益事业的一贯支持，如果说本书除了探讨HEC，也是希望搭建一个真正人文、技术、社会等多学科围绕人（包括心智）而自然融合的平台，那么“心智提升讲坛”的宗旨和本书的希望是一致的，我们在写作和咨询意见过程中，感到了各种能量在不断汇聚、共协，就如廖老师考证的宋代曹勋的诗中“共协混元一气”，而“共协”一词此前由任向实“创造”于2017年初夏在珠海和Ying Keung Leung博士交流期间。程鹏先生对深层共协态等论述给出了具体建议。感谢陆定邦老师百忙之中短期内阅读全书并对书稿的结构和一些概念解释给出相关建议。王大阔老师和余瑾老师也都对书稿的内容给出了相关建议和有意义的讨论。感谢 Effie L-C Law，她积极推进了把 HEC 里的东西方思想结合的内容写成了 CHI 2015 Workshop 论文。感谢 Hirskyj-Douglas Ilyena，她对 HEC 论文（发表在 CCF TPCI）的一部分进行了校正。

任向实要特别提及其实验室的所有成员和伙伴，Kavous Salehzadeh Niksirat，王振鑫、Sayan Sarcar、William Delamare、檀鹏、郭志行、朱骁飞、孙骏林等都在不同程度上推进或正在推进 HEC 相关研究。特别是，Chaklam Silpasuwanchai 和 John Cahill，我们一起扩展了 HEC 的深度和广度，Chaklam Silpasuwanchai 能够快速理解第一著者的意思，将其思想有机地写入到论文里，John Cahill 特别对 HEC 中人的层面和人类幸福（Flourish）给予了强调；感谢第一著者的博士生郭志行帮助撰写文中 3.3 节，4.1.4 小节，共协态的框架有他的很大贡献，刘迪（Andy）也帮助撰写了 4.1.4 小节的部分内容；感谢为整理翻译相关论文而付出努力的各位同学：李洋、姜欣慧、郑伊琳、蓝春苑、李晓旋、李欣鹏、吕虹云、蒋赛、陈曦、朱骁飞、孙骏林。

任向实要在此特别致谢所在大学的两位前任校长，首先非常感谢佐久间健人前校长，是他的远见、前瞻性于 2012 年给我成立了 Center for Human-Computer Interaction（CHCI），并给予了强有力的支持，使得我有更多时间思考和举办 Human-Engaged Computing 的相关活动；2015 年经过评选的 7 个研究中心里唯一英文名称的研究中心就是 Center for Human-Engaged Computing（CHEC），这是磯部雅彦前校长上任之际的英明决定。感谢我的杰出同事 Antti Oulasvirta，他认识到了 HEC 思考的价值，对发表在《IEEE Computer》（No.8, 2016）上的 HEC 文章初稿提出了建设性的意见；感谢 Jonathan Grudin 对《IEEE Computer》（No.8, 2016）上的 HEC 文章表示称赞并邀请第一著者参加 CHI 2017 的关于人机交互和 AI 的专家讨论会，以及对 HEC 国际研讨会的支持。

此外，我们还要感谢许多其他曾对 HEC 框架给出建议和对我们表示支持和鼓励的其他专家、学者、同事和朋友们，包括：Ed H. Chi、Umer Farooq、Torkil Clemmensen、Ann Light、Jeffrey Bardzell、福田敏男、和田仁、山田博英、上林憲行、土井美和子、周克明、翟树民、李维、张虹、赵盛东、田丰、冯桂焕、范向民、坂本大介、Geehyuk Lee、Gilbert Cockton、Grace Eden、Ole Goethe。

感谢所有曾经参与 IWHEC 会议的同事，感谢“心智提升讲坛”的各位主讲人、点评人，学生志愿者们。所有这些活动都促进了 HEC 的思考。此外如果在此忘记了提及您的名字，也当然应包括您，对您表达我们的由衷感激之情。

感谢清华大学出版社张敏编辑和其他同事，为此书校对和出版所给予的精心指导。

第二部分：

第 5 章内容根据麻晓娟团队的研究成果完成，其中 5.2.1 小节致谢彭振辉（目前为中山大学助理教授），相关内容根据其在 CHI2021 的一作论文翻译改写（Zhenhui Peng, Xiaojuan Ma, Diyi Yang, Ka Wing Tsang, and Qingyu Guo.《Effects of Support-Seekers' Community Knowledge on Their Expressed Satisfaction with the Received Comments in Mental Health Communities》)；5.2.2 节致谢 Taewook Kim（目前为美国东北大学博士生），相关内容根据其在 CSCW2019 的一作论文翻译改写（Taewook Kim, Jung Soo Lee, Zhenhui Peng, and Xiaojuan Ma.《Love in lyrics: An exploration of supporting textual manifestation of affection in social messaging》)；5.2.3 节致谢孙智达（目前任职于华为 HMI 实验室），相关内容根据其在 DIS2020 的一作论文翻译改写（Zhida Sun, Sitong Wang, Wenjie Yang, Onur Yürüten, Chuhan Shi, and Xiaojuan Ma.《A Postcard from Your Food Journey in the Past": Promoting Self-Reflection on Social Food Posting》)。

第 6 章内容根据任向实及其同事（Kavous Salehzadeh Niksirat, Chaklam Silpasuwanchai, Peng Cheng）发表在 ACM TOCHI（2019）上的论文（《Attention Regulation Framework: Designing Self-regulated Mindfulness Technologies》）的部分内容翻译和改写而成。在此，第一著者感谢论文的合作者程鹏及当时第一著者的两位博士生 Kavous Salehzadeh Niksirat 和 Chaklam Silpasuwanchai。李洋（第一著者的前博士生）和郭志行（现博士生）帮助翻译了相关内容。

第 7 章内容根据王建民教授和由芳教授团队的研究成果完成，其中部分内容由两篇已经发表的论文改写而成，分别为《基于态势感知的汽车人机界面设计研究》（发表于《包装工程》期刊）和《Human-Computer Collaborative lnteraction Design of Intelligent Vehicle-ACase Study of HM of Adaptive Cruise Control》（发表在 HCI International（2020）会议）。在此，感谢博士生刘雨佳对本章进行了内容的完善和修订，感谢张俊、贺涵甫、付倩文、王城极、岳天阳、邓惠君、沈炼、王羽希同学在章节完善过程中的协助。

第 8 章内容前半部分根据袁晓君教授团队的研究成果完成，其中部分内容由论文《Examining User Perception and Usage of Voice Search》（2021 年）的部分内容改写完成，在此感谢作者之一萨宁对研究成果的贡献；后半部分根据王晨、袁晓君和任向实的论文《Twelve Agendas on Interacting with Information: A Human-Engaged Computing Perspective》（2020 年）改写而成，两篇文章皆发表在《Journal of Data and Information Management》上。

第 9 章内容撰写致谢赵季儒（付志勇的现博士生）和夏晴（前博士生）。

第 10 章本章内容根据孙华彤 2020 年专著《全球化社交媒体社交 Global Social Media Design》（Oxford University Press）第 6 章翻译改写而成。